Wolfram Koepf

Höhere Analysis mit DERIVE

Aus dem Programm
Computeralgebra

W. Koepf, A. Ben-Israel und R. P. Gilbert
Mathematik mit DERIVE

N. Blachmann
Mathematica griffbereit

E. Heinrich und H.-D. Janetzko
Das Mathematica Arbeitsbuch

N. Blachmann
Maple griffbereit (in Vorbereitung)

E. Heinrich und H. D. Janetzko
Das Maple Arbeitsbuch (in Vorbereitung)

Vieweg

Wolfram Koepf

Höhere Analysis mit DERIVE

Mit zahlreichen Abbildungen,
Beispielen und Übungsaufgaben
sowie Mustersitzungen mit DERIVE

Adresse des Autors:
Dr. habil. Wolfram Koepf
Konrad-Zuse-Zentrum für Informationstechnik
Heilbronnerstr. 10
10711 Berlin
e-mail koepf @ zib-berlin. de

Die Deutsche Bibliothek – CIP-Einheitsaufnahme

Koepf, Wolfram:
Höhere Analysis mit DERIVE: mit zahlreichen Abbildungen,
Beispielen und Übungsaufgaben sowie Mustersitzungen mit
DERIVE / Wolfram Koepf. – Braunschweig; Wiesbaden:
Vieweg, 1994

ISBN-13: 978-3-528-06594-2   e-ISBN-13: 978-3-322-83118-7
DOI: 10.1007/978-3-322-83118-7

Gedruckt auf säurefreiem Papier

Vorwort

Dies ist der zweite Teil des im Rahmen meiner Analysis-Vorlesungen am Fachbereich Mathematik der Freien Universität Berlin entstandenen Materials, das den Band

> Koepf, W., Ben-Israel, A. und Gilbert, R. P.
> Mathematik mit DERIVE
> Vieweg-Verlag, Braunschweig–Wiesbaden, 1993
> ISBN 3-528-06549-4

fortsetzt. Bei Verweisen auf Sätze, Definitionen, Beispiele usw. aus dem Buch *Mathematik mit DERIVE* ist die entsprechende Nummer mit einer vorgestellten „I." angegeben. Ferner ist zum einfacheren Auffinden die jeweilige Seitenzahl ebenfalls zitiert.

Das vorliegende Buch behandelt den üblichen Kanon der mehrdimensionalen Analysis, wie er an einer deutschen Hochschule im Rahmen des zweiten und teilweise des dritten Semesters durchgenommen wird, mit dem Unterschied, daß wieder das Computeralgebrasystem DERIVE als didaktisches Hilfsmittel eingesetzt wird. Die Analysis-Vorlesung habe ich vom Sommersemester 1992 bis zum Sommersemester 1993 abgehalten, nachdem ich mich im Rahmen eines Forschungsstipendiums der Alexander von Humboldt-Stiftung zusammen mit Robert P. Gilbert (University of Delaware, USA) und Adi Ben-Israel (Rutgers-University, USA) für ein Jahr an der University of Delaware mit der Einbindung von DERIVE in die Mathematikausbildung beschäftigt hatte. Ferner wurde mein Projekt in den Jahren 1990–1992 von der FNK (Ständige Kommission für Forschung und wissenschaftlichen Nachwuchs) der FU Berlin gefördert.

DERIVE vereinigt graphische Fähigkeiten, die der Bearbeitung mit Papier und Bleistift gänzlich versagt bleiben, mit bemerkenswerten numerischen und symbolischen Rechenfähigkeiten, die häufig über die Möglichkeiten einer Handberechnung weit hinausgehen, und ist dabei kinderleicht zu bedienen. Hat man bereits die eindimensionale Analysis mit DERIVE unterrichtet, können sich die Studenten dieser Fähigkeiten nun bereits recht professionell bedienen, was die Verständlichmachung vieler mehrdimensionaler Konzepte sehr erleichtert, ob nun durch dreidimensionale Graphiken, durch numerische oder durch symbolische Rechnungshilfestellungen. Ich habe DERIVE gegenüber anderen Computeralgebrasystemen wie AXIOM, MACSYMA, MAPLE, MATHEMATICA oder REDUCE den Vorzug gegeben, da es auf jedem IBM-kompatiblen PC lauffähig, recht preiswert und dabei besonders benutzerfreundlich ist. Hinzukommt, daß DERIVE nur bescheiden programmierfähig ist, mit dem Vorteil, daß man auch keine Zeit für eine Programmierausbildung verschwenden kann. Ich habe weiterhin die Erfahrung gemacht, daß Studentinnen und Studenten, die erst einmal Erfahrungen mit DERIVE gesammelt haben, dann auch keine oder nur geringe Schwierigkeiten haben, ein anderes Computeralgebrasystem anzuwenden.

In erster Linie ist das Buch für Mathematikstudenten an deutschen Hochschulen gedacht. Es ermöglicht, den kanonischen Stoff durchzunehmen und den Studentinnen und Studenten gleichzeitig die intelligente Benutzung von DERIVE beizubringen. Dabei wurde die Benutzung von DERIVE nicht zum Selbstzweck, sondern als didaktisches Hilfsmittel eingesetzt. Wirklich rechenintensive Problemstellungen sind dann nicht von vornherein aussichtslos.

Die im Buch integrierten DERIVE-Sitzungen habe ich als Dozent mit DERIVE vorgeführt. Dazu genügen im Prinzip Folien mit der Bildschirminformation von DERIVE. Besser ist natürlich ein LCD-Display-Bildschirm, mit dem sich mit Hilfe eines Overheadprojektors der Computerbildschirm an die Wand projizieren läßt. Mit dieser Ausrüstung können die DERIVE-Sitzungen direkt vorgeführt werden.

In der Regel war eine der 5 wöchentlichen Übungsaufgaben zur expliziten Benutzung von DERIVE gedacht. Zur Behandlung der Übungsaufgaben standen meinen Studentinnen und Studenten die PCs des Computer-Labors am Fachbereich Mathematik zur Verfügung.

Im übrigen stellte sich heraus, daß nur sehr wenige Studentinnen und Studenten noch keine Berührung mit Computerprogrammen gehabt hatten und daß den meisten die Arbeit mit DERIVE leicht fiel.

Die Benutzung von Computeralgebraprogrammen wie DERIVE im Mathematikunterricht ist ein hochaktuelles Thema, wie folgende Beispiele zeigen:

- In der Zeitschrift *Didaktik der Mathematik* und in weiteren didaktikorientierten Zeitschriften wird dieses Thema seit einiger Zeit ausgiebig erörtert. Ferner gab es etliche Tagungen zu dieser Fragestellung. Man siehe dazu z. B. die auf S. 191–194 zitierten Arbeiten. Aus der Fülle derartiger Veröffentlichungen habe ich hauptsächlich die deutschsprachigen in meine Liste aufgenommen.

- Ab 1994 wird viermal jährlich die Zeitschrift *The International DERIVE Journal* erscheinen, die sich insbesondere der Einbindung von DERIVE in die mathematische Ausbildung widmen wird. Der Autor dieses Buchs ist ein Mitglied des internationalen Herausgebergremiums.

- Das österreichische Unterrichtsministerium hat eine Lizenz von DERIVE für Österreichs Gymnasien erworben, s. [Kutzler].

Daher möchte ich die Lektüre und den Einsatz dieses Buchs auch folgendem Personenkreis wärmstens ans Herz legen:

- Gymnasiallehrerinnen und -lehrer, die in ihrem Unterricht mit DERIVE arbeiten wollen und das Buch dazu als zusätzliches Unterrichtsmaterial verwenden, werden vielfältige Anregungen für die Anwendung von DERIVE schöpfen können. Ich empfehle die Vorstellung zum Stoff passender DERIVE-Sitzungen zusammen mit der Bearbeitung der mit dem Symbol $\Diamond$ versehenen Übungsaufgaben. Einige davon verbinden in ausgezeichneter Weise mathematische Wissensvermittlung mit dem Einsatz von DERIVE.

- Besonders interessierte Schülerinnen und Schüler der gymnasialen Oberstufe können mit Hilfe von DERIVE auch ein wenig Luft in der höheren Mathematik schnuppern, und sie werden sogleich ausgebildet in der Benutzung eines Mathematikprogramms, das vielleicht in Kürze bereits die Taschenrechner ablösen wird. Schon jetzt gibt es DERIVE im Westentaschenformat, s. [Kutzler].

- Schließlich bietet sich das Buch für die Benutzung in der Mathematikausbildung an Fachhochschulen an. Gerade hier, wo es auf eine praxisnahe Ausbildung ankommt, kommt man an Mathematikprogrammen in der nahen Zukunft nicht vorbei.

Zwar ist das Gesamtniveau des Buchs sowohl für Gymnasien als auch für Fachhochschulen ohne Zweifel zu hoch, wenn man aber die Beweise wegläßt bzw. verkürzt und sich auf die Benutzung von DERIVE konzentriert, kann das Buch gute Hilfe leisten.

Hier seien einige Beispiele möglicher Unterrichtsprojekte aufgeführt, bei denen die Benutzung von DERIVE sehr hilfreich sein kann:

- Mehrdimensionale Grenzwerte und stetige Fortsetzung, s. § 1.4.

- Extrema von Funktionen zweier Variablen, s. § 2.4.

- Polynomapproximation impliziter Funktionen und von Lösungen gewöhnlicher Differentialgleichungen, s. § 3.1, § 4.1, § 4.3 sowie [Koepf2].

- Iteration und Fixpunkte, s. § 3.2–§ 3.3.

- Graphische Darstellung zweidimensionaler Kurven und Berechnung von Kurvenlängen, s. Kapitel 5.

- Anwendung des Transformationssatzes mehrdimensionaler Integrale, s. § 6.4.

Nun ein paar Worte zur Gestaltung des vorliegenden Buchs:

- Für Dezimaldarstellungen verwende ich den Dezimalpunkt statt des Dezimalkommas, zum einen, um eine mit Taschenrechner- oder Computerausgaben verträgliche Darstellung zu gewährleisten, zum anderen, um Verwechslungen bei Vektoren vorzubeugen.

- Die Graphiken wurden mit dem Computeralgebrasystem MATHEMATICA erzeugt und die generierten POSTSCRIPT-Versionen habe ich noch einer programmiertechnischen Verfeinerung unterzogen.

- Übungsaufgaben, die besonders wichtig für das Verständnis des behandelten Stoffs sind und im weiteren verwendet werden, sollten von jeder/m Lernenden bearbeitet werden und sind durch das Symbol ∘ gekennzeichnet.

- Besonders schwierige oder technische Übungsaufgaben sind mit einem Stern
  ($\star$) gekennzeichnet. Sie sind nur beim Einsatz des Buchs an Hochschulen gedacht.

- Übungsaufgaben, die für Handberechnung zu langwierig erscheinen, tragen
  das Symbol $\Diamond$ und sollten mit DERIVE bearbeitet werden. Ich ermuntere aus-
  drücklich dazu, auch andere Übungsaufgaben – sofern nicht explizit anders
  gefordert – unter Zuhilfenahme von DERIVE zu lösen. Auch – oder gerade –,
  wenn die Lösung mit DERIVE nicht immer auf Anhieb gelingen wird, ist der
  Lerneffekt groß: Bei der Bearbeitung jeder Übungsaufgabe lernt der Schüler
  oder Student sowohl einen mathematischen Sachverhalt als auch etwas Neues
  zur Bedienung von DERIVE dazu.

- Englische Übersetzungen wichtiger mathematischer Fachausdrücke sind als
  Fußnoten angegeben, da Fachliteratur heutzutage meist auch von deutschen
  Autoren auf Englisch geschrieben wird. Zudem tragen alle DERIVE Menüs und
  Funktionen englische Namen.

- Gleichungen, auf die verwiesen wird, sind durchnumeriert und *rechts* mit einer
  Gleichungsnummer versehen. Tritt eine Gleichungsnummer *links* auf, so handelt es sich um eine Gleichung, die bereits früher vorkam und zur Erinnerung
  noch einmal aufgeschrieben wurde.

- Das Ende von Beispielen, Definitionen usw. wird durch das $\triangle$-Zeichen angegeben, falls es nicht mit dem Beginn eines neuen Beispiels, einer neuen Definition
  usw. zusammenfällt. Das Ende eines Beweises ist durch das $\square$-Zeichen gekennzeichnet.

- Die Ausgaben von DERIVE sind teilweise versionsabhängig und ebenso von
  einigen Einstellungen abhängig. In diesem Licht müssen die angegebenen Ausgaben betrachtet werden. Sie können nicht unbedingt genau so reproduziert
  werden. Ich habe, sofern nicht anders angegeben, grundsätzlich die Standard-
  einstellung bei der Version 2.58 verwendet.

- Gegen Überweisung von 20, – DM (Wolfram Koepf, Postbank Berlin, Bank-
  leitzahl 100 100 10, Kontonummer 40 26 21 - 109, Verwendungszweck: Diskette
  „Höhere Analysis", 5.25 oder 3.5 Zoll, mit vollständiger Adresse) kann beim
  Autor wieder eine Diskette bestellt werden, die alle DERIVE-Sitzungen sowie
  die mit DERIVE bearbeiteten Übungsaufgaben enthält.

Ich möchte mich an dieser Stelle bei allen recht herzlich bedanken, die bei der Durchführung des vorliegenden Buchprojekts mitgewirkt bzw. sie ermöglicht haben. Insbesondere bedanke ich mich bei der Alexander von Humboldt-Stiftung für das zur Verfügung gestellte Feodor-Lynen-Forschungsstipendium, bei der FU Berlin für die Förderung meines Forschungsprojekts *Symbolische Programmierung* sowie beim Fachbereich Mathematik der Freien Universität Berlin für die Zuweisung eines Forschungstutors.

Berlin, am 10. Dezember 1993   Wolfram Koepf

Inhaltsverzeichnis

Abbildungsverzeichnis

1 Metrische Räume und Stetigkeit

1.1 Konvergenz in metrischen Räumen

In der linearen Algebra werden lineare Abbildungen $L : \mathbb{R}^n \to \mathbb{R}^m$ behandelt, die durch eine $m \times n$-Matrix

$$A := (a_{jk}) = \begin{pmatrix} a_{11} & a_{12} & \cdots & a_{1n} \\ a_{21} & a_{22} & \cdots & a_{2n} \\ \vdots & \vdots & \ddots & \vdots \\ a_{m1} & a_{m2} & \cdots & a_{mn} \end{pmatrix}$$

repräsentiert werden. Lineare Abbildungen sind besonders einfache Funktionen, die $\mathbb{R}^n$ in $\mathbb{R}^m$ abbilden. Wir wollen in der Folge kompliziertere Funktionen betrachten, die eine Teilmenge des $\mathbb{R}^n$ in $\mathbb{R}^m$ abbilden. Um Begriffe wie Stetigkeit in diesen Rahmen zu übertragen, stellt man zunächst fest, daß es bei reellen Funktionen $f : I \to \mathbb{R}$ zur Definition der Stetigkeit darauf ankam, daß man Entfernungen zwischen Punkten in $\mathbb{R}$ messen konnte: Für kleine Abstände im Urbildbereich sollten auch die Abstände im Bildbereich klein sein. Dies kann man jedoch auch im $\mathbb{R}^n$ machen:

Definition 1.1 (Abstand im $\mathbb{R}^n$) Für zwei Punkte $x = (x_1, x_2, \ldots, x_n)$ und $y = (y_1, y_2, \ldots, y_n)$ der Menge $\mathbb{R}^n$ wird durch

$$d(x,y) = |y - x| := \sqrt{\sum_{k=1}^{n} (y_k - x_k)^2} \tag{1.1}$$

der *euklidische Abstand zwischen x und y* erklärt. $\triangle$

Es ist wesentlich, daß diese Abstandsfunktion – wie schon die eindimensionale Abstandsfunktion – folgende Eigenschaften einer *Metrik* besitzt.

Satz 1.1 (Metrikeigenschaften) Die n-dimensionale Abstandsfunktion (1.1) $d : \mathbb{R}^n \times \mathbb{R}^n \to \mathbb{R}_0^+$ hat die Eigenschaften:

(a) **(Definitheit)** $d(x,y) \geq 0$ für alle $x, y \in \mathbb{R}^n$, wobei $d(x,y) = 0$ genau dann gilt, wenn $x = y$ ist.

(b) **(Symmetrie)** $d(y,x) = d(x,y)$ für alle $x, y \in \mathbb{R}^n$.

(c) **(Dreiecksungleichung)** $d(x,z) \leq d(x,y) + d(y,z)$ für alle $x, y, z \in \mathbb{R}^n$.

Beweis: Die Eigenschaften (a) und (b) sind direkte Folgen der Definition.
(c) Mit Hilfe der Rechnung

$$
\begin{aligned}
0 \;\le\; & \sum_{j,k=1}^{n} (a_k b_j - a_j b_k)^2 = \sum_{j,k=1}^{n} \left(a_k^2 b_j^2 - 2\,a_j a_k b_j b_k + a_j^2 b_k^2 \right) \\
= \; & \sum_{k=1}^{n} a_k^2 \sum_{j=1}^{n} b_j^2 - 2 \sum_{j=1}^{n} a_j b_j \sum_{k=1}^{n} a_k b_k + \sum_{j=1}^{n} a_j^2 \sum_{k=1}^{n} b_k^2 \\
= \; & 2 \sum_{k=1}^{n} a_k^2 \sum_{k=1}^{n} b_k^2 - 2 \left(\sum_{k=1}^{n} a_k b_k \right)^2
\end{aligned}
$$

bekommt man die *Cauchy-Schwarzsche Ungleichung* (s. Übungsaufgaben I.1.17–1.19
(S. I.26) für einen anderen Beweis)

$$
\sum_{k=1}^{n} a_k b_k \le \sqrt{\sum_{k=1}^{n} a_k^2} \sqrt{\sum_{k=1}^{n} b_k^2}\,,
$$

und hieraus schließlich

$$
\begin{aligned}
\sum_{k=1}^{n} (a_k + b_k)^2 \;=\; & \sum_{k=1}^{n} a_k^2 + 2 \sum_{k=1}^{n} a_k b_k + \sum_{k=1}^{n} b_k^2 \\
\le \; & \sum_{k=1}^{n} a_k^2 + 2 \sqrt{\sum_{k=1}^{n} a_k^2} \sqrt{\sum_{k=1}^{n} b_k^2} + \sum_{k=1}^{n} b_k^2 = \left(\sqrt{\sum_{k=1}^{n} a_k^2} + \sqrt{\sum_{k=1}^{n} b_k^2} \right)^2 .
\end{aligned}
$$

Mit $a_k := x_k - y_k$ und $b_k := y_k - z_k$ ist dies die quadrierte Dreiecksungleichung. $\qquad\square$

Definition 1.2 (Metrischer und normierter Raum) Gibt es auf einer Menge
M eine Abstandsfunktion $d : M^2 \to \mathbb{R}^+$, die die Metrikeigenschaften aus Satz 1.1
besitzt, so heißt M versehen mit d ein *metrischer Raum*. Sei M ein linearer Raum,
in dem eine *Norm* erklärt ist, d. h. eine Funktion $\| \; \| : M \to \mathbb{R}^+$ mit den Norm-
eigenschaften aus Satz I.12.1 (S. I.331):

(a) $\|f\| \ge 0$, wobei $\|f\| = 0$ genau dann gilt, wenn $f = 0$ ist,

(b) $\|\alpha f\| = |\alpha| \cdot \|f\|$ für alle $\alpha \in \mathbb{R}$,

(c) $\|f + g\| \le \|f\| + \|g\|$.

Dann nennt man M einen *normierten Raum*, und durch die Vorschrift

$$
d(f,g) := \|f - g\| \tag{1.2}
$$

wird eine Metrik d definiert. Man sagt, jede Norm induziert eine Metrik. Entspringt
andererseits die Metrik einer Norm, so heißt der metrische Raum *normiert*. $\triangle$

Wir haben implizit schon viele Beispiele metrischer und normierter Räume kennengelernt:

Beispiel 1.1 (a) $\mathbb{R}^n$ mit der Abstandsfunktion (1.1) ist ein metrischer Raum. $\mathbb{R}^n$ ist auch ein normierter Raum, wobei $\|x\| := |x|$. Man nennt diese Norm die *n-dimensionale euklidische Norm* und $\mathbb{R}^n$ versehen mit dieser Norm den *n-dimensionalen euklidischen Raum*. Man beobachte, daß im Beweis von Satz 1.1 genau die Dreiecksungleichung für diese Norm bewiesen wurde. Die Menge $\mathbb{R}^n$ kann auch mit der *Maximumnorm*

$$\|x\| := \max_{k=1,\ldots,n} x_k$$

bzw. mit der *Betragssummennorm*

$$\|x\| := \sum_{k=1}^{n} |x_k|$$

normiert und damit zu einem metrischen Raum gemacht werden.

(b) Sei $B[a,b]$ die Menge der im Intervall $[a,b]$ beschränkten Funktionen. Dann ist $B[a,b]$ zusammen mit

$$\|f\| = \sup_{x \in [a,b]} |f(x)| \tag{1.3}$$

ein normierter Raum, da mit $f, g \in B[a,b]$ und $\alpha \in \mathbb{R}$ auch $f + g$ sowie αf wieder in $B[a,b]$ liegen (linearer Raum!). Man nennt (1.3) die *Supremumsnorm*.

(c) Sei $C[a,b]$ die Menge der im Intervall $[a,b]$ stetigen Funktionen. Auch $C[a,b]$ ist ein linearer Raum (warum?) und nach dem Satz vom Maximum nimmt jedes Element $f \in C[a,b]$ in $[a,b]$ ein Maximum und ein Minimum an, so daß die Supremumsnorm (1.3) endlich ist. Also ist auch $C[a,b]$ ein normierter Raum und wird mit (1.2) zum metrischen Raum.

(d) Auch die Menge $R[a,b]$ der in $[a,b]$ Riemann-integrierbaren Funktionen wird durch die Supremumsnorm normiert. Ebenfalls allerdings kann man $R[a,b]$ mit Hilfe der *Integralnorm*

$$\|f\| := \int_a^b |f(t)|\,dt$$

normieren. Die Dreiecksungleichung folgt in diesem Fall aus der Monotonie und der Linearität des Integrals.

(e) Die Menge l_1 aller reellen Folgen $(a_n)_{n \in \mathbb{N}_0}$, für die

$$\|(a_n)\| := \sum_{k=0}^{\infty} |a_k| < \infty \tag{1.4}$$

existiert, versehen mit der Abstandsfunktion (1.2), ist ein metrischer Raum, da (1.4)
die Normeigenschaften erfüllt.

(f) Die Menge $C^n[a,b]$ ($n \in \mathbb{N}$) der *n-mal stetig differenzierbaren Funktionen* auf
$[a,b]$ wird durch die Supremumsnorm normiert. Sie kann aber auch gemäß

$$\|f\|_n := \sum_{k=0}^{n} \left\|f^{(k)}\right\|$$

durch Summation der Supremumsnormen der Ableitungen normiert werden. $\triangle$

Wie man sieht, werden mit den Begriffen des metrischen und normierten Raums
nicht nur Zahlenmengen wie $\mathbb{R}^n$, sondern auch Funktionenmengen erfaßt.

Wir wollen nun den Konvergenzbegriff in metrischen Räumen erklären. Da jeder
normierte Raum automatisch ein metrischer Raum ist, sind diese Begriffe damit
insbesondere auch in normierten Räumen erkärt. Sie stellen direkte Verallgemeinerungen der entsprechenden Begriffe in $\mathbb{R}$ bzw. $\mathbb{R}^3$ dar.

**Definition 1.3 (Kugel, Sphäre, Umgebung, Beschränktheit, Konvergenz,
Häufungspunkt, Cauchyfolge)** Sei M mit der Metrik d ein metrischer Raum.
Dann nennen wir die Menge $\{x \in M \mid d(x,a) < r\}$ die *offene Kugel* mit *Mittelpunkt*
a und *Radius* r und bezeichnen sie mit $B(a,r)$[1]. Entsprechend heißen die Mengen
$\{x \in M \mid d(x,a) \leq r\}$ bzw. $\{x \in M \mid d(x,a) = r\}$ die *abgeschlossene Kugel* bzw.
Sphäre mit *Mittelpunkt* a und *Radius* r.

Eine Menge U, zu der es einen Radius $\varepsilon > 0$ gibt, derart, daß die offene Kugel
um a mit Radius ε in U liegt, heißt *Umgebung von a*. Jede offene Kugel $B(a,\varepsilon)$ ist
also selbst eine Umgebung von a und heißt die *ε-Umgebung von a*.

Für eine Menge $A \subset M (A \neq \emptyset)$ nennen wir

$$\operatorname{diam} A := \sup \{d(x,y) \mid x,y \in A\}$$

den *Durchmesser von A*, und wir setzen $\operatorname{diam} \emptyset := 0$. Ist nun $\operatorname{diam} A < \infty$, dann
heißt A *beschränkt*, andernfalls *unbeschränkt*.

Ist weiter $(a_n)_n$ eine *Folge* in M, d.h. $a_n \in M$ ($n \in \mathbb{N}_0$), dann nennen wir
$(a_n)_n$ *konvergent* mit dem *Grenzwert* (oder *Limes*) a, falls $\lim\limits_{n\to\infty} d(a_n,a) = 0$ ist.
Wir schreiben wieder

$$\lim_{n\to\infty} a_n = a \qquad \text{sowie} \qquad a_n \to a \quad (n \to \infty).$$

Falls die Folge $(a_n)_n$ nicht konvergiert, heißt sie *divergent*. Sie heißt beschränkt,
falls die Menge $\{a_n \in M\}$ beschränkt ist.

Ein Punkt $a \in M$ heißt *Häufungspunkt* der Folge $(a_n)_n$, falls jede Umgebung von
a unendlich viele Folgenglieder enthält.

Schließlich heißt $(a_n)_n$ *Cauchyfolge*, falls zu jedem $\varepsilon > 0$ ein Index $N \in \mathbb{N}$ existiert, so daß für alle $m,n \geq N$ gilt

$$d(a_n,a_m) \leq \varepsilon.$$

---

[1]Englisch: ball

Beispiel 1.2 Die offene Kugel $B(a, r)$ hat einen Durchmesser diam $B(a, r) = 2r$ und ist somit beschränkt. Entsprechend sind die abgeschlossenen Kugeln und die Sphären beschränkt.

Im $\mathbb{R}^n$ sind ebenfalls die *n-dimensionalen Quader*

$$
\begin{aligned}
Q \quad &:= \quad \{(x_1, x_2, \ldots, x_n) \in \mathbb{R}^n \mid a_k \le x_k \le b_k \ (k = 1, \ldots, n)\} \\
&= \quad [a_1, b_1] \times [a_2, b_2] \times \cdots \times [a_n, b_n]
\end{aligned}
$$

$(a_k, b_k \in \mathbb{R} \ (k = 1, \ldots, n))$ beschränkt, da sie in Kugeln liegen:

$$
Q \subset B(0, r) \qquad \text{mit} \qquad r := \max\{|a_k|, |b_k| \mid (k = 1, \ldots, n)\} .
$$

Die Quader sind die n-dimensionalen Verallgemeinerungen der reellen Intervalle. $\triangle$

Wie im Reellen bekommt man folgende Eigenschaften konvergenter Folgen.

Lemma 1.1 (Eigenschaften konvergenter Folgen)

(a) Jede konvergente Folge hat genau einen Grenzwert.

(b) Jede konvergente Folge ist beschränkt.

(c) Jede Teilfolge einer konvergenten Folge hat denselben Grenzwert.

(d) Ein Punkt a ist genau dann ein Häufungspunkt einer Folge, wenn diese eine gegen a konvergente Teilfolge hat.

(e) Jede konvergente Folge ist eine Cauchyfolge.

Beweis: (a) folgt genau wie Lemma I.4.2 (S. I.85) bei der Annahme zweier Grenzwerte $a, b \in M$ durch die Wahl $\varepsilon := \frac{d(a,b)}{4}$.
(b) entspricht Satz I.4.1 (S. I.86) mit analogem Beweis.
(c) entspricht Übungsaufgabe I.4.7 (S. I.92).
(d) Ist a ein Häufungspunkt von $(a_n)_n$, dann enthält jede Umgebung von a, insbesondere jede Kugel $B(a, \varepsilon)$, unendlich viele Folgenglieder a_n. Wählt man nun für $k \in \mathbb{N}$ aus $B\left(a, \frac{1}{k}\right)$ je ein a_{n_k} $(n_k < n_{k+1})$ aus, so konvergiert die Teilfolge a_{n_k} gegen a.
Enthält andererseits $(a_n)_n$ eine gegen a konvergierende Teilfolge a_{n_k}, so enthält jede Umgebung von a zunächst eine ε-Umgebung von a, und diese enthält wiederum unendlich viele Folgenelemente, nämlich alle Folgenelemente a_{n_k} $(k \ge K)$.
(e) entspricht einer Implikationsrichtung des Beweises des Cauchyschen Konvergenzkriteriums (Satz I.4.6, S. I.98). $\qquad\square$

Im metrischen Raum $\mathbb{R}$ galt auch die Umkehrung von (e). Nun gibt es andererseits metrische Räume, in denen die Umkehrung von (e) nicht gilt, z. B. $\mathbb{Q}$ versehen mit der üblichen Abstandsfunktion. Daher definieren wir

Definition 1.4 (Vollständigkeit, Banachraum) Ein metrischer Raum M mit Metrik d heißt *vollständig*, falls jede Cauchyfolge $(a_n)_n$ gegen ein $a \in M$ konvergiert. M heißt dann *vollständiger metrischer Raum*. Wird d durch eine Norm $\| \ \|$ erzeugt, nennen wir M einen *Banachraum*.[2] $\triangle$

Die Vollständigkeit hat sich in der eindimensionalen Analysis als unentbehrliches Hilfsmittel herausgestellt. Dasselbe wird sich in der Folge auch bei der mehrdimensionalen Analysis erweisen. Die Vollständigkeit trennt die Spreu vom Weizen bei unseren Beispielen 1.1.

Beispiel 1.3 (a) $\mathbb{R}^n$ mit der n-dimensionalen euklidischen Norm ist ein Banachraum, da $|x - y| \to 0 \iff |x_k - y_k| \to 0$ $(k = 1, \ldots, n)$, und da $\mathbb{R}$ vollständig ist. Genauso sieht man, daß $\mathbb{R}^n$ auch dann ein Banachraum ist, wenn $\mathbb{R}^n$ mit der Maximumnorm bzw. mit der Betragssummennorm normiert ist.

(b) $B[a, b]$ mit der Supremumsnorm ist ebenfalls ein Banachraum. Dazu ist zu zeigen, daß eine Cauchyfolge beschränkter Funktionen f_n (im Sinne der Supremumsnorm) gegen eine beschränkte Funktion konvergiert. Ist nämlich für alle $\varepsilon > 0$ und $n, m \geq N$

$$\sup_{x \in [a,b]} |f_n(x) - f_m(x)| \leq \varepsilon \,,$$

so ist zunächst für jedes $x \in [a, b]$ offenbar die Folge $(f_n(x))_n$ eine reelle Cauchyfolge. Wegen der Vollständigkeit von $\mathbb{R}$ konvergiert daher f_n also punktweise, sagen wir gegen $f : [a, b] \to \mathbb{R}$. Zu zeigen bleibt $f \in B[a, b]$, d.h., daß f beschränkt ist. Da die Konvergenz nach Satz I.12.5 (Cauchysches Konvergenzkriterium für gleichmäßige Konvergenz, S. I.333) aber auf $[a, b]$ gleichmäßig ist, finden wir genau wie im Beweis von Satz I.4.6 (Cauchysches Konvergenzkriterium, S. I.98) eine für alle $x \in [a, b]$ gültige gemeinsame Schranke M. Dies entspricht aber der Beschränktheit von $(f_n)_n$.

(c) Auch $C[a, b] \subset B[a, b]$ versehen mit der Supremumsnorm ist ein Banachraum. Hier folgt die Vollständigkeit aus dem Satz I.12.2 über die Stetigkeit der Grenzfunktion bei gleichmäßiger Konvergenz (S. I.331).

(d) Der durch die Supremumsnorm normierte Raum $R[a, b]$ der in $[a, b]$ Riemann-integrierbaren Funktionen ist auf Grund von Übungsaufgabe I.12.9 (S. I.335) ein Banachraum.

Normiert man $R[a, b]$ allerdings mit der Integralnorm, so ist wegen Beispiel I.12.2 (S. I.328) und Satz I.12.3 (S. I.331) dieser Raum *nicht* vollständig. Dies zeigt, daß die Wahl der Norm (Metrik) entscheidende Auswirkung auf die Eigenschaften normierter (metrischer) Räume haben kann.

(e) Daß die Menge aller reellen Folgen $(a_n)_{n \in \mathbb{N}_0}$ mit endlicher Betragssumme (1.4) bzgl. dieser Norm einen Banachraum bildet, soll in Übungsaufgabe 1.2 bewiesen werden.

(f) Die Menge $C^1[a, b]$ der stetig differenzierbaren Funktionen auf $[a, b]$ mit der Supremumsnorm ist nicht vollständig. Dies zeigen z.B. die Funktionen $f_n : [-1, 1] \to \mathbb{R}$ mit $f_n(x) := |x|^{1+1/n}$, die in $C^1[-1, 1]$ liegen und gleichmäßig gegen die Betragsfunktion streben, welche nicht in $C^1[-1, 1]$ liegt. Wird $C^1[a, b]$ allerdings durch

---

[2]STEFAN BANACH [1892–1945]

$$\|f\|_1 := \|f\| + \|f'\|$$

normiert, so liegt wegen Satz I.12.4 (S. I.332) ein Banachraum vor.

ÜBUNGSAUFGABEN

$\star$ **1.1 (Hilbertscher[3] Folgenraum)** *Die Menge l_2 aller reellen Folgen $(a_n)_{n \in \mathbb{N}_0}$, für die*

$$\|(a_n)\|_2 := \sqrt{\sum_{k=0}^{\infty} |a_k|^2} < \infty \tag{1.5}$$

existiert, wird durch (1.5) normiert. Man zeige, daß l_2 ein Banachraum ist. Hinweis: Man verwende Übungsaufgabe I.4.34 (S. I.115).

$\star$ **1.2** *Die Menge l_1 aller reellen Folgen $(a_n)_{n \in \mathbb{N}_0}$ mit endlicher Betragssumme (1.4) bildet bzgl. dieser Norm einen Banachraum.*

1.3 *Zeige, daß die Menge $C^n[a, b]$ ($n \in \mathbb{N}$) der n-mal stetig differenzierbaren Funktionen auf $[a, b]$ mit der Norm*

$$\|f\|_n := \sum_{k=0}^{n} \left\| f^{(k)} \right\|$$

ein Banachraum ist. Dagegen ist $C^n[a, b]$ mit der Supremumsnorm nicht vollständig.

1.4 *Sei $\mathbb{R}^n$ durch die euklidische Norm, die Maximumnorm bzw. die Betragssummennorm normiert. Man vergleiche die Einheitskugeln*

$$\{x \in \mathbb{R}^n \mid \|x\| \leq 1\}$$

miteinander.

$\star$ **1.5 (Äquivalente Normen)** *Zwei Normen $\| \ \|_1$ und $\| \ \|_2$ eines normierten Raums M heißen äquivalent, falls es $\alpha, \beta \in \mathbb{R}$ gibt derart, daß*

$$\alpha \|x\|_1 \leq \|x\|_2 \leq \beta \|x\|_1$$

für alle $x \in M$. Man zeige, daß alle Normen in $\mathbb{R}^n$ äquivalent sind.

---

[3]DAVID HILBERT [1862–1943]

1.2　Topologie metrischer Räume

In diesem Abschnitt wollen wir die Grundbegriffe der Topologie metrischer Räume behandeln. Eine wichtige Rolle spielen offene, abgeschlossene und kompakte Mengen. Zunächst führen wir die ersten beiden Begriffe ein.

Definition 1.5 (Offene und abgeschlossene Mengen, innere Punkte und Randpunkte) Eine Teilmenge $A \subset M$ eines metrischen Raums M heißt *offen*, falls zu jedem Punkt $a \in A$ noch eine ganze ε-Umgebung $B(a, \varepsilon) \subset A$ ($\varepsilon > 0$) liegt. Einen solchen Punkt $a \in A$ nennt man einen *inneren Punkt* einer Teilmenge $A \subset M$. Liegen stattdessen in jeder ε-Umgebung von a sowohl Punkte aus A als auch Punkte aus dem *Komplement* $A' := M \setminus A$ von A, dann nennen wir a *Randpunkt von A*. Die Mengen

$$A^o := \{x \in A \mid x \text{ ist innerer Punkt von } A\}$$

bzw.

$$\partial A := \{x \in M \mid x \text{ ist Randpunkt von } A\}$$

heißen das *Innere* bzw. der *Rand von A*. Die Menge $\overline{A} := A \cup \partial A$ heißt *Abschluß von A*. Das Komplement einer offenen Menge heißt. *abgeschlossen*.

Beispiel 1.4 Ist $M = \mathbb{R}$, so sind alle offenen Intervalle offen, und die abgeschlossenen Intervalle sind abgeschlossen.[4] Hat ein Intervall die Endpunkte a und b, so sind diese die Randpunkte des Intervalls. Das Innere eines Intervalls mit den Endpunkten $a < b$ ist immer das offene Intervall (a, b) und sein Abschluß ist das abgeschlossene Intervall $[a, b]$. Die obigen Definitionen stellen also Verallgemeinerungen der Situation in $\mathbb{R}$ dar.

Gemäß der nun gegebenen Definition sind die unbeschränkten Intervalle (a, ∞), $(-\infty, b)$ bzw. $(-\infty, \infty) = \mathbb{R}$ ebenfalls offen, und die Intervalle $[a, \infty)$, $(-\infty, b]$ bzw. $\mathbb{R}$ sind abgeschlossen. $\triangle$

Es gilt nun zunächst die Charakterisierung

Lemma 1.2 In einem metrischen Raum M sind die drei Mengen A^o, $\partial A = \partial (A')$ sowie $(A')^o$ paarweise disjunkt, und es gilt $A^o \cup \partial A \cup (A')^o = M$.

Beweis:　Die Beziehung $\partial A = \partial (A')$ gilt direkt nach Definition. Es ist ebenfalls klar, daß ∂A mit A^o und $\partial (A')$ mit $(A')^o$ keine gemeinsamen Punkte hat. Wegen $A^o \subset A$ und $(A')^o \subset A'$ sind auch A^o und $(A')^o$ disjunkt.

Sei nun $x \in M$ gegeben. Entweder ist $x \in A$, dann liegt x in A^o oder in ∂A, ist x aber aus A', so ist der Punkt ein Element von $\partial (A')$ oder $(A')^o$.　　　　$\square$

Wir betrachten nun Vereinigungen und Durchschnitte offener bzw. abgeschlossener Mengen. Sei zunächst $\mathcal{A}$ eine beliebige Menge von Teilmengen von M.

---

[4]Daher also die Bezeichnungsweise!

Definition 1.6 (Vereinigung und Durchschnitt bzgl. beliebiger Indexmengen) Dann definieren wir durch

$$\bigcup_{A \in \mathcal{A}} A := \{x \in M \mid \text{es gibt ein } A \in \mathcal{A} \text{ mit } x \in A\}$$

bzw.

$$\bigcap_{A \in \mathcal{A}} A := \{x \in M \mid \text{für alle } A \in \mathcal{A} \text{ ist } x \in A\}$$

die Vereinigung bzw. den Durchschnitt der Mengen des Mengensystems $\mathcal{A}$. Für beliebige Vereinigungen und Durchschnitte dieser Art gelten die *de Morganschen*[5] *Formeln*

$$\left(\bigcup_{A \in \mathcal{A}} A\right)' = \bigcap_{A \in \mathcal{A}} A' \quad \text{bzw.} \quad \left(\bigcap_{A \in \mathcal{A}} A\right)' = \bigcup_{A \in \mathcal{A}} A'$$

der Mengenlehre. $\triangle$

Wir erhalten hiermit den

Satz 1.2 Sei M ein metrischer Raum. Dann gelten

(a) Die Vereinigung beliebig vieler und der Durchschnitt endlich vieler offener Mengen ist wieder offen.

(b) Der Durchschnitt beliebig vieler und die Vereinigung endlich vieler abgeschlossener Mengen ist wieder abgeschlossen.

Beweis: Wir stellen zunächst fest, daß es auf Grund der de Morganschen Regeln genügt, (a) zu zeigen. Sei V beliebige Vereinigung offener Mengen. Ist dann $a \in V$, so ist a nach Definition der Vereinigung in einer dieser offenen Mengen, sagen wir in A, enthalten. Da A offen ist, gibt es ein $\varepsilon > 0$ mit $B(a, \varepsilon) \subset A \subset V$, also ist V offen.

Ist nun andererseits D der endliche Durchschnitt offener Mengen A_k $(k = 1, \ldots, n)$. Dann liegt jedes $a \in D$ nach Definition des Durchschnitts in allen A_k $(k = 1, \ldots, n)$, und wegen der Offenheit gibt es $\varepsilon_k > 0$ $(k = 1, \ldots, n)$ derart, daß $B(a, \varepsilon_k) \subset A_k$ gilt. Wählen wir nun $\varepsilon := \min\{\varepsilon_k \mid k = 1, \ldots, n\}$, dann gilt offenbar $B(a, \varepsilon) \subset D$, also ist D offen. $\square$

Beispiel 1.5 Der Durchschnitt beliebig vieler offener Mengen ist nicht notwendig wieder offen. Sei nämlich $M = \mathbb{R}$ und $A_n := (-1/n, 1/n)$. Dann sind offenbar alle A_n $(n \in \mathbb{N})$ offen, aber trotzdem ist $\bigcap_{n \in \mathbb{N}} A_n = \{0\}$ nicht offen. $\triangle$

Als direkte Folge von Satz 1.2 bekommen wir zunächst die folgende naheliegende Eigenschaft.

Korollar 1.1 Sei $A \subset M$ eine Teilmenge eines metrischen Raums M. Dann ist das Innere A^o von A offen, und der Rand ∂A und der Abschluß $\overline{A}$ von A sind abgeschlossene Mengen.

---

[5] Augustus de Morgan [1806–1871]

Beweis: A^o ist offen, da A^o nach Definition die Vereinigung von ε-Umgebungen seiner Elemente ist. Ebenso ist $(A')^o$ offen, und somit sind gemäß Lemma 1.2 die Mengen $\partial A = (A^o \cup (A')^o)'$ und $\overline{A} = ((A')^o)'$ abgeschlossen. $\qquad\qquad\square$

Beispiel 1.6 Gemäß Korollar 1.1 ist die offene Kugel $B(a,r)$ offen und die abgeschlossene Kugel $\{x \in M \mid d(x,a) \leq r\} = \overline{B(a,r)}$ abgeschlossen, so daß die Namen gerechtfertigt sind. Zusammen mit Beispiel 1.2 stellen wir fest, daß die abgeschlossenen Kugeln abgeschlossene, beschränkte Mengen darstellen.

Ebenso sind in $\mathbb{R}^n$ die n-dimensionalen Quader abgeschlossen und beschränkt. $\triangle$

Wir wollen nun den Abschluß einer Menge durch Folgen charakterisieren. Dazu definieren wir

Definition 1.7 (Häufungspunkt einer Menge) Sei $A \subset M$ eine Teilmenge eines metrischen Raums M. Ein Punkt $a \in M$ heißt *Häufungspunkt von A*, falls jede Umgebung von a unendlich viele Punkte aus A enthält. $\triangle$

Wir haben dann den

Satz 1.3 (Charakterisierung abgeschlossener Mengen) Eine Teilmenge $A \subset M$ eines metrischen Raums M ist genau dann abgeschlossen, wenn sie alle ihre Häufungspunkte enthält.

Beweis: Angenommen, eine Menge A enthält alle ihre Häufungspunkte, und sei $a \in A'$ gegeben. Lägen nun in jeder ε-Umgebung $B(a,\varepsilon)$ Punkte aus A, so fänden wir für $\varepsilon = 1/n$ eine Folge $(a_n)_n$ von Punkten $a_n \in B(a, 1/n)$ aus A. Da A aber alle seine Häufungspunkte enthält, wäre $a \in A$, im Widerspruch zu $a \in A'$. Also gibt es eine ε-Umgebung $B(a,\varepsilon)$, in der kein Punkt aus A liegt, und folglich ist A' offen, d. h. A ist abgeschlossen.

Enthält andererseits eine Menge A nicht alle ihre Häufungspunkte, so gibt es also einen Häufungspunkt $a \in A'$. Da nun in jeder ε-Umgebung von a unendlich viele Elemente aus A liegen, kann A' nicht offen, d. h. A nicht abgeschlossen sein. $\qquad\square$

Wir führen nun die letzte wichtige Klasse von Teilmengen metrischer Räume ein: die kompakten Mengen. Sie werden in der allgemeinen Theorie die Rolle der abgeschlossenen Intervalle übernehmen, z. B. werden wir sehen, daß reelle stetige Funktionen in kompakten Mengen Maxima und Minima annehmen.

Definition 1.8 (Kompakte Mengen) Eine Teilmenge $A \subset M$ eines metrischen Raums M heißt *(folgen)kompakt*, falls jede Folge in A eine gegen einen Punkt aus A konvergierende Teilfolge enthält. $\triangle$

In allgemeinen topologischen Räumen, d. h. Räumen mit einer Umgebungsstruktur, definiert man Kompaktheit anders, nämlich mittels offener Überdeckungen. Dieser Begriff stimmt jedoch in metrischen Räumen mit dem eingängigeren Begriff der Folgenkompaktheit überein.

Es gelten nun unmittelbar folgende Aussagen.

Lemma 1.3 (Eigenschaften kompakter Mengen) Sei $A \subset M$ eine Teilmenge eines metrischen Raums M. Dann gelten:

(a) Ist A kompakt, so ist A beschränkt und abgeschlossen.

(b) Ist $A \subset B \subset M$, A abgeschlossen und B kompakt, so ist auch A kompakt.

Beweis: (a) Die Abgeschlossenheit einer kompakten Menge folgt sofort aus Satz 1.3. Ist A unbeschränkt, so gibt es ein $b \in A$ sowie eine Folge (a_n) von Punkten aus A mit $d(a_n, b) \to \infty$. Gäbe es nun eine konvergente Teilfolge, sagen wir $d(a_{n_k}, a) \leq \varepsilon$ für $k \geq K$, dann hätten wir mit der Dreiecksungleichung $d(a_{n_k}, b) \leq d(a_{n_k}, a) + d(a, b) \leq d(a, b) + \varepsilon$, einen Widerspruch. Folglich besitzt (a_n) keine konvergente Teilfolge, und A ist nicht kompakt.

(b) folgt direkt aus Satz 1.3. $\qquad\square$

Die folgende Aussage gilt nicht in jedem metrischen Raum, sondern ist eine Spezialität des $\mathbb{R}^n$.

Satz 1.4 (Kompakte Mengen des $\mathbb{R}^n$) Eine Teilmenge $A \subset \mathbb{R}^n$ ist genau dann kompakt, wenn sie abgeschlossen und beschränkt ist.

Beweis: Ist A eine abgeschlossene und beschränkte Teilmenge von $\mathbb{R}^n$ und (a_n) eine Folge von Punkten aus A, dann existiert durch koordinatenweise Anwendung des Satzes von Bolzano-Weierstraß eine konvergente Teilfolge, deren Grenzwert gemäß Satz 1.3 zu A gehört. $\qquad\square$

Beispiel 1.7 Gemäß Beispiel 1.6 stellen die abgeschlossenen Kugeln sowie die n-dimensionalen Quader im $\mathbb{R}^n$ abgeschlossene, beschränkte Mengen dar, welche nach Satz 1.4 kompakt sind.

ÜBUNGSAUFGABEN

$\star$ **1.6** *Ist eine Teilmenge $A \subset \mathbb{R}^n$ sowohl offen als auch abgeschlossen, so gilt: entweder ist $A = \mathbb{R}^n$ oder $A = \emptyset$.*

1.7 *Sei $A \subset M$ eine Teilmenge eines metrischen Raums M.*

(a) *A^o ist die größte offene Teilmenge von A, d. h. A^o ist die Vereinigung aller offener Teilmengen von A.*

(b) *$\overline{A}$ ist die kleinste abgeschlossene Obermenge von A, d. h. $\overline{A}$ ist der Durchschnitt aller abgeschlossener Obermengen von A.*

(c) *A ist genau dann offen bzw. abgeschlossen, wenn $A = A^o$ bzw. $A = \overline{A}$ gilt.*

1.8 (Äquivalente Normen) *Die von äquivalenten Normen (s. Übungsaufgabe 1.5) erzeugten Topologien sind gleich, d. h. äquivalente Normen erzeugen dasselbe System offener Mengen.*

1.9 *Eine Teilmenge $D \subset M$ eines metrischen Raums M mit der Metrik d ist selbst ein metrischer Raum mit der Metrik d. Zeige: Eine Teilmenge $D_1 \subset D$ ist genau dann offen (abgeschlossen) in (D, d), falls sie Durchschnitt einer offenen (abgeschlossenen) Menge $M_1 \subset M$ in (M, d) mit D ist.*

1.3   Stetige Funktionen zwischen metrischen Räumen

Zur Definition von Grenzwerten und der Stetigkeit reeller Funktion benutzten wir
Abstände im Urbild- wie im Bildbereich. Hat man nun eine Funktion $f : D \to M_2$
gegeben, die eine Teilmenge $D \subset M_1$ eines metrischen Raums M_1 in einen metrischen Raum M_2 abbildet, so können wir die dortigen Definitionen unter Benutzung
der jeweiligen Metriken direkt übertragen. Man beachte, daß wir der Einfachheit
halber für die Metriken in M_1 und M_2 das gleiche Symbol d verwenden, obwohl in
M_1 eine Metrik d_1 und in M_2 eine Metrik d_2 gegeben sein kann. Je nachdem, ob
man Abstände in D oder in M_2 betrachtet, ist mit d dann d_1 bzw. d_2 gemeint.

Definition 1.9 (Grenzwert und Stetigkeit) Sei $f : D \to M_2$ eine Funktion
einer Teilmenge $D \subset M_1$ eines metrischen Raums M_1 in einen metrischen Raum
M_2 und sei eine *punktierte Umgebung* $U \setminus \{\xi\}$ des Punktes $\xi \in M_1$ in D enthalten.

Die Zahl $\eta \in M_2$ heißt *Grenzwert* oder *Limes* von $f(x)$ für x gegen ξ, wenn es zu
jeder vorgegebenen Zahl $\varepsilon > 0$ eine Zahl $\delta > 0$ gibt, so daß

$$d(f(x), \eta) \leq \varepsilon$$

für alle $x \neq \xi$ mit

$$d(x, \xi) \leq \delta \, .$$

Wir schreiben dafür wieder

$$\lim_{x \to \xi} f(x) = \eta \qquad \text{oder} \qquad f(x) \to \eta \quad \text{für} \quad x \to \xi \, .$$

Ist nun weiter f auch an der Stelle ξ definiert, ist also $\xi \in D$, so heißt f *stetig an
der Stelle* ξ, falls

$$f(\xi) = \lim_{x \to \xi} f(x)$$

gilt, andernfalls *unstetig*. Wir nennen f in ganz D stetig, wenn f an jedem Punkt
von D stetig ist. $\triangle$

Wie in Beispiel I.6.1 (S. I.143) erweisen sich konstante Funktionen sowie die Identität (falls $M_2 = M_1$) als stetig. In Beispiel I.6.2 (S. I.143) hatten wir die reelle
Betragsfunktion betrachtet. Allgemein gilt

Beispiel 1.8 (Stetigkeit der Metrik) Sei M ein metrischer Raum mit Metrik d
und sei $a \in M$ gegeben. Dann ist der Abstand bzgl. a, d. h. die Funktion dist $: M \to$
$\mathbb{R}$ mit dist $x := d(x, a)$, in ganz M stetig. Sei nämlich $b \in M$ und $\varepsilon > 0$ gegeben.
Für $\delta := \varepsilon$ und $d(x, b) \leq \delta$ gilt dann

$$|\operatorname{dist} x - \operatorname{dist} b| = |d(x, a) - d(b, a)| \leq d(x, b) \leq \varepsilon$$

mit Hilfe der Dreiecksungleichung, und folglich ist d an der Stelle b stetig. Da b
beliebig war, ist d in ganz M stetig. $\triangle$

Die Sätze aus § 6.1 können nun direkt übertragen werden. Zunächst kann die Stetigkeit wieder durch Folgen beschrieben werden.

Satz 1.5 (Folgenkonvergenz und Folgenstetigkeit) Sei $f : D \to M_2$ eine Funktion einer Teilmenge $D \subset M_1$ eines metrischen Raums M_1 in einen metrischen Raum M_2, und sei eine punktierte Umgebung $U \setminus \{\xi\}$ des Punktes $\xi \in M_1$ in D enthalten. Dann ist $\lim_{x \to \xi} f(x) = \eta$ genau dann, wenn für jede gegen ξ konvergierende Folge $(x_n)_n$ in D liegender Punkte $\lim_{n \to \infty} f(x_n) = \eta$ ist.

Demnach ist f stetig an der Stelle $\xi \in D$ genau dann, wenn für jede gegen ξ konvergierende Folge $(x_n)_n$ in D liegender Punkte $f(\xi) = \lim_{n \to \infty} f(x_n)$ ist. $\qquad \square$

Als direkte Folge haben wir dann wieder

Korollar 1.2 (Vertauschung von Grenzprozessen) Sei $f : D \to M_2$ eine stetige Funktion einer Teilmenge $D \subset M_1$ eines metrischen Raums M_1 in einen metrischen Raum M_2 und $(x_n)_n$ eine Folge in D liegender Punkte. Konvergiert $(x_n)_n$ gegen einen Punkt $\xi \in D$, dann konvergiert $(f(x_n))_n$, und es gilt

$$\lim_{n \to \infty} f(x_n) = f\left(\lim_{n \to \infty} x_n \right). \qquad \square$$

Aus dem Folgenkriterium für die Stetigkeit folgt wieder für die Komposition

Satz 1.6 (Stetigkeit der Komposition) Seien $h : D_1 \to M_2$ und $G : D_2 \to M_3$ Funktionen von Teilmengen $D_1 \subset M_1$ bzw. $D_2 \subset M_2$ der metrischen Räume M_1, M_2, M_3 mit $h(D_1) \subset D_2$, die an der Stelle $\xi \in D_1$ bzw. $h(\xi) \in D_2$ stetig seien. Dann ist die Komposition $f = G \circ h$ an der Stelle ξ stetig. Insbesondere: Ist h in ganz D_1 und G in $h(D_1)$ stetig, so ist $G \circ h$ stetig in D_1. $\qquad \square$

Wir geben nun eine Charakterisierung stetiger Funktionen durch offene (abgeschlossene) Mengen.[6]

Satz 1.7 (Topologische Charakterisierung der Stetigkeit) Eine Funktion $f : D \to M_2$ einer Teilmenge $D \subset M_1$ eines metrischen Raums M_1 in einen metrischen Raum M_2 ist genau dann stetig in D, falls das Urbild jeder offenen Teilmenge von M_2 offen ist, bzw. falls das Urbild jeder abgeschlossenen Teilmenge von M_2 abgeschlossen ist.

Beweis: Da offene bzw. abgeschlossene Mengen Komplemente voneinander sind, reicht es, die erste Äquivalenz zu zeigen. Sei also zunächst f stetig in D und die Menge $W \subset M_2$ sei offen. Wir müssen zeigen, daß $f^{-1}(W)$ offen ist. Sei $\xi \in f^{-1}(W)$, d.h. $\xi \in D$ mit $f(\xi) \in W$. Wegen der Offenheit von W gibt es ein $\varepsilon > 0$ derart, daß $B(f(\xi), 2\varepsilon) \subset W$. Zu diesem ε gibt es dann aber wegen der Stetigkeit von f an der Stelle ξ ein $\delta > 0$, so daß für alle $x \in D$ mit $d(x, \xi) \leq \delta$ die Beziehung $d(f(x), f(\xi))) \leq \varepsilon$, also insbesondere $f(x) \in B(f(\xi), 2\varepsilon) \subset W$. Also ist $B(\xi, \delta) \subset f^{-1}(W)$, und $f^{-1}(W)$ ist folglich offen.

---

[6]Eine solche ist also rein topologisch, d.h. unabhängig von der Metrik, formuliert und liefert die Grundlage für die Definition der Stetigkeit von Funktionen zwischen topologischen Räumen.

Sei andererseits für jede offene Menge $W \subset M_2$ das Urbild $f^{-1}(W)$ offen, und sei $\xi \in D$ gegeben. Dann hat insbesondere die offene Kugel $B(f(\xi), \varepsilon)$ ein offenes Urbild B^{-1}. Da $\xi \in B^{-1}$ liegt, gibt es nun also ein $\delta > 0$ mit $B(\xi, \delta) \subset B^{-1}$. Dies besagt aber nichts anderes, als daß aus $d(\xi, x) < \delta$ die Beziehung $d(f(\xi), f(x)) < \varepsilon$ folgt, also die Stetigkeit von f an der Stelle ξ. $\qquad\square$

Wir hatten erwähnt, daß die kompakten Mengen in der allgemeinen Theorie die Rolle der abgeschlossenen Intervalle übernehmen. Solchen Fragestellungen wenden wir uns nun zu. Eine erste wesentliche Folge der Kompaktheit ist der

Satz 1.8 (Bild kompakter Mengen) Bildet $f : D \to M_2$ eine Teilmenge $D \subset M_1$ eines metrischen Raums M_1 stetig in einen metrischen Raum M_2 ab und ist D kompakt, so ist auch $f(D)$ kompakt.

Beweis: Sei eine Folge $(b_n)_n$ von Werten in $f(D)$ vorgegeben. Dann gibt es eine Urbild-folge $(a_n)_n$ von Werten in D mit $b_n = f(a_n)$. Da D kompakt ist, gibt es nun eine gegen einen Punkt $a \in D$ konvergierende Teilfolge a_{n_k}, und zu dieser wiederum eine Bildfolge $b_{n_k} = f(a_{n_k})$. Wegen der Stetigkeit strebt nun $b_{n_k} = f(a_{n_k}) \to f(a) = b \in f(D)$, und folglich ist $f(D)$ kompakt. $\qquad\square$

Für Funktionen nach $\mathbb{R}$ hat man hieraus sofort die folgende Verallgemeinerung von Satz I.6.6 (S. I.160).

Korollar 1.3 [Stetige Funktionen nehmen ihre Extremalwerte an) Bildet $f : D \to \mathbb{R}$ eine kompakte Teilmenge $D \subset M_1$ eines metrischen Raums M_1 stetig nach $\mathbb{R}$ ab, so nimmt sie dort ihr Supremum und Infimum an, d. h. es gibt Stellen $x_1, x_2 \in D$ mit

$$f(x_1) = \sup \{f(x) \in \mathbb{R} \mid x \in D\} = \max \{f(x) \in \mathbb{R} \mid x \in D\}$$

sowie

$$f(x_2) = \inf \{f(x) \in \mathbb{R} \mid x \in D\} = \min \{f(x) \in \mathbb{R} \mid x \in D\} \ .$$

Beweis: Gemäß Satz 1.8 wird D auf eine kompakte Teilmenge von $\mathbb{R}$ abgebildet, die nach Satz 1.4 abgeschlossen und beschränkt ist. Wegen der Beschränktheit existieren Supremum und Infimum von $f(D)$, und da abgeschlossene Mengen ihre Häufungspunkte enthalten, liegen sie beide in $f(D)$. $\qquad\square$

Ebenso gilt die folgende Entsprechung von Satz I.6.11 (S. I.174).

Satz 1.9 (Stetigkeit der Umkehrfunktion) Bildet $f : D \to M_2$ eine kompakte Teilmenge $D \subset M_1$ eines metrischen Raums M_1 stetig und injektiv in den metrischen Raum M_2 ab, so ist $f^{-1} : f(D) \to M_1$ stetig.

Beweis: Wir verwenden die topologische Charakterisierung der Stetigkeit aus Satz 1.7. Wir müssen also zeigen, daß das Urbild jeder abgeschlossenen Menge $A \subset D$ unter f^{-1} wieder abgeschlossen ist, bzw. daß das Bild $f(A)$ jeder abgeschlossenen Menge $A \subset D$ abgeschlossen ist. Als abgeschlossene Teilmenge der kompakten Menge D ist A gemäß Lemma 1.3 (c) selbst kompakt, und somit ist wegen Satz 1.8 auch $f(A)$ kompakt, insbesondere abgeschlossen. $\qquad\square$

Auch der Satz über die gleichmäßige Stetigkeit hat allgemeine Gültigkeit.

Definition 1.10 (Gleichmäßige Stetigkeit) Eine Funktion $f : D \to M_2$ einer Teilmenge $D \subset M_1$ eines metrischen Raums M_1 in einen metrischen Raum M_2 heißt *gleichmäßig stetig in* D, wenn zu jedem $\varepsilon > 0$ ein $\delta > 0$ existiert, derart, daß für alle $x, \xi \in D$ mit $d(x, \xi) \leq \delta$ die Beziehung $d(f(x), f(\xi)) \leq \varepsilon$ folgt.

Satz 1.10 (Gleichmäßige Stetigkeit in kompakten Mengen) Bildet $f : D \to M_2$ eine kompakte Teilmenge $D \subset M_1$ eines metrischen Raums M_1 stetig in den metrischen Raum M_2 ab, so ist f sogar gleichmäßig stetig in D.

Beweis: Der Beweis von Satz I.6.8 (S. I.165) ist direkt übertragbar und soll in Übungsaufgabe 1.10 durchgeführt werden. $\square$

Ebenso konvergiert eine gleichmäßg konvergente Folge stetiger Funktionen wieder gegen eine stetige Funktion.

Definition 1.11 (Gleichmäßige Konvergenz) Eine Folge von Funktionen $f_n : D \to M_2$ einer Teilmenge $D \subset M_1$ eines metrischen Raums M_1 in einen metrischen Raum M_2 heißt *gleichmäßig konvergent auf* D *gegen die Funktion* $f : D \to M_2$, falls für alle $\varepsilon > 0$ ein Index $N \in \mathbb{N}$ derart existiert, daß für alle $x \in D$ und alle $n \geq N$

$$d(f_n(x), f(x)) \leq \varepsilon$$

gilt. $\triangle$

Eine direkte Übernahme des Beweises von Satz I.12.2 (S. I.331) liefert

Satz 1.11 (Stetigkeit der Grenzfunktion) Die Grenzfunktion $f : D \to M_2$ einer auf einer Teilmenge $D \subset M_1$ eines metrischen Raums M_1 definierten gleichmäßig konvergenten Folge $(f_n)_n$ stetiger Funktionen $f_n : D \to M_2$ ist wieder stetig. $\square$

ÜBUNGSAUFGABEN

1.10 *Man führe den Beweis von Satz 1.10 aus.*

∘ **1.11 ($\mathbb{R}^n$-wertige Funktionen)** *Eine Funktion $f = (f_1, f_2, \ldots, f_n) : D \to \mathbb{R}^n$ einer Teilmenge $D \subset M_1$ eines metrischen Raums M_1 ist genau dann stetig in D, falls die Koordinatenfunktionen $f_k : D \to \mathbb{R}$ $(k = 1, \ldots, n)$ stetig sind.*

1.12 *Die folgenden Funktionen $f_k : \mathbb{R}^2 \to \mathbb{R}$ $(k = 1, 2)$ sind stetig:*

(a) $f_1(x, y) := x + y$,   (b) $f_2(x, y) := x \cdot y$,   (c) $f_3(x, y) := |x - y|$.

1.13 *Man zeige, daß die endliche Vereinigung kompakter Mengen eines metrischen Raums wieder kompakt ist.*

⋆ **1.14 (Cauchy-Kriterium für gleichmäßige Konvergenz)** *Eine Folge von Funktionen $f_n : D \to M_2$ einer kompakten Teilmenge $D \subset M_1$ eines metrischen Raums M_1 in einen vollständigen metrischen Raum M_2 konvergiert genau dann gleichmäßig auf D, falls es zu jedem $\varepsilon > 0$ ein $N \in \mathbb{N}$ gibt mit*

$$d(f_n, f_m) \leq \varepsilon$$

für alle $n, m \geq N$.

$\star$ **1.15 (Weierstraßsches Majorantenkriterium)** *Sei $f_n : D \to \mathbb{R}$ eine Folge von Funktionen einer Teilmenge $D \subset M_1$ eines metrischen Raums M_1 nach $\mathbb{R}$ mit*

$$\|f_n\|_D \leq M_n$$

für positive Zahlen M_n, für die $\sum M_k$ konvergiert, dann ist die Funktionenreihe $\sum f_k$ absolut und gleichmäßig konvergent in D.

1.16 *Man gebe jeweils ein Beispiel einer stetigen Funktion, bei der es Bilder offener Mengen gibt, die nicht offen sind bzw. nicht kompakte Urbilder kompakter Mengen.*

1.4   Stetigkeit von Vektorfunktionen mehrerer Variablen

Definition 1.12 (Variablen und Koordinatenfunktionen) Wir betrachten nun Funktionen $f : D \to \mathbb{R}^m$ einer Teilmenge $D \subset \mathbb{R}^n$. Werde durch f der Punkt $x := (x_1, x_2, \ldots, x_n) \in D$ abgebildet auf den Vektor $f(x) := (f_1(x), f_2(x), \ldots, f_m(x))$, so heißen $x_1, x_2, \ldots, x_n$ die *Variablen* von f, und $f_1, f_2, \ldots, f_m$ heißen die *Koordinatenfunktionen*. Wir nennen f eine *Vektorfunktion* bzw. *vektorwertig*. Statt $f(x) = f\big((x_1, x_2, \ldots, x_n)\big)$ schreiben wir der Einfachheit halber $f(x_1, x_2, \ldots, x_n)$. Die Menge

$$\left\{ (x_1, x_2, \ldots, x_n, f_1(x), f_2(x), \ldots, f_m(x)) \in \mathbb{R}^{n+m} \ \middle|\ x = (x_1, x_2, \ldots, x_n) \in D \right\}$$

heißt wieder der *Graph von f*.

Beispiel 1.9 (Lineare Abbildungen sind stetig) Wir betrachten als erstes eine lineare Abbildung $A : \mathbb{R}^n \to \mathbb{R}^m$, die durch die $m \times n$-Matrix[7]

$$A := (a_{jk}) = \begin{pmatrix} a_{11} & a_{12} & \cdots & a_{1n} \\ a_{21} & a_{22} & \cdots & a_{2n} \\ \vdots & \vdots & \ddots & \vdots \\ a_{m1} & a_{m2} & \cdots & a_{mn} \end{pmatrix}$$

dargestellt sei. Wir zeigen, daß A stetig, ja sogar gleichmäßig stetig ist. Seien $x, \xi \in \mathbb{R}^n$ gegeben. Dann gilt für $h = (h_1, h_2, \ldots, h_n) := x - \xi$ wegen der Linearität von A mit den kanonischen Einheitsvektoren im Bildraum $e_1 = (1, 0, \ldots, 0), e_2 = (0, 1, \ldots, 0), \ldots, e_m = (0, 0, \ldots, 1)$

$$
\begin{aligned}
|A(x) - A(\xi)| \;=\; |A(h)| &= \left| \sum_{j=1}^{m} \sum_{k=1}^{n} a_{jk} h_k e_j \right| \leq \left| \sum_{j=1}^{m} \sum_{k=1}^{n} a_{jk} h_k \right| \\[2mm]
&\leq \sqrt{\sum_{j=1}^{m} \sum_{k=1}^{n} a_{jk}^2} \cdot \sqrt{\sum_{k=1}^{n} h_k^2} = \|A\| \cdot |x - \xi|
\end{aligned}
\tag{1.6}
$$

---

[7]Ohne Verwechslungen befürchten zu müssen, verwenden wir sowohl für die Funktion als auch für die sie repräsentierende Matrix dasselbe Symbol A.

unter Verwendung der Schwarzschen Ungleichung, wobei wir die Konstante $\|A\| :=$ $\sqrt{\sum\limits_{j=1}^{m} \sum\limits_{k=1}^{n} a_{jk}^2}$ als die *Norm von A* bezeichnen. Aus (1.6) folgt unmittelbar, daß A gleichmäßig stetig ist. $\triangle$

In Übungsaufgabe 1.11 wurde gezeigt, daß eine vektorwertige Funktion f genau dann überall stetig ist, wenn die Koordinatenfunktionen $f_k : D \to \mathbb{R}$ $(k = 1, \ldots, m)$ überall stetig sind. Es stellt sich naturgemäß die Frage, ob eine Funktion mehrerer Variablen stetig ist, falls sie bzgl. der einzelnen Variablen stetig ist. Das folgende Beispiel zeigt, daß dies im allgemeinen nicht der Fall ist.

Beispiel 1.10 Sei $f : \mathbb{R}^2 \to \mathbb{R}$ mit

$$f(x,y) := \begin{cases} \frac{x\,y}{x^2+y^2} & \text{falls } (x,y) \neq (0,0) \\ 0 & \text{sonst} \end{cases} .$$

Die Funktion ist stetig bzgl. beider Variablen mit

$$\lim_{x \to 0} f(x,y) = f(0,y) = 0 \qquad \text{sowie} \qquad \lim_{y \to 0} f(x,y) = f(x,0) = 0 .$$

Andererseits ist z. B. für $y = x \neq 0$

$$f(x,x) = \frac{x^2}{2x^2} = \frac{1}{2} \neq 0 ,$$

und folglich ist f nicht stetig an der Stelle $(0,0) \in \mathbb{R}^2$.

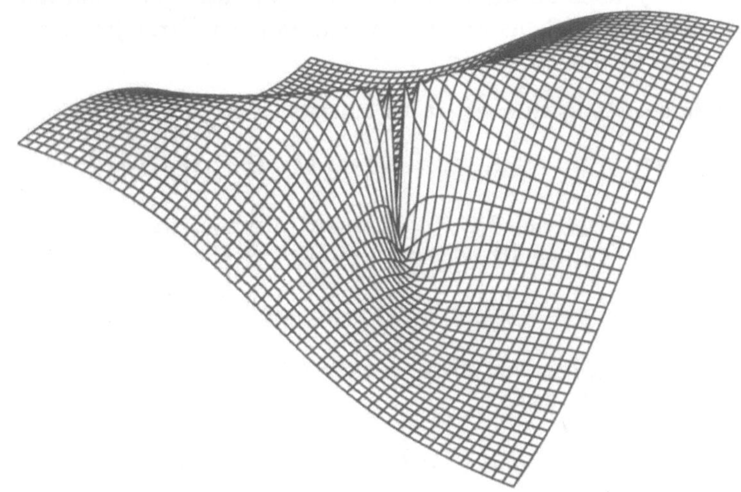

Abbildung 1.1 Eine unstetige Funktion, die koordinatenweise stetig ist

Dieses Verhalten muß man sich folgendermaßen vorstellen: Während der Grenzwert $\lim\limits_{x \to 0} f(x,y)$ Änderungen des Funktionswerts von f bei festem y nur in Richtung der

x-Achse wahrnimmt, und bei $\lim\limits_{y\to 0} f(x,y)$ Abstände nur in Richtung der y-Achse gemessen werden, verlangt die Stetigkeit von f an der Stelle $(\xi_1,\xi_2) \in \mathbb{R}^2$ die Kontrolle über den Abstand vom Grenzwert in einer Umgebung von (ξ_1,ξ_2) und nicht nur parallel zu den Achsen. Für den Graphen $\{(x,y,z) \in \mathbb{R}^3 \mid z = f(x,y)\}$ von f heißt dies, daß zwar seine *Schnitte* mit der xz-Ebene $\{y = 0\}$ bzw. yz-Ebene $\{x = 0\}$ stetig sind, nicht aber der Graph selbst, s. Abbildung 1.1.

Nach obigen Betrachtungen existiert in der Tat der Grenzwert

$$\lim_{(x,y)\to(0,0)} f(x,y)$$

nicht, denn der müßte ja eindeutig sein. $\triangle$

Andererseits gilt folgende Umkehrung:

Lemma 1.4 (Partielle Stetigkeit stetiger Funktionen) Existiert bei einer stetigen Funktion $f : D \to \mathbb{R}^m$ einer Teilmenge $D \subset \mathbb{R}^n$ der Grenzwert $\eta := \lim\limits_{x\to\xi} f(x)$ für einen Punkt $\xi = (\xi_1,\xi_2,\ldots,\xi_n)$, für den eine punktierte Umgebung $U \setminus \{\xi\} \subset D$ ist, so existiert auch der koordinatenweise iterierte Grenzwert

$$\lim_{x_1\to\xi_1} \left(\lim_{x_2\to\xi_2} \left(\cdots \left(\lim_{x_n\to\xi_n} f(x_1,x_2,\ldots,x_n) \right) \cdots \right) \right) \tag{1.7}$$

und stimmt mit η überein, wobei es im gegebenen Fall auf die Reihenfolge der Grenzwertbildung in (1.7) nicht ankommt.

Ist insbesondere f noch an der Stelle ξ erklärt und stetig, so sind auch die *partiellen Funktionen*, die bei konstant gehaltenen anderen Variablen nur von jeweils einer der Variablen abhängen, stetig.

Beweis: Wegen der Stetigkeit existiert der innerste Grenzwert

$$\lim_{x_n\to\xi_n} f(x_1,x_2,\ldots,x_{n-1},x_n) = f(x_1,x_2,\ldots,x_{n-1},\xi_n)$$

und stimmt mit dem entsprechenden Funktionswert überein. Eine iterative Anwendung desselben Arguments zeigt, daß der Grenzwert (1.7) gleich

$$\lim_{x_1\to\xi_1} f(x_1,\xi_2,\xi_3,\ldots,\xi_n) \tag{1.8}$$

ist. Gemäß Voraussetzung liegt für alle x in einer δ-Umgebung von ξ der Wert $f(\xi)$ in einer ε-Umgebung von η. Wegen

$$|x_1 - \xi_1| = \Big|(x_1,\xi_2,\xi_3,\ldots,\xi_n) - (\xi_1,\xi_2,\xi_3,\ldots,\xi_n)\Big| = \Big|(x_1,\xi_2,\xi_3,\ldots,\xi_n) - \xi\Big|$$

liefert der Grenzwert (1.8) also den Wert η.

Der Grenzwert ist von der Reihenfolge der Iteration unabhängig, da dieselbe Argumentation auf jede Reihenfolge des iterierten Grenzwerts angewendet werden kann. $\square$

Sitzung 1.1 Man kann mit DERIVE keine mehrdimensionalen Grenzwerte berechnen, aber man kann in diesem Fall gemäß Lemma 1.4 mehrdimensionale Grenzwerte iterativ bestimmen. Dabei kommt es nicht auf der Reihenfolge an. Ist die Prämisse von Lemma 1.4 allerdings verletzt, können iterierte Grenzwerte von der Reihenfolge abhängen. Wir betrachten folgende Beispiele:

Grenzwert	DERIVE Eingabe	Ausgabe
$\lim\limits_{(x,y)\to(0,0)} \dfrac{xy}{x^2+y^2}$	`LIM(LIM(x y/(x^2+y^2),x,0,0),y,0,0)`	0
	`LIM(LIM(x y/(x^2+y^2),y,0,0),x,0,0)`	0
$\lim\limits_{(x,y)\to(0,0)} \dfrac{x-y}{x+y}$	`LIM(LIM((x-y)/(x+y),x,0,0),y,0,0)`	-1
	`LIM(LIM((x-y)/(x+y),y,0,0),x,0,0)`	1
$\lim\limits_{(x,y)\to(0,0)} \dfrac{x^2-y^2}{x^2+y^2}$	`LIM(LIM((x^2-y^2)/(x^2+y^2),x,0,0),y,0,0)`	-1
	`LIM(LIM((x^2-y^2)/(x^2+y^2),y,0,0),x,0,0)`	1
$\lim\limits_{(x,y)\to(0,0)} \dfrac{x^2-y^2}{(x^2+y^2)^2}$	`LIM(LIM((x^2-y^2)/(x^2+y^2)^2,x,0,0),y,0,0)`	$-\infty$
	`LIM(LIM((x^2-y^2)/(x^2+y^2)^2,y,0,0),x,0,0)`	∞
$\lim\limits_{(x,y)\to(0,0)} e^{\frac{x^2}{y^2}}$	`LIM(LIM(EXP(x^2/y^2),x,0,0),y,0,0)`	1
	`LIM(LIM(EXP(x^2/y^2),y,0,0),x,0,0)`	∞
$\lim\limits_{(x,y)\to(0,0)} x^y$	`LIM(LIM(x^y,x,0,0),y,0,0)`	$?$
	`LIM(LIM(x^y,y,0,0),x,0,0)`	1

Man beachte, daß gemäß Beispiel 1.10 andererseits die Gleichheit der iterierten Grenzwerte für die Existenz des mehrdimensionalen Grenzwerts nicht ausreicht.

Mit der folgenden DERIVE Funktion `LIM2(f,x,y,x0,y0)` kann der Grenzwert der Funktion f der Variablen x und y am Punkt (x_0, y_0) bestimmt werden, indem die Grenzwerte längs aller Strahlen $y = mx$ ($m \in \mathbb{R}$) sowie $x = 0$ berechnet und verglichen werden. Man kann zeigen, daß, falls diese alle übereinstimmen und die betrachtete Funktion nur aus elementaren Funktionen zusammengesetzt ist,[8] der gesuchte Grenzwert $\lim\limits_{(x,y)\to(x_0,y_0)} f(x,y)$ existiert und diesen Wert hat, s. aber auch Übungsaufgabe 1.20.

```
LIM_2(f,x,y,x0,y0):=
[LIM(LIM(f,y,y0+m_*(x-x0)),x,x0),LIM(LIM(f,x,x0),y,y0)]
```

---

[8]Man betrachte Taylorentwicklungen.

```
LIM2_AUX(f,x,y,x0,y0,aux):=IF(ELEMENT(aux,1)=ELEMENT(aux,2),
                              ELEMENT(aux,1),
                              "Grenzwert existiert nicht",
                              "Grenzwert existiert nicht"
                             )

LIM2(f,x,y,x0,y0):=LIM2_AUX(f,x,y,x0,y0,LIM_2(f,x,y,x0,y0))
```

Die Funktion $f(x,y) := \frac{\sin\left(x^2 \sin y\right)}{x^2 y}$ ist z. B. nur für $xy \neq 0$ erklärt. Kann sie stetig nach $\mathbb{R}^2$ fortgesetzt werden? Die Berechnungen

DERIVE Eingabe	DERIVE Ausgabe
`LIM2(SIN(x^2 SIN(y))/(x^2 y),x,y,x,0)`	1
`LIM2(SIN(x^2 SIN(y))/(x^2 y),x,y,0,y)`	$\dfrac{\text{SIN}(y)}{y}$

zeigen, daß f für $y = 0$ durch die Zuweisung $f(x,0) := 1$ und für $x = 0$ durch die Zuweisung $f(0,y) := \frac{\sin y}{y}$ stetig nach $\mathbb{R}^2$ fortgesetzt wird.

ÜBUNGSAUFGABEN

1.17 *Man bestimme folgende Grenzwerte, falls diese existieren.*

(a) $\displaystyle\lim_{(x,y,z)\to(0,0,0)} \frac{|x| + |y| + |z|}{|(x,y,z)|}$,   (b) $\displaystyle\lim_{(x,y,z)\to(0,0,0)} \frac{xy + xz + yz}{|(x,y,z)|}$,

(c) $\displaystyle\lim_{(x,y,z)\to(0,0,0)} \frac{x\,y\,z}{(x^2 + y^2 + z^2)^{3/2}}$,   (d) $\displaystyle\lim_{(x,y,z)\to(0,0,0)} \frac{x\,y\,z}{(x^2 + y^2 + z^2)^{4/3}}$,

(e) $\displaystyle\lim_{(x,y)\to(0,0)} \frac{\sin(x\,y)}{x\,y}$,   (f) $\displaystyle\lim_{(x,y)\to(0,0)} \frac{\sin(x^2 y)}{x\,y}$,

(g) $\displaystyle\lim_{(x,y)\to(0,0)} \frac{x^2 y}{x^2 + y^2}$,   (h) $\displaystyle\lim_{(x,y)\to(0,0)} \frac{x\sqrt{y}}{x^2 + y^2}$.

1.18 *Kann man die Funktionen*

$$f : \mathbb{R}^3 \setminus \left\{(x,y,z) \in \mathbb{R}^3 \mid xy = 0\right\} \to \mathbb{R}$$

bzw.

$$g : \mathbb{R}^2 \setminus \left\{(x,y) \in \mathbb{R}^2 \mid xy = 0\right\} \to \mathbb{R},$$

gegeben durch

(a) $\displaystyle f(x,y,z) := \frac{(1-\cos(xy))\sin(xz)}{x^3\,y^2}$, (b) $\displaystyle g(x,y) := \frac{(1 - e^{xy^2})(\cos x - 1)}{x^3 y^2}$

stetig auf $\mathbb{R}^3$ bzw. $\mathbb{R}^2$ fortsetzen? Gegebenenfalls, durch welche Festsetzung für $xy = 0$?

◇ **1.19** *Man schreibe eine* DERIVE *Funktion* LIM3(f,x,y,z,x0,y0,z0), *die wie in* DERIVE-*Sitzung 1.1 den Grenzwert*

$$\lim_{(x,y,z)\to(x_0,y_0,z_0)} f(x,y,z)$$

berechnet, und wende die Funktion auf die Beispielfunktionen der letzten Übungsaufgaben an.

⋆ **1.20** *Man konstruiere eine stetige Funktion* $f : \mathbb{R}^2 \to \mathbb{R}$, *für die alle radialen Grenzwerte für* $(x,y) \to (0,0)$ *existieren und übereinstimmen, die aber am Ursprung unstetig ist. Hinweis: Man setze* f *im Komplement der Menge* $M := \left\{(x,y) \in \mathbb{R}^2 \mid 0 < y < x^2\right\}$ *gleich Null und auf* M *geeignet stetig fort.*

2 Mehrdimensionale Differentiation

2.1 Partielle Differenzierbarkeit

Genauso, wie wir im letzten Kapitel bei mehrdimensionalen Funktionen Variablen festgehalten hatten und die Stetigkeit bzgl. nur einer Variablen betrachtet haben, können wir durch Festhalten aller Variablen bis auf eine eindimensionale Differentiationen durchführen. Dies liefert den Begriff der *partiellen Differenzierbarkeit*.

Definition 2.1 (Partielle Differenzierbarkeit) Sei $f = (f_1, f_2, \ldots, f_m) : D \to \mathbb{R}^m$ eine Funktion einer Teilmenge $D \subset \mathbb{R}^n$ nach $\mathbb{R}^m$, sei $\boldsymbol{\xi} \in D$ vorgegeben und sei x_k eine der Variablen. Halten wir die $n-1$ anderen Variablen fest, betrachten wir also $\boldsymbol{x} = (\xi_1, \xi_2, \ldots, x_k, \ldots, \xi_n)$, wobei x_k in einer Umgebung von ξ_k erklärt sei, und existiert die gewöhnliche Ableitung der j. Koordinatenfunktion f_j bzgl. x_k an der Stelle ξ_k, dann schreiben wir

$$\frac{\partial f_j}{\partial x_k}(\boldsymbol{\xi}) = \frac{\partial}{\partial x_k} f_j(\boldsymbol{\xi}) = (f_j)_{x_k}(\boldsymbol{\xi}) := \lim_{x_k \to \xi_k} \frac{f_j(\xi_1, \xi_2, \ldots, x_k, \ldots, \xi_n) - f_j(\boldsymbol{\xi})}{x_k - \xi_k}$$

und nennen diesen Wert die *partielle Ableitung* von f_j bzgl. x_k. Existieren die partiellen Ableitungen aller Koordinatenfunktionen f_j $(j = 1, \ldots, m)$ bzgl. aller Variablen x_k $(k = 1, \ldots, n)$, so nennen wir f *partiell differenzierbar an der Stelle* $\boldsymbol{\xi}$. In diesem Fall existiert also die *Jacobimatrix*[1]

$$J_f(\boldsymbol{\xi}) := \begin{pmatrix} \dfrac{\partial f_1}{\partial x_1}(\boldsymbol{\xi}) & \dfrac{\partial f_1}{\partial x_2}(\boldsymbol{\xi}) & \cdots & \dfrac{\partial f_1}{\partial x_n}(\boldsymbol{\xi}) \\[2ex] \dfrac{\partial f_2}{\partial x_1}(\boldsymbol{\xi}) & \dfrac{\partial f_2}{\partial x_2}(\boldsymbol{\xi}) & \cdots & \dfrac{\partial f_2}{\partial x_n}(\boldsymbol{\xi}) \\[2ex] \vdots & \vdots & \ddots & \vdots \\[2ex] \dfrac{\partial f_m}{\partial x_1}(\boldsymbol{\xi}) & \dfrac{\partial f_m}{\partial x_2}(\boldsymbol{\xi}) & \cdots & \dfrac{\partial f_m}{\partial x_n}(\boldsymbol{\xi}) \end{pmatrix}$$

der partiellen Ableitungen von f an der Stelle $\boldsymbol{\xi}$.

Ist f partiell differenzierbar für alle $\boldsymbol{\xi} \in D$, so heißt f partiell differenzierbar in D. In diesem Fall existieren also in ganz D die partiellen Ableitungsfunktionen $\frac{\partial f_j}{\partial x_k}$ $(j = 1, \ldots, m, \ k = 1, \ldots, n)$, und die Jacobimatrix ist eine in D erklärte Funktionenmatrix. Sind zudem die partiellen Ableitungen alle stetig, dann heißt f *stetig partiell differenzierbar*.

---

[1] CARL GUSTAV JACOB JACOBI [1804–1851]

Ist speziell $m = 1$, d. h. $f : D \to \mathbb{R}$ mit $D \subset \mathbb{R}^n$, so heißt der Vektor der partiellen Ableitungen

$$\operatorname{grad} f(\xi) := \left(\frac{\partial f}{\partial x_1}(\xi), \frac{\partial f}{\partial x_2}(\xi), \ldots, \frac{\partial f}{\partial x_n}(\xi) \right)$$

der *Gradient von f an der Stelle ξ*. $\triangle$

Im Gegensatz zur eindimensionalen reellen Situation reicht die partielle Differenzierbarkeit einer Funktion an einem Punkt ξ nicht aus, um dort die Stetigkeit zu garantieren.

Beispiel 2.1 Wir betrachten wieder $f : \mathbb{R}^2 \to \mathbb{R}$ mit

$$f(x,y) := \begin{cases} \frac{x\,y}{x^2+y^2} & \text{falls } (x,y) \neq (0,0) \\ 0 & \text{sonst} \end{cases} .$$

Für alle $(x,y) \neq (0,0)$ existieren die partiellen Ableitungen

$$f_x(x,y) = \frac{\partial f(x,y)}{\partial x} = \frac{y\,(y^2 - x^2)}{(x^2 + y^2)^2} \quad \text{sowie} \quad f_y(x,y) = \frac{\partial f(x,y)}{\partial y} = \frac{x\,(x^2 - y^2)}{(x^2 + y^2)^2} ,$$

die wir mit der Quotientenregel bestimmen, und am Ursprung gilt definitionsgemäß

$$\frac{\partial f}{\partial x}(0,0) = \lim_{x \to 0} \frac{f(x,0) - f(0,0)}{x} = \lim_{x \to 0} 0 = 0$$

sowie

$$\frac{\partial f}{\partial y}(0,0) = \lim_{y \to 0} \frac{f(0,y) - f(0,0)}{y} = \lim_{y \to 0} 0 = 0 ,$$

also $\operatorname{grad} f(0,0) = (0,0)$. Somit ist f in ganz $\mathbb{R}^2$ partiell differenzierbar. Die Funktion f ist aber nach Beispiel 1.10 am Ursprung unstetig.

Dieses Verhalten kann man sich wieder anhand des Graphen klarmachen, s. Abbildung 1.1 auf S. 17: Die partielle Differenzierbarkeit von f besagt, daß die Schnitte des Graphen $\{(x,y,z) \in \mathbb{R}^3 \mid z = f(x,y)\}$ mit der xz-Ebene $\{y = 0\}$ bzw. der yz-Ebene $\{x = 0\}$ differenzierbar sind. Über andere als diese Richtungen sagt die partielle Differenzierbarkeit aber nichts aus. $\triangle$

Dieses Beispiel zeigt, daß das Konzept der partiellen Differenzierbarkeit zu schwach ist. Der Vorteil der partiellen Differenzierbarkeit ist die Zurückführung auf die Konzepte der eindimensionalen Differentialrechnung. Im nächsten Abschnitt werden wir das Konzept der (totalen) Differenzierbarkeit erklären, welche sowohl die Stetigkeit als auch die partielle Differenzierbarkeit nach sich zieht.

Sitzung 2.1 DERIVES Ableitungsfunktion `DIF(f,x)` berechnet partielle Ableitungen. Somit liefert die DERIVE Funktion

```
JACOBIMATRIX(f,x):=VECTOR(VECTOR(
DIF(ELEMENT(f,k_),ELEMENT(x,j_)),j_,1,DIMENSION(x)),k_,1,DIMENSION(f)
                                  )
JM(f,x):=JACOBIMATRIX(f,x)
```

die Jacobimatrix von f bzgl. der Variablen $\mathbf{x}=[\mathbf{x1},\mathbf{x2},\dots,\mathbf{xn}]$. Wir bekommen z. B.

DERIVE Eingabe[2]   DERIVE Ausgabe nach $\boxed{\texttt{Simplify}}$

`JM([|[x,y,z]|],[x,y,z])`
$$\left[\frac{x}{\sqrt{x^2+y^2+z^2}}\quad\frac{y}{\sqrt{x^2+y^2+z^2}}\quad\frac{z}{\sqrt{x^2+y^2+z^2}}\right]$$

`JM([r COS(φ),r SIN(φ)],[r,φ])`
$$\begin{bmatrix}\text{COS}(\phi) & -r\,\text{SIN}(\phi)\\[4pt]\text{SIN}(\phi) & r\,\text{COS}(\phi)\end{bmatrix}$$

`JM([F(x,y,z),G(x,y,z)],[x,y,z])`
$$\begin{bmatrix}\dfrac{d}{dx}F(x,y,z) & \dfrac{d}{dy}F(x,y,z) & \dfrac{d}{dz}F(x,y,z)\\[10pt]\dfrac{d}{dx}G(x,y,z) & \dfrac{d}{dy}G(x,y,z) & \dfrac{d}{dz}G(x,y,z)\end{bmatrix}$$

Das letzte Ergebnis erhält man, wenn F und G als Funktionen dreier Variablen deklariert sind. Wir stellen fest, daß DERIVE für partielle Ableitungen die Symbolik gewöhnlicher Ableitungen verwendet.

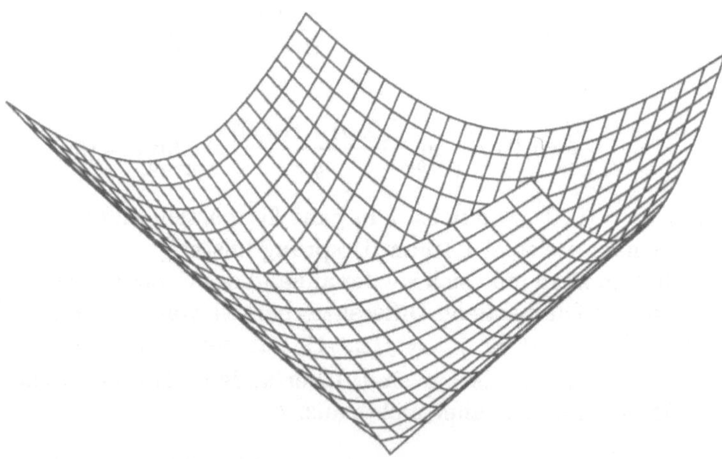

Abbildung 2.1 Der Graph der Betragsfunktion $\sqrt{x^2+y^2}$

Die DERIVE Funktion `GRAD(f,[x,y,z])` berechnet den Gradienten von f bzgl. der Variablen $[\mathbf{x},\mathbf{y},\mathbf{z}]$, und wir bekommen z. B.

---

[2]Die Variable `phi` kann auch durch die Tastenkombination `<ALT>F` eingegeben werden und wird von DERIVE durch das Symbol ϕ, einer alternativen Schreibweise von φ, dargestellt.

DERIVE Eingabe	DERIVE Ausgabe nach $\boxed{\texttt{Simplify}}$
`GRAD(|[x,y]|,[x,y],[1,1])`	$\left[\dfrac{x}{\sqrt{x^2+y^2}}, \dfrac{y}{\sqrt{x^2+y^2}} \right]$
`GRAD(|[x,y,z]|,[x,y,z])`	$\left[\dfrac{x}{\sqrt{x^2+y^2+z^2}}, \dfrac{y}{\sqrt{x^2+y^2+z^2}}, \dfrac{z}{\sqrt{x^2+y^2+z^2}} \right]$

Wie in der eindimensionalen Analysis können wir rekursiv auch höhere Ableitungen betrachten. Der Einfachheit halber beschränken wir uns auf reellwertige Funktionen. Bei vektorwertigen Funktionen kann mit den Koordinatenfunktionen genauso verfahren werden.

Definition 2.2 (Höhere Ableitungen) Sei $f : D \to \mathbb{R}$ eine Funktion einer Teilmenge $D \subset \mathbb{R}^n$ nach $\mathbb{R}$ und sei $\boldsymbol{\xi} \in D$ vorgegeben. Existiert die partielle Ableitung $\frac{\partial f}{\partial x_k}$ bzgl. der Variablen x_k in einer Umgebung von ξ und ist diese wiederum partiell differenzierbar bzgl. der Variablen x_j, so schreiben wir[3]

$$\frac{\partial^2}{\partial x_j\, x_k} f(\boldsymbol{\xi}) = f_{x_k x_j}(\boldsymbol{\xi}) := \frac{\partial}{\partial x_j} \left(\frac{\partial f}{\partial x_k} \right)(\boldsymbol{\xi})\,.$$

und nennen diesen Wert die *zweite partielle Ableitung* von f bzgl. x_k und x_j. Existieren alle zweiten partiellen Ableitungen, so nennen wir f *zweimal partiell differenzierbar an der Stelle* $\boldsymbol{\xi}$. In diesem Fall existiert also die *Hessematrix*[4]

$$H_f(\boldsymbol{\xi}) := \begin{pmatrix} \dfrac{\partial^2}{\partial x_1^2} f(\boldsymbol{\xi}) & \dfrac{\partial^2}{\partial x_2\, x_1} f(\boldsymbol{\xi}) & \cdots & \dfrac{\partial^2}{\partial x_n\, x_1} f(\boldsymbol{\xi}) \\[2ex] \dfrac{\partial^2}{\partial x_1\, x_2} f(\boldsymbol{\xi}) & \dfrac{\partial^2}{\partial x_2^2} f(\boldsymbol{\xi}) & \cdots & \dfrac{\partial^2}{\partial x_n\, x_2} f(\boldsymbol{\xi}) \\[2ex] \vdots & \vdots & \ddots & \vdots \\[2ex] \dfrac{\partial^2}{\partial x_1\, x_n} f(\boldsymbol{\xi}) & \dfrac{\partial^2}{\partial x_2\, x_n} f(\boldsymbol{\xi}) & \cdots & \dfrac{\partial^2}{\partial x_n^2} f(\boldsymbol{\xi}) \end{pmatrix}$$

der zweiten partiellen Ableitungen von f an der Stelle $\boldsymbol{\xi}$.

Ist f zweimal partiell differenzierbar für alle $\boldsymbol{\xi} \in D$, so heißt f zweimal partiell differenzierbar in D. In diesem Fall existieren also in ganz D die zweiten partiellen Ableitungsfunktionen $\frac{\partial^2 f}{\partial x_j\, x_k}$ ($j, k = 1, \ldots, n$), und die Hessematrix ist eine in D erklärte Funktionenmatrix. Sind zudem die zweiten partiellen Ableitungen alle stetig, dann heißt f *zweimal stetig partiell differenzierbar*.

Rekursiv werden höhere Ableitungen gemäß

---

[3]Man beachte, daß bei der Operatorenschreibweise die Reihenfolge der partiellen Ableitungen von rechts nach links notiert wird, während bei der Indexschreibweise anders herum verfahren wird. Wir werden bald sehen, daß die Reihenfolge in den meisten Fällen ohnehin keine Rolle spielt.

[4]LUDWIG OTTO HESSE [1811–1874]

$$\frac{\partial^p}{\partial x_{k_p} x_{k_{p-1}} \cdots x_{k_1}} f(\boldsymbol{\xi}) = f_{x_{k_1} x_{k_2} \cdots x_{k_p}}(\boldsymbol{\xi}) := (f_{x_{k_1} x_{k_2} \cdots x_{k_{p-1}}})_{x_{k_p}}(\boldsymbol{\xi}) \qquad (2.1)$$

erklärt, und f heißt *p-mal (stetig) partiell differenzierbar*, falls alle partiellen Ableitungen p. Ordnung (2.1) existieren (stetig sind). $\triangle$

Sitzung 2.2 Die DERIVE Funktion

```
HESSEMATRIX(f,x):=VECTOR(VECTOR(
DIF(DIF(f,ELEMENT(x,j_)),ELEMENT(x,k_)),
k_,1,DIMENSION(x)),j_,1,DIMENSION(x)
                              )


HM(f,x):=HESSEMATRIX(f,x)
```

berechnet die Hessematrix einer Funktion f der Variablen `x=[x1,x2,...,xn]`. Zum Beispiel bekommen wir

DERIVE Eingabe	DERIVE Ausgabe nach $\boxed{\texttt{Simplify}}$
`HM(x y^3/(x^2+y^2),[x,y])`	$\begin{bmatrix} \dfrac{2xy^3(x^2-3y^2)}{(x^2+y^2)^3} & \dfrac{-y^2(3x^4-6x^2y^2-y^4)}{(x^2+y^2)^3} \\[2ex] \dfrac{-y^2(3x^4-6x^2y^2-y^4)}{(x^2+y^2)^3} & \dfrac{2x^3y(3x^2-y^2)}{(x^2+y^2)^3} \end{bmatrix}$
`HM(|[x,y]|,[x,y])`	$\begin{bmatrix} \dfrac{y^2}{(x^2+y^2)^{3/2}} & \dfrac{-xy}{(x^2+y^2)^{3/2}} \\[2ex] \dfrac{-xy}{(x^2+y^2)^{3/2}} & \dfrac{x^2}{(x^2+y^2)^{3/2}} \end{bmatrix}$
`HM(x y/(x^2+y^2),[x,y])`	$\begin{bmatrix} \dfrac{2xy(x^2-3y^2)}{(x^2+y^2)^3} & \dfrac{-(x^4-6x^2y^2+y^4)}{(x^2+y^2)^3} \\[2ex] \dfrac{-(x^4-6x^2y^2+y^4)}{(x^2+y^2)^3} & \dfrac{2xy(y^2-3x^2)}{(x^2+y^2)^3} \end{bmatrix}$
`HM(x^y,[x,y])`	$\begin{bmatrix} x^{y-2}(y^2-y) & x^{y-1}(y\,\mathrm{LN}(x)+1) \\[2ex] x^{y-1}(y\,\mathrm{LN}(x)+1) & x^y\,\mathrm{LN}(x)^2 \end{bmatrix}$

Die Beispiele der DERIVE-Sitzung legen die Vermutung nahe, daß die gemischten partiellen Ableitungen generell übereinstimmen. Daß dies i. a. nicht der Fall zu sein braucht, kann – trotz der gegenteiligen Vermutung – mit der ersten Beispielfunktion gezeigt werden.

Beispiel 2.2 Für

$$f(x,y) := \begin{cases} \frac{xy^3}{x^2+y^2} & \text{falls } (x,y) \neq (0,0) \\ 0 & \text{sonst} \end{cases}$$

ist für $(x,y) \neq (0,0)$

$$\operatorname{grad} f(x,y) = \left(\frac{y^3\,(y^2 - x^2)}{(x^2 + y^2)^2}, \frac{x\,y^2\,(3x^2 + y^2)}{(x^2 + y^2)^2} \right)$$

und somit insbesondere $f_x(0,y) = y$ sowie $f_y(x,0) = 0$. Wegen

$$f_x(0,0) = \lim_{x \to 0} \frac{f(x,0) - f(0,0)}{x} = \lim_{x \to 0} 0 = 0$$

sowie

$$f_y(0,0) = \lim_{y \to 0} \frac{f(0,y) - f(0,0)}{y} = \lim_{y \to 0} 0 = 0$$

gelten diese Formeln auch für $(x,y) = (0,0)$. Damit folgt $f_{xy}(0,y) = 1$ für alle $y \in \mathbb{R}$ sowie $f_{yx}(x,0) = 0$ für alle $x \in \mathbb{R}$ und insbesondere

$$f_{xy}(0,0) = 1 \neq 0 = f_{yx}(0,0) \,. \quad \triangle$$

Der folgende Satz von SCHWARZ zeigt, daß es im Regelfall aber doch auf die Reihenfolge der partiellen Differentiationen nicht ankommt.

Satz 2.1 Sei $f : D \to \mathbb{R}$ eine zweimal stetig partiell differenzierbare Funktion einer offenen Teilmenge $D \subset \mathbb{R}^n$ nach $\mathbb{R}$. Dann gilt für alle $\boldsymbol{\xi} \in D$ und $j, k = 1 \ldots, n$

$$\frac{\partial^2}{\partial x_j\, x_k} f(\boldsymbol{\xi}) = \frac{\partial^2}{\partial x_k\, x_j} f(\boldsymbol{\xi}) \,.$$

Beweis: Wir zeigen die Aussage für $n = 2$. Ein Induktionsbeweis liefert dann das allgemeine Resultat. Sei ferner o. B. d. A. $\boldsymbol{\xi} = (0, 0, \ldots, 0)$. Dann ist zu zeigen, daß unter den gegebenen Voraussetzungen

$$f_{xy}(\mathbf{0}) = f_{yx}(\mathbf{0}) \,.$$

Für ein geeignetes $\delta > 0$ ist die Menge

$$\left\{ (x,y) \in \mathbb{R}^2 \;\middle|\; |x| \leq \delta, |y| \leq \delta \right\} \subset D \,.$$

Für festes $|y| \leq \delta$ betrachten wir die Funktion $\varphi : [-\delta, \delta] \to \mathbb{R}$, definiert durch

$$\varphi(x) := f(x,y) - f(x,0) \,.$$

Nach dem Mittelwertsatz der Differentialrechnung gibt es einen Punkt $\xi_1 \in [-x, x]$ mit

$$\varphi(x) - \varphi(0) = \varphi'(\xi_1)\, x = (f_x(\xi_1, y) - f_x(\xi_1, 0))\, x \,.$$

Nun wenden wir den Mittelwertsatz der Differentialrechnung auf die Funktion $y \mapsto f_x(\xi_1, y)$ an, d. h. es gibt $\eta_1 \in [-y, y]$ mit

$$f_x(\xi_1, y) - f_x(\xi_1, 0) = f_{xy}(\xi_1, \eta_1)\, y \; ,$$

so daß schließlich

$$
\begin{aligned}
f_{xy}(\xi_1, \eta_1)\, x\, y &= (f_x(\xi_1, y) - f_x(\xi_1, 0))\, x = \varphi(x) - \varphi(0) \\
&= f(x, y) - f(x, 0) - f(0, y) + f(0, 0) \; .
\end{aligned}
\tag{2.2}
$$

Aus Symmetriegründen können wir auch die Hilfsfunktion $\psi : [-\delta, \delta] \to \mathbb{R}$ mit

$$\psi(y) := f(x, y) - f(0, y)$$

betrachten, und wir finden nacheinander $\eta_2 \in [-y, y]$ und $\xi_2 \in [-x, x]$ derart, daß

$$f_{yx}(\xi_2, \eta_2)\, x\, y = (f_y(x, \eta_2) - f_y(0, \eta_2))\, y = \psi(y) - \psi(0) = f(x, y) - f(0, y) - f(x, 0) + f(0, 0) \; .$$

Zusammen mit (2.2) haben wir also

$$f_{xy}(\xi_1, \eta_1) = f_{yx}(\xi_2, \eta_2) \; .$$

Da nun aber wegen $\xi_1, \xi_2 \in [-x, x]$ und $\eta_1, \eta_2 \in [-y, y]$ mit $(x, y) \to (0, 0)$ auch $(\xi_1, \eta_1) \to (0, 0)$ und $(\xi_2, \eta_2) \to (0, 0)$ streben, folgt aus der Stetigkeit der zweiten partiellen Ableitungen mit $(x, y) \to (0, 0)$ die behauptete Gleichheit

$$f_{xy}(0, 0) = f_{yx}(0, 0) \; . \qquad \qquad \square$$

Mit Induktion folgt für partielle Ableitungen beliebiger Ordnung

Korollar 2.1 Sei $f : D \to \mathbb{R}$ eine p-mal stetig partiell differenzierbare Funktion einer offenen Teilmenge $D \subset \mathbb{R}^n$ nach $\mathbb{R}$. Dann ist für alle $\xi \in D$ jede gemischte partielle Ableitung der Ordnung p von f von der Reihenfolge der partiellen Differentiationen unabhängig. $\qquad \qquad \square$

ÜBUNGSAUFGABEN

2.1 *Gib für jedes $n \in \mathbb{N}$ ein Beispiel einer Funktionen $f : \mathbb{R}^n \to \mathbb{R}$, die am Ursprung $(0, 0, \ldots, 0)$ partiell differenzierbar, dort aber nicht stetig ist.*

2.2 *Man berechne den Gradienten der Betragsfunktion* $\mathrm{abs} : \mathbb{R}^n \to \mathbb{R}$

$$\mathrm{abs}\,(x_1, x_2, \ldots, x_n) := \sqrt{x_1^2 + x_2^2 + \ldots + x_n^2} \; .$$

2.3 *Man zeige, daß $f : \mathbb{R}^2 \to \mathbb{R}$, gegeben durch*

$$
f(x, y) := \begin{cases} xy\,\dfrac{x^2 - y^2}{x^2 + y^2} & \text{falls } (x, y) \neq (0, 0) \\ 0 & \text{sonst} \end{cases} \; ,
$$

zweimal partiell differenzierbar ist, aber die gemischten partiellen Ableitungen zweiter Ordnung am Ursprung nicht übereinstimmen.

Wie sieht es mit der Stetigkeit von f aus?

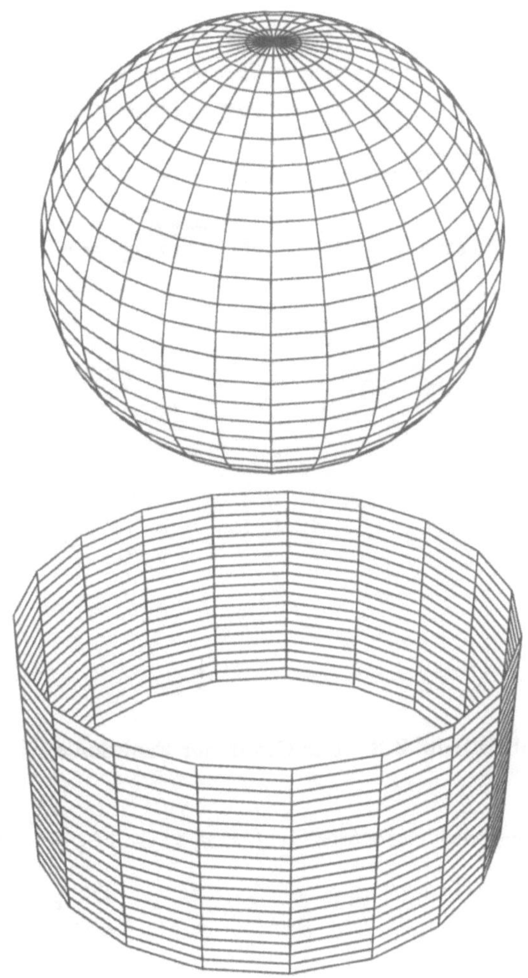

Abbildung 2.2   Kugel- und Zylinderkoordinaten

2.4 (Kugel- und Zylinderkoordinaten) *Man berechne die Jacobimatrix der sogenannten Kugelkoordinaten* $\boldsymbol{F} : \mathbb{R}_0^+ \times \mathbb{R}^2 \to \mathbb{R}^3$*, gegeben durch*

$$(x, y, z) = \boldsymbol{F}(r, \varphi, \vartheta) := (r \cos\varphi \cos\vartheta, r \sin\varphi \cos\vartheta, r \sin\vartheta)$$

sowie der Zylinderkoordinaten $\boldsymbol{G} : \mathbb{R}_0^+ \times \mathbb{R}^2 \to \mathbb{R}^3$*, gegeben durch*

$$(x, y, z) = \boldsymbol{G}(r, \varphi, z) := (r \cos\varphi, r \sin\varphi, z) \ .$$

Man deute die Koordinaten geometrisch im dreidimensionalen Raum, s. Abbildung 2.2.

2.5 *Berechne die Hessematrix der folgenden Funktionen in ihrem ganzen Definiti-*
onsbereich.

(a) $f(x,y) := \sin(x+y)$,   (b) $f(x,y) := (x^2 + y^2)e^{xy}$,

(c) $f(x,y,z) := \sqrt{x^2 + y^2 + z^2}$,   (d) $f(x,y,z) := \dfrac{1}{\sqrt{x^2 + y^2 + z^2}}$,

(e) $f(x,y) := xyz\sin(x+y+z)$,   (f) $f(x,y) := e^{-(x^2+y^2)}$.

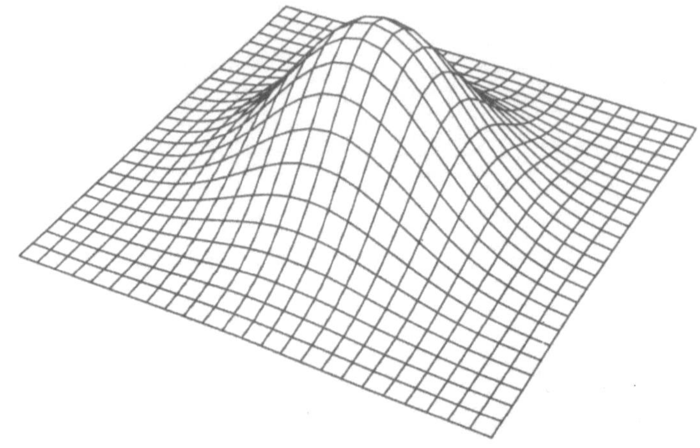

Abbildung 2.3   Der Graph der Funktion $e^{-(x^2+y^2)}$

2.6 (Laplace-Operator) *Berechne für* $f(x,y,z) := 1/\sqrt{x^2 + y^2 + z^2}$

$$\Delta f(x,y,z) := \frac{\partial^2}{\partial x^2} f + \frac{\partial^2}{\partial y^2} f + \frac{\partial^2}{\partial z^2} f \; .$$

Der Differentialoperator $\Delta := \frac{\partial^2}{\partial x^2} + \frac{\partial^2}{\partial y^2} + \frac{\partial^2}{\partial z^2}$ *wird Laplace-Operator genannt und*
spielt in der Physik eine große Rolle.

◇ **2.7** *Schreibe eine* DERIVE *Funktion* LAPLACE(f,x)*, die den* n*-dimensionalen Laplace-*
Operator

$$\Delta f(x_1, x_2, \ldots, x_n) := \sum_{k=1}^{n} \frac{\partial^2}{\partial x_k^2} f(x_1, x_2, \ldots, x_n)$$

einer Funktion f *des Variablenvektors* x *berechnet. Berechne* $\Delta f(x_1, x_2, \ldots, x_n)$ *für*
$f(x) := |x|$ *für* $n = 2, 3, \ldots, 6$. *Zeige die sich ergebende Vermutung!*

2.2   Differenzierbarkeit mehrdimensionaler Funktionen

In diesem Abschnitt wollen wir nun die sogenannte totale Differenzierbarkeit mehrdimensionaler Funktionen erklären, die – im Gegensatz zu der partiellen Differenzierbarkeit – wie im Eindimensionalen z. B. die Stetigkeit der betrachteten Funktion nach sich zieht.

Wir erinnern daran, daß wir im Kapitel über Taylorpolynome bzw. -reihen des Bands *Mathematik mit DERIVE* die folgende Charakterisierung einer im Punkt ξ differenzierbaren reellen Funktion $f : I \to \mathbb{R}$ gegeben hatten (s. I.(12.9), S. I.348)

$$f(x) = f(\xi) + f'(\xi)\,(x - \xi) + R_1(x,\xi) \qquad \left(\lim_{x \to \xi} \frac{R_1(x,\xi)}{x - \xi} = 0 \right) .$$

Wir nehmen diese Eigenschaft der *linearen Approximierbarkeit* einer an der Stelle ξ differenzierbaren Funktion als Ausgangspunkt zur Definition der Differenzierbarkeit einer mehrdimensionalen Funktion.

Definition 2.3 (Totale Differenzierbarkeit) Sei $f : D \to \mathbb{R}^m$ eine Funktion der offenen Teilmenge $D \subset \mathbb{R}^n$ nach $\mathbb{R}^m$ und sei $\xi \in D$ gegeben. Die Funktion f heißt (*total*) *differenzierbar an der Stelle* ξ, falls es eine lineare Abbildung $A : \mathbb{R}^n \to \mathbb{R}^m$ gibt derart, daß in einer Umgebung von ξ, d. h. für $|x - \xi| \leq \delta$, die Beziehung

$$f(x) = f(\xi) + A \cdot (x - \xi) + \varphi(x - \xi)$$

gilt mit einer Funktion φ, für die

$$\lim_{h \to 0} \frac{|\varphi(h)|}{|h|} = 0 .$$

Hierbei bezeichnet $A \cdot h$ das Matrizenprodukt der die lineare Abbildung repräsentierenden Matrix A mit dem Spaltenvektor h. Für eine Funktion φ mit der angegebenen Eigenschaft schreiben wir der Einfachheit halber auch $o(|h|)$ und sagen: „φ ist klein o von Betrag h". Das Symbol o wird das *Landausche*[5]Klein-o-Symbol[6] genannt.

Ist f differenzierbar an der Stelle ξ, so schreiben wir auch $f'(\xi) := A$ für die lineare Näherungsfunktion an der Stelle ξ und nennen sie die *Ableitung von* f.

Beispiel 2.3 In Beispiel 1.9 sahen wir, daß eine lineare Abbildung $A : \mathbb{R}^n \to \mathbb{R}^m$, die durch die $m \times n$-Matrix

$$A := (a_{jk}) = \begin{pmatrix} a_{11} & a_{12} & \cdots & a_{1n} \\ a_{21} & a_{22} & \cdots & a_{2n} \\ \vdots & \vdots & \ddots & \vdots \\ a_{m1} & a_{m2} & \cdots & a_{mn} \end{pmatrix}$$

---

[5]EDMUND LANDAU [1877–1938]

[6]Der Buchstabe o steht für „Ordnung". Das ebenfalls gebräuchliche Groß-O-Symbol werden wir nicht verwenden.

dargestellt ist, stetig ist.

Nun gilt offenbar für jede lineare Abbildung wegen der Linearität die Beziehung

$$A(x) = A(\xi) + A \cdot (x - \xi) \, ,$$

und ein Vergleich mit der Definition der Differenzierbarkeit zeigt, daß $f := A$ differenzierbar ist mit $\varphi(h) = 0$ und mit konstanter Ableitung $f' = A$.

Beispiel 2.4 Ist $f = (f_1, f_2, \ldots, f_m) : D \to \mathbb{R}^m$ eine Funktion der offenen Teilmenge $D \subset \mathbb{R}^n$ nach $\mathbb{R}^m$, und sei $\xi \in D$ gegeben. Dann ist gemäß Definition offenbar f genau dann differenzierbar mit Ableitung $f'(\xi)$, falls die Koordinatenfunktionen $f_j : D \to \mathbb{R}$ differenzierbar sind mit Ableitungen $f_j'(\xi)$, und es gilt

$$f'(\xi) = \begin{pmatrix} f_1' \\ f_2' \\ \vdots \\ f_m' \end{pmatrix} (\xi) \, . \quad \triangle$$

Während im Eindimensionalen die Differenzierbarkeit einer Funktion f an einer Stelle ξ durch eine Zahl, die Ableitung $f'(\xi)$, repräsentiert wird, die eine lineare Approximation von f ermöglicht

$$f(x) - f(\xi) = f'(\xi)(x - \xi) + \varphi(x - \xi) \qquad (\varphi = o(x - \xi)) \, ,$$

wird also im Mehrdimensionalen die Differenzierbarkeit einer Funktion f an einer Stelle ξ durch eine Matrix, die Ableitung $A = f'(\xi)$, repräsentiert, die ebenfalls eine lineare Approximation (im Sinne der linearen Algebra) von f ermöglicht

$$f(x) - f(\xi) = f'(\xi)(x - \xi) + \varphi(x - \xi) \qquad (\varphi = o(|x - \xi|)) \, .$$

Es wäre verschwendete Zeit gewesen, wenn die eingeführe partielle Differenzierbarkeit nichts mit der totalen Differenzierbarkeit zu tun hätte. Der nächste Satz zeigt, daß bei mehrdimensionaler Differenzierbarkeit die Berechnung der Ableitung auf die Berechnung eindimensionaler, nämlich partieller Ableitungen, hinausläuft.

Satz 2.2 (Eigenschaften total differenzierbarer Funktionen) Sei $f : D \to \mathbb{R}^m$ eine differenzierbare Funktion einer offenen Teilmenge $D \subset \mathbb{R}^n$ nach $\mathbb{R}^m$. Dann gilt:

(a) f ist stetig in D, sowie

(b) f ist partiell differenzierbar, und die Ableitungsmatrix f' ist die Jacobimatrix J_f der partiellen Ableitungen: $f' = J_f$.

Beweis: (a) Wegen der Stetigkeit von A ist $\lim\limits_{x \to \xi} A(x - \xi) = A(0) = 0$ und folglich

$$\lim_{x \to \xi} f(x) = f(\xi) + \lim_{x \to \xi} A(x - \xi) + \lim_{x \to \xi} \varphi(x - \xi) = f(\xi) \, ,$$

da $\lim\limits_{h \to 0} \varphi(h) = 0$.

(b) Sei $1 \leq j \leq m$. Dann gilt

$$f_j(x) - f_j(\xi) = \sum_{k=1}^{n} a_{jk}\, x_k + \varphi_j(x - \xi)$$

mit $\varphi_j(h) = o(|h|)$. Betrachten wir nun speziell Änderungen parallel zu der k. Koordinatenachse ($x = \xi + t\,e_k$ ($t \in \mathbb{R}$), wobei $e_k := (0, 0, \ldots, 1, \ldots, 0)$ der k. kanonische Einheitsvektor ist), enthält dies insbesondere die Information über die partielle Ableitung

$$\frac{\partial f_j}{\partial x_k}(\xi) = \lim_{t \to 0} \frac{f_j(\xi + t\,e_k) - f_j(\xi)}{t} = a_{jk} + \lim_{t \to 0} \frac{\varphi_j(t\,e_k)}{t} = a_{jk}\,. \qquad \square$$

Da wir bereits Beispiele partiell differenzierbarer Funktionen kennengelernt haben, die unstetig sind, zeigt eine Anwendung von Satz 2.2 (a), daß diese Funktionen ebenfalls Beispiele partiell differenzierbarer Funktionen darstellen, die nicht total differenzierbar sind. Demnach ist die Umkehrung von Teil (b) falsch.

Satz 2.2 zeigt nun zwar, daß jede total differenzierbare Funktion f auch partiell differenzierbar ist und die Jacobimatrix mit der Ableitung übereinstimmt, und liefert damit ein Verfahren zur Berechnung der Ableitung, andererseits gibt er uns – außer der gegebenen Definition der totalen Differenzierbarkeit – kein Kriterium in die Hand zu entscheiden, ob totale Differenzierbarkeit vorliegt. Dieser Situation hilft der folgende Satz ab, der wiederum nur Anforderungen an die partiellen Ableitungen stellt.

Satz 2.3 (Stetig partiell differenzierbare Funktionen) Sei $f : D \to \mathbb{R}^m$ eine partiell differenzierbare Funktion einer offenen Teilmenge $D \subset \mathbb{R}^n$ nach $\mathbb{R}^m$ derart, daß die partiellen Ableitungen an der Stelle $\xi \in D$ stetig seien. Dann ist f an der Stelle ξ total differenzierbar.

Beweis: O. B. d. A. können wir annehmen, daß $m = 1$ ist, da f ja genau dann differenzierbar ist, wenn $f_1, f_2, \ldots, f_m$ differenzierbar sind. Wir betrachten also $f : D \to \mathbb{R}$ unter den gegebenen Voraussetzungen.

Wir definieren nun die Funktion

$$g(x) := f(x) - \operatorname{grad} f(\xi) \cdot (x - \xi)\,,$$

für die offenbar $\operatorname{grad} g(\xi) = 0$ gilt. Wegen der Stetigkeit der partiellen Ableitungen an der Stelle ξ gibt es also für jedes $\varepsilon > 0$ ein $\delta > 0$ derart, daß $\frac{\partial g}{\partial x_k}(x) \leq \frac{\varepsilon}{n}$ ($k = 1, \ldots, n$) für alle $x \in B(\xi, \delta) \subset D$. Wir berechnen nun die Differenz der Funktionswerte von g für $x \in B(\xi, \delta)$ durch folgende Teleskopsumme[7]

$$g(x) - g(\xi) = \sum_{k=1}^{n} \Big(g(x_1, \ldots, x_k, \xi_{k+1}, \ldots, \xi_n) - g(x_1, \ldots, x_{k-1}, \xi_k, \ldots, \xi_n) \Big)\,.$$

Beim ersten Summanden auf der rechten Seite unterscheiden sich die beiden Argumente, an denen g ausgewertet wird, nur in der ersten Koordinate, und sie haben einen Abstand $|x_1 - \xi_1|$. Wendet man nun den Mittelwertsatz der Differentialrechnung auf die partielle Funktion bzgl. der Variablen x_1 an, so folgt

---

[7]Man schreibe die Summe einmal aus!

$$\left| g(x_1, \xi_2, \ldots, \xi_n) - g(\xi_1, \xi_2, \ldots, \xi_n) \right| \leq |x_1 - \xi_1| \max_{B(\xi, \delta)} \left| \frac{\partial g}{\partial x_1} \right| \leq |x_1 - \xi_1| \frac{\varepsilon}{n} \, ,$$

und eine induktive Weiterführung desselben Arguments führt zu der Abschätzung

$$|g(x) - g(\xi)| \leq \sum_{k=1}^{n} \left| g(x_1, \ldots, x_k, \xi_{k+1}, \ldots, \xi_n) - g(x_1, \ldots, x_{k-1}, \xi_k, \ldots, \xi_n) \right|$$

$$\leq \sum_{k=1}^{n} |x_k - \xi_k| \frac{\varepsilon}{n} \leq \varepsilon |x - \xi|$$

für $x \in B(\xi, \delta)$. Also ist g differenzierbar an der Stelle ξ mit $g'(\xi) = 0$, und folglich ist f ebenfalls differenzierbar an der Stelle ξ mit $f'(\xi) = \operatorname{grad} f(\xi)$. $\qquad\qquad\square$

Der Satz hat zusammen mit Satz 2.2 sofort die folgende Konsequenz.

Korollar 2.2 Jede in einer offenen Teilmenge $D \subset \mathbb{R}^n$ stetig partiell differenzierbare Funktion $f : D \to \mathbb{R}^m$ ist dort stetig. $\qquad\qquad\square$

Auf Grund des Satzes werden wir in Zukunft statt „(n-mal) stetig partiell differenzierbar" nur noch „(n-mal) stetig differenzierbar" sagen.

Zusammenfassend haben wir also die die folgenden Implikationen:

1. stetige partielle Differenzierbarkeit $\Longrightarrow$

2. totale Differenzierbarkeit $\Longrightarrow$

3. partielle Differenzierbarkeit.

Wir haben bereits gesehen, daß Eigenschaften 2 und 3 nicht gleichwertig sind. Das folgende Beispiel zeigt nun, daß auch Eigenschaften 1 und 2 nicht übereinstimmen. Die durch diese drei Eigenschaften definierten Funktionenmengen sind also echte Teilmengen voneinander.

Beispiel 2.5 Wir betrachten $f : \mathbb{R}^2 \to \mathbb{R}$ mit

$$f(x, y) := \begin{cases} (x^2 + y^2) \sin \dfrac{1}{\sqrt{x^2 + y^2}} & \text{falls } (x, y) \neq (0, 0) \\ \qquad\qquad 0 & \text{sonst} \end{cases} \, .$$

Mit $(x, y) = (r \cos \varphi, r \sin \varphi)$ gilt $r = \sqrt{x^2 + y^2}$ und folglich $f(r \cos \varphi, r \sin \varphi) = r^2 \sin \frac{1}{r}$. Diese Funktion hatten wir im Eindimensionalen bereits betrachtet und gesehen, daß sie zwar differenzierbar, aber nicht stetig differenzierbar an der Stelle 0 ist. Man sieht nun leicht, daß f diese Eigenschaften in der folgenden Form erbt: f ist partiell differenzierbar in $\mathbb{R}^2$, aber die partiellen Ableitungen sind nicht stetig am Ursprung. Wären nämlich die partiellen Ableitungen stetig, so müßte auch die eindimensionale Ableitung z. B. der partiellen Funktion $f(x, 0) = x^2 \sin \frac{1}{|x|}$ nach der Variablen x stetig sein.

Andererseits ist f total differenzierbar am Ursprung mit Gradient **0**. Dies folgt wegen

$$\frac{f(x, y) - f(0, 0)}{|(x, y)|} = \frac{r^2 \sin \frac{1}{r}}{r} \to 0 \qquad ((x, y) \to (0, 0)) \, .$$

Beispiel 2.6 (Tangentialebene und Normale) Wir wenden uns nun der geometrischen Charakterisierung der mehrdimensionalen Ableitung zu. Während im Eindimensionalen die Differenzierbarkeit der Existenz einer Tangente an den Graphen entsprach und die Ableitung deren Steigung angab, zeigt es sich, daß im mehrdimensionalen Fall die Differenzierbarkeit der Existenz einer *Tangential(hyper)ebene* an den Graphen entspricht und die Ableitung deren Lage im Raum angibt.

Wir erinnern daran, daß eine Ebene im dreidimensionalen euklidischen Raum einer Gleichung der Form

$$ax + by + c = d \qquad (a, b, c, d \in \mathbb{R})$$

entspricht, während im $n + 1$-dimensionalen euklidischen Raum die Gleichung

$$\sum_{k=1}^{n+1} a_k\, x_k = C \qquad (a_k \in \mathbb{R}\ (k = 1, \ldots, n+1),\ \ C \in \mathbb{R}) \tag{2.3}$$

eine Hyperebene der Dimension n darstellt.

Wir betrachten nun die lineare Näherung einer an der Stelle $\boldsymbol{\xi} \in \mathbb{R}^n$ differenzierbaren reellwertigen Funktion $f : D \to \mathbb{R}$ einer Teilmenge $D \subset \mathbb{R}^n$

$$f(\boldsymbol{x}) - f(\boldsymbol{\xi}) = \operatorname{grad} f(\boldsymbol{\xi}) \cdot (\boldsymbol{x} - \boldsymbol{\xi})\,. \tag{2.4}$$

Der Graph von f ist die Menge

$$\left\{ (x_1, x_2, \ldots, x_n, x_{n+1}) \in \mathbb{R}^{n+1} \ \middle|\ (x_1, x_2, \ldots, x_n) \in D, x_{n+1} = f(x_1, x_2, \ldots, x_n) \right\}\,,$$

und für $\boldsymbol{x} = (x_1, x_2, \ldots, x_n)$ und $x_{n+1} = f(x_1, x_2, \ldots, x_n)$ liefert (2.4)

$$f(\boldsymbol{x}) - f(\boldsymbol{\xi}) = x_{n+1} - f(\boldsymbol{\xi}) = \operatorname{grad} f(\boldsymbol{\xi}) \cdot (\boldsymbol{x} - \boldsymbol{\xi}) = \sum_{k=1}^{n} \frac{\partial f}{\partial x_k}(\boldsymbol{\xi})\,(x_k - \xi_k)\,, \quad (2.5)$$

welches ganz offenbar die Gleichung einer Hyperebene (2.3) mit

$$a_k = \begin{cases} -\frac{\partial f}{\partial x_k}(\boldsymbol{\xi}) & \text{falls } k = 1, \ldots, n \\ 1 & \text{falls } k = n + 1 \end{cases} \tag{2.6}$$

und

$$C = f(\boldsymbol{\xi}) - \sum_{k=1}^{n} \frac{\partial f}{\partial x_k}(\boldsymbol{\xi})\, \xi_k$$

entspricht. Die Tangentialebene entspricht einem um C verschobenen Unterraum der Dimension n. Eine *Normale* $\boldsymbol{n} = (n_1, n_2, \ldots, n_{n+1})$ einer (Hyper)ebene ist ein Vektor, der senkrecht auf diesem Unterraum steht, für den also das Skalarprodukt $\boldsymbol{n} \cdot \boldsymbol{\xi} = 0$ ist, und gemäß (2.6) ist also $\boldsymbol{n} = (\operatorname{grad} f(\boldsymbol{\xi}), -1)$ ein solcher Vektor.

Beispiel 2.7 (Berechnung von Tangentialebene und Normale) Wir betrachten die Halbkugeloberfläche, die durch $x^2 + y^2 + z^2 = 1$, $z \geq 0$ bzw. die explizite Funktion $z = f(x, y) = \sqrt{1 - x^2 - y^2}$ gegeben ist. Wir suchen die Tangentialebene und einen Normalenvektor der Halbkugel am Punkt $P = (1/2, 1/2, 1/\sqrt{2})$, welcher wegen $f(1/2, 1/2) = 1/\sqrt{2}$ ein Punkt des Graphen ist. Wir bekommen zunächst die partiellen Ableitungen

$$\operatorname{grad} f(x, y) = \left(\frac{-x}{\sqrt{1 - x^2 - y^2}}, \frac{-y}{\sqrt{1 - x^2 - y^2}} \right)$$

und insbesondere

$$\operatorname{grad} f(1/2, 1/2) = \left(-\frac{\sqrt{2}}{2}, -\frac{\sqrt{2}}{2} \right) .$$

Gemäß (2.5) ist dann aber die Gleichung der Tangentialebene gegeben durch

$$z - f(1/2, 1/2) = z - \frac{1}{\sqrt{2}} = \operatorname{grad} f(1/2, 1/2) \cdot \left(\begin{array}{c} x - 1/2 \\ y - 1/2 \end{array} \right) = \frac{\sqrt{2}}{2} \left(\frac{1}{2} - x + \frac{1}{2} - y \right)$$

bzw. nach z aufgelöst

$$z = \frac{\sqrt{2}}{2} (2 - x - y) .$$

Die Normalenrichtung ist folglich $n = \left(-\frac{\sqrt{2}}{2}, -\frac{\sqrt{2}}{2}, -1 \right)$. Die normierte Normale $n/|n|$ ergibt sich zu $- \left(1/2, 1/2, \frac{\sqrt{2}}{2} \right) = -P$, zeigt also auf den Ursprung der Halbkugel. Das wußten wir natürlich auch schon aus der Geometrie. $\triangle$

Eines der wichtigsten Ergebnisse der mehrdimensionalen Analysis ist die folgende Verallgemeinerung der eindimensionalen Kettenregel.

Satz 2.4 (Mehrdimensionale Kettenregel) Sei $f : D_1 \to \mathbb{R}^m$ eine Funktion der Teilmenge $D_1 \subset \mathbb{R}^n$ und $g : D_2 \to \mathbb{R}^p$ eine Funktion der Teilmenge $D_2 \subset \mathbb{R}^m$ mit $f(D_1) \subset D_2$. Sind f an der Stelle $\xi \in D_1$ und g an der Stelle $\eta = f(\xi)$ differenzierbar, so ist auch $h := g \circ f : D_1 \to \mathbb{R}^p$ an der Stelle ξ differenzierbar, und es gilt

$$h'(\xi) = g'(f(\xi)) \cdot f'(\xi) . \tag{2.7}$$

Bei der mehrdimensionalen Kettenregel (2.7) handelt es sich offenbar um dieselbe Formel wie im Eindimensionalen, nur daß die Formel diesmal etwas anderes bedeutet: Diesmal sind die Ableitungen Matrizen und das auszuführende Produkt ist ein Matrizenprodukt. Das heißt, daß die Berechnung mit Hilfe der mehrdimensionalen Kettenregel auf Summen von Produkten partieller Ableitungen führt.

Beweis: Sei $A := f'(\xi)$ und $B := g'(\eta)$. Nach Voraussetzung ist dann

$$f(\xi + x) = f(\xi) + A\,x + \varphi_f(x) \qquad \left(\lim_{x \to 0} \frac{|\varphi_f(x)|}{|x|} = 0 \right)$$

und

$$g(\eta + y) = g(\eta) + B\,y + \varphi_g(y) \qquad \left(\lim_{y \to 0} \frac{|\varphi_g(y)|}{|y|} = 0 \right),$$

und wir müssen zeigen, daß

$$h(\xi + x) = h(\xi) + B\,A\,x + \varphi_h(x) \qquad \left(\lim_{x \to 0} \frac{|\varphi_h(x)|}{|x|} = 0 \right).$$

Wegen

$$\begin{aligned} h(\xi + x) &= g(f(\xi + x)) = g(f(\xi) + A\,x + \varphi_f(x)) \\ &= g(f(\xi)) + B\Big(A\,x + \varphi_f(x)\Big) + \varphi_g\Big(A\,x + \varphi_f(x)\Big) \end{aligned}$$

ist

$$\varphi_h(x) = B\,\varphi_f(x)) + \varphi_g\Big(A\,x + \varphi_f(x)\Big).$$

Mit $\varphi_f(x) = o(|x|)$ und der Stetigkeit von B folgt $B\,\varphi_f(x) = o(|x|)$, und es bleibt zu zeigen, daß auch der zweite Term $\varphi_g(A\,x + \varphi_f(x)) = o(|x|)$. Die Funktion $\psi(y) := \frac{\varphi_g(y)}{|y|}$ erfüllt offenbar $\lim_{y \to 0} \psi(y) = 0$, und wegen

$$\frac{\varphi_g(A\,x + \varphi_f(x))}{|x|} = \frac{|A\,x + \varphi_f(x)|}{|x|}\,\psi(A\,x + \varphi_f(x))$$

folgt aus der Stetigkeit von A, daß dieser Term für $x \to 0$ ebenfalls gegen Null strebt. $\square$

Beispiel 2.8 Sei $f : [0, 2\pi] \to \mathbb{R}^2$ mit $f(t) := (\cos t, \sin t)$ und $g : \mathbb{R}^2 \setminus \{(0,0)\} \to \mathbb{R}$ mit $g(x, y) := \frac{x^2 - y^2}{x^2 + y^2}$. Wir betrachten die zusammengesetzte Funktion $h := g \circ f : [0, 2\pi] \to \mathbb{R}$, für die wir

$$h(t) = g(\cos t, \sin t) = \frac{\cos^2 t - \sin^2 t}{\cos^2 t + \sin^2 t} = \cos^2 t - \sin^2 t = \cos(2t)$$

erhalten. Natürlich können wir mit dieser Darstellung sofort die Ableitung von h

$$h'(t) = -2\sin(2t)$$

bestimmen. Wir berechnen diese Ableitung nun mit Hilfe der Kettenregel. Wegen

$$f'(t) = \begin{pmatrix} -\sin t \\ \cos t \end{pmatrix}$$

sowie

$$g'(x,y) = \operatorname{grad}(x,y) = \left(\frac{4\,x\,y^2}{(x^2+y^2)^2}, -\frac{4\,x^2\,y}{(x^2+y^2)^2} \right)$$

erhalten wir

$$\begin{aligned}
h'(t) &= g'(f(t))\,f'(t) = \operatorname{grad} g(\cos t, \sin t) \cdot \begin{pmatrix} -\sin t \\ \cos t \end{pmatrix} \\
&= (4\cos t \sin^2 t)(-\sin t) + (-4\cos^2 t \sin t)(\cos t) \\
&= -4\cos t \sin t = -2\sin(2t)\ .
\end{aligned}$$

Bei diesem Beispiel war die Anwendung der mehrdimensionalen Kettenregel selbstverständlich recht künstlich. Wir werden bald Beispiele behandeln, wo die Anwendung der mehrdimensionalen Kettenregel unumgänglich ist. $\triangle$

Wir haben gesehen, daß die Existenz der totalen Ableitung einer mehrdimensionalen Funktion die Existenz der partiellen Ableitungen nach sich zieht. Dies ist nicht weiter überraschend, sind doch die partiellen Ableitungen nichts anderes als Ableitungen in Richtung der Koordinatenachsen. Wir erwarten, daß Ableitungen auch in andere Richtungen als parallel zu den Koordinatenachsen existieren. Diese definieren wir nun.

Definition 2.4 (Richtungsableitungen) Sei $f : D \to \mathbb{R}$ eine reellwertige Funktion der Teilmenge $D \subset \mathbb{R}^n$, und sei $e := (e_1, e_2, \ldots, e_n)$ ein Einheitsvektor, d. h. $|e| = 1$, so erklären wir die *Richtungsableitung von f an der Stelle $\xi \in D$ in Richtung e* durch

$$\frac{\partial f}{\partial e}(\xi) := \lim_{t \to 0} \frac{f(\xi + t\,e) - f(\xi)}{t}\ ,$$

sofern dieser Grenzwert existiert. Die Ableitung in Richtung der kanonischen Einheitsvektoren e_k $(k = 1, \ldots, n)$ entsprechen offenbar den partiellen Ableitungen bzgl. $x_1, x_2, \ldots, x_n$. $\triangle$

Wie meist, ist die Berechnung direkt nach Definition schwerfällig. Sie kann aber auf die Berechnung partieller Ableitungen zurückgeführt werden. Man beachte, daß das auftretende Produkt zweier Vektoren wieder das übliche Skalarprodukt ist.

Lemma 2.1 (Berechnung von Richtungsableitungen) Sei $f : D \to \mathbb{R}$ eine an der Stelle $\xi \in D$ differenzierbare Funktion der Teilmenge $D \subset \mathbb{R}^n$ nach $\mathbb{R}$ und sei $e := (e_1, e_2, \ldots, e_n)$ ein Einheitsvektor, so existiert die Richtungsableitung in Richtung e an der Stelle ξ, und es gilt

$$\frac{\partial f}{\partial e}(\xi) = \operatorname{grad} f(\xi) \cdot e = \sum_{k=1}^{n} \frac{\partial f}{\partial x_k}(\xi)\, e_k\ .$$

Wegen $\operatorname{grad} f(\xi) \cdot e = |\operatorname{grad} f(\xi)| \cos \vartheta,$[8] wobei ϑ der von den Vektoren $\operatorname{grad} f(\xi)$ und e erzeugte Winkel ist, nehmen die Richtungsableitungen an der Stelle ξ somit genau die Werte zwischen $M := |\operatorname{grad} f(\xi)|$ und $-M$ an. Ist $M \neq 0$, dann wird der größte Wert M in der durch $\operatorname{grad} f$ bestimmten Richtung und der kleinste Wert $-M$ in der entgegengesetzten Richtung angenommen.

---

[8]Dies lernt man in der linearen Algebra.

Beweis: Wir definieren die Funktion $\psi(t) := f(\xi + te)$, welche in einer Umgebung des Ursprungs erklärt ist. Die Kettenregel garantiert die Existenz der Ableitung $\psi'(0)$, welche definitionsgemäß nichts anderes als die Richtungsableitung von f in Richtung e ist, und liefert ihren Wert

$$\psi'(0) = \operatorname{grad} f(\xi + te)\, e .$$

$\square$

Das folgende Beispiel zeigt, daß andererseits die Existenz aller Richtungsableitungen nicht die Differenzierbarkeit nach sich zieht.

Beispiel 2.9 Man betrachte $f : \mathbb{R}^2 \to \mathbb{R}$ mit

$$f(x,y) := \begin{cases} 1 & \text{falls } 0 < y < x^2 \\ 0 & \text{sonst} \end{cases} .$$

Man sieht leicht, daß die Richtungsableitung von f am Ursprung in jede Richtung existiert und gleich Null ist. Andererseits ist f nicht einmal stetig am Ursprung, und somit erst recht nicht differenzierbar.

> **Sitzung 2.3 (Richtungsableitungen)** Gemäß der Berechnungsvorschrift aus Lemma 2.1 kann man mit DERIVE Richtungsableitungen bestimmen. Die DERIVE Funktion
>
> ```
> RICHTUNGSABLEITUNG(f,x,a,e):=LIM(GRAD(f,x),x,a)  . e/|e|
> ```
>
> ```
> RA(f,x,a,e):=RICHTUNGSABLEITUNG(f,x,a,e)
> ```
>
> berechnet die Richtungsableitung von f bzgl. des Variablenvektors x in Richtung des (nicht notwendig normierten) Vektors e an der Stelle a. Die DERIVE Funktion . berechnet hierbei das Skalarprodukt zweier Vektoren gleicher Dimension.
>
> Die DERIVE Funktion `MAXRICHTUNG(f,x,a)`, gegeben durch
>
> ```
> MAXRICHTUNG_AUX(f,x,a,aux):=[aux,RICHTUNGSABLEITUNG(f,x,a,aux/|aux|)]
> ```
>
> ```
> MAXRICHTUNG(f,x,a):=MAXRICHTUNG_AUX(f,x,a,LIM(GRAD(f,x),x,a))
> ```
>
> ```
> MR(f,x,a):=MAXRICHTUNG(f,x,a)
> ```
>
> berechnet einen Vektor, dessen erste Komponente die (nicht normierte) Richtung maximalen Zuwachses bestimmt, während die zweite Komponente die Richtungsableitung in diese Richtung enthält.
>
> Man erhält z. B. die folgenden Ergebnisse:

DERIVE Eingabe	DERIVE Ausgabe
`f:=EXP(x+2y) COS(x y)`	$\mathrm{EXP}\,(x+2y)\,\mathrm{COS}\,(xy)\,,$
`g:=(1-COS(x y) SIN(x z))/(x^3 y^2)`	$\dfrac{1-\mathrm{COS}\,(xy)\,\mathrm{SIN}\,(xz)}{x^3 y^2}\,,$
`h:=SIN(x^2 SIN(y))/(x^2 y)`	$\dfrac{\mathrm{SIN}\,(x^2\,\mathrm{SIN}\,(y))}{x^2 y}\,,$
`RA(f,[x,y],[0,0],[COS(t),SIN(t)])`	$\mathrm{COS}\,(t)+2\,\mathrm{SIN}\,(t)\,,$
`RA(g,[x,y,z],[pi,1,0],[1,1,1])`	$\dfrac{\sqrt{3}}{3\pi^2}-\dfrac{2\sqrt{3}}{3\pi^3}-\dfrac{\sqrt{3}}{\pi^4}\,,$
`MR(f,[x,y],[0,0])`	$\left[[1,2],\sqrt{5}\right]\,,$
`MR(g,[x,y,z],[pi,1,0])`	$\left[\left[-\dfrac{3}{\pi^4},-\dfrac{2}{\pi^3},\dfrac{1}{\pi^2}\right],\dfrac{\sqrt{\pi^4+4\pi^2+9}}{\pi^4}\right],$
`MR(x^2+y^2,[x,y],[r COS(t),r SIN(t)])`	$[[2\,r\,\mathrm{COS}\,(t),2\,r\,\mathrm{SIN}\,(t)],2\,|r|]\,,$
`MR(h,[x,y],[SQRT(pi),pi/2])`	$\left[\left[-\dfrac{4}{\pi^{3/2}},0\right],\dfrac{4}{\pi^{3/2}}\right]\,,$
`MR(h,[x,y],[pi,pi])`	$\left[\left[0,-\dfrac{1}{\pi}\right],\dfrac{1}{\pi}\right]\,.$

ÜBUNGSAUFGABEN

◇ **2.8** *Man erkläre eine* DERIVE *Funktion* `TANGENTIALEBENE(f,x,x0)`, *die die rechte Seite der Gleichung der Tangential(hyper)ebene der Funktion f der Variablen x an der Stelle x_0 angibt. Ferner gebe man eine* DERIVE *Funktion* `NORMALE(f,x,x0)` *an, welche die Normale auf die Tangentialebene berechnet.*

2.9 (Niveaufläche) *Man zeige, daß der Gradient* grad $f(x)$ *einer stetig differenzierbaren Funktion $f : D \to \mathbb{R}$ einer offenen Menge $D \subset \mathbb{R}^n$ an jeder Stelle $\xi \in D$ auf der Niveaufläche*

$$\{x \in D \mid f(x) = f(\xi)\}$$

senkrecht steht.

◇ **2.10** *Man schreibe eine* DERIVE *Funktion* `ARG(z)`, *die das Argument eines zweidimensionalen Vektors* `[x,y]` *berechnet, wenn man diesen als komplexe Zahl auffaßt. Man schreibe dann die Funktion* `MAXRICHTUNG(f,x,a)` *aus* DERIVE-*Sitzung 2.3 derart um, daß das erste Element der Ausgabe der Richtungswinkel des maximalen Wachstums ist.*

2.11 *Man zeige, daß für den normierten Normalenvektor n des Graphen der Funktion $f(x,y) = \sqrt{1-x^2-y^2}$ der Halbkugel an der Stelle (x_0,y_0) immer die Beziehung $n = -(x_0,y_0,f(x_0,y_0))$ gilt. Berechne die Tangentialebene von f an der Stelle (x_0,y_0).*

2.12 (Homogene Funktionen) *Eine Funktion* $f : D \to \mathbb{R}$ *einer Teilmenge* $D \subset \mathbb{R}^n$ heißt *homogen vom Grad* α, *falls für alle* $x \in D$ *und* $t > 0$ *die Beziehung* $f(tx) = t^\alpha f(x)$ *gilt. Zeige, daß für eine differenzierbare homogene Funktion vom Grad* α *die Eulersche Beziehung*

$$f'(x)\,x = \sum_{k=1}^{n} x_k \,\frac{\partial f}{\partial x_k}(x) = \alpha\, f(x)$$

gilt. Eine Differentialgleichung wie diese, in der Ableitungen bzgl. verschiedener Variablen vertreten sind, heißt partielle Differentialgleichung.

2.13 *Sei* $g : \mathbb{R} \longrightarrow \mathbb{R}$ *eine stetige Funktion und* $f : \mathbb{R} \longrightarrow \mathbb{R}$ *definiert durch*

$$f(x) := \int_0^x \frac{(x-t)^{n-1}}{(n-1)!}\, g(t)\, dt \ .$$

Zeige: f ist n-mal stetig differenzierbar und es gilt $f^{(n)}(x) = g(x)$. Hinweis: Betrachte die Funktion

$$F(x,y) := \int_0^y \frac{(x-t)^{n-1}}{(n-1)!}\, g(t)\, dt \ .$$

2.3 Taylorsche Formel

Wir werden nun die Taylorsche Formel auf die mehrdimensionale Situation übertragen. Dazu ist es bequem, die folgende Notationskonvention der sogenannten *Multiindexschreibweise* einzuführen.

Definition 2.5 (Multiindex) Sei $\alpha = (\alpha_1, \alpha_2, \ldots, \alpha_n) \in \mathbb{N}_0^n$ ein *Multiindex*. Dann heißt $|\alpha| := \alpha_1 + \alpha_2 + \cdots + \alpha_n$ die *Ordnung* des Multiindex α und wir benutzen die Abkürzung $\alpha! := \alpha_1!\,\alpha_2! \cdots \alpha_n!$. Ist $f : D \to \mathbb{R}$ eine $|\alpha|$-mal stetig partiell differenzierbare Funktion einer Teilmenge $D \subset \mathbb{R}^n$, dann sei

$$D^\alpha f := \frac{\partial^{|\alpha|} f}{\partial x_n^{\alpha_n} \cdots \partial x_2^{\alpha_2}\, \partial x_1^{\alpha_1}} \ .$$

Ist $x = (x_1, x_2, \ldots, x_n) \in \mathbb{R}^n$, so schreiben wir ferner $x^\alpha := x_1^{\alpha_1}\, x_2^{\alpha_2} \cdots x_n^{\alpha_n}$. $\triangle$

Wir werden die mehrdimensionale Taylorformel in zwei Schritten herleiten. Im ersten Schritt berechnen wir die Ableitungen einer geeigneten eindimensionalen Hilfsfunktion, auf die wir im zweiten Schritt die eindimensionale Taylorformel anwenden.

Lemma 2.2 Sei $f : D \to \mathbb{R}$ eine m-mal stetig partiell differenzierbare Funktion einer offenen Teilmenge $D \subset \mathbb{R}^n$, und seien $\boldsymbol{\xi} \in D$, $\boldsymbol{h} \in \mathbb{R}^n$ derart, daß für alle $t \in [0,1]$ der Punkt $\boldsymbol{\xi} + t\,\boldsymbol{h} \in D$ liegt. Dann ist die Hilfsfunktion $\psi : [0,1] \to \mathbb{R}$, gegeben durch

$$\psi(t) := f(\boldsymbol{\xi} + t\,\boldsymbol{h}) \, ,$$

m-mal stetig differenzierbar, und es gilt

$$\psi^{(m)}(t) = \sum_{|\alpha|=m} \frac{m!}{\alpha!}\, D^\alpha f(\boldsymbol{\xi} + t\,\boldsymbol{h})\, \boldsymbol{h}^\alpha \, .$$

Hierbei bedeutet die Schreibweise $\displaystyle\sum_{|\alpha|=m}$, daß über alle Multiindizes der Ordnung m summiert werden soll.

Beweis: Wir leiten ψ zunächst einmal ab. Mit der Kettenregel bekommen wir[9]

$$\psi'(t) = \sum_{k_1=1}^{n} \frac{\partial f}{\partial x_{k_1}}(\boldsymbol{\xi} + t\,\boldsymbol{h})\, h_{k_1} \, ,$$

insbesondere ist ψ einmal stetig differenzierbar. Mit Induktion folgt dann genauso, daß ψ m-mal stetig differenzierbar ist mit m. Ableitung

$$\psi^{(m)}(t) = \sum_{k_1,k_2,\ldots,k_m=1}^{n} \frac{\partial^m f}{\partial x_{k_m}\,\partial x_{k_{m-1}}\cdots\partial x_{k_1}}(\boldsymbol{\xi} + t\,\boldsymbol{h})\, h_{k_1}\, h_{k_2} \cdots h_{k_m} \, .$$

Da wegen des Satzes von Schwarz die Differentiationen nicht von der Reihenfolge abhängen, läuft nun alles darauf hinaus abzuzählen, wie oft jede einzelne Differentiation in der gegebenen Summe vorkommt. Wir halten zunächst fest, daß alle Differentiationen die Ordnung m haben. Wir sortieren nun die Summe nach den auftretenden partiellen Ableitungen. Da es aber genau $\frac{m!}{\alpha_1!\,\alpha_2!\cdots\alpha_n!}$ m-tupel $(k_1, k_2, \ldots, k_m)$ natürlicher Zahlen $1 \le k_j \le n$ $(j = 1, \ldots, n)$ gibt, bei denen jede der Zahlen $p = 1, \ldots, n$ genau α_p-mal vorkommt $(\alpha = (\alpha_1, \alpha_2, \ldots, \alpha_n)$, $|\alpha| = m)$ (s. Übungsaufgabe 2.14), bekommen wir

$$
\begin{aligned}
\psi^{(m)}(t) &= \sum_{k_1,k_2,\ldots,k_m=1}^{n} \frac{\partial^m f}{\partial x_{k_m}\,\partial x_{k_{m-1}}\cdots\partial x_{k_1}}(\boldsymbol{\xi} + t\,\boldsymbol{h})\, h_{k_1}\, h_{k_2} \cdots h_{k_m} \\[2ex]
&= \sum_{|\alpha|=m} \frac{m!}{\alpha_1!\,\alpha_2!\cdots\alpha_n!} \cdot \frac{\partial^m f}{\partial x_1^{\alpha_1}\,\partial x_2^{\alpha_2}\cdots\partial x_n^{\alpha_n}}(\boldsymbol{\xi} + t\,\boldsymbol{h})\, h_1^{\alpha_1}\, h_2^{\alpha_2}\cdots h_n^{\alpha_n} \\[2ex]
&= \sum_{|\alpha|=m} \frac{m!}{\alpha!}\, D^\alpha f(\boldsymbol{\xi} + t\,\boldsymbol{h})\, \boldsymbol{h}^\alpha \, .
\end{aligned}
$$

$\square$

Nun sind wir in der Lage, die Taylorformel zu formulieren.

---

[9]Wir verwenden hier den uns vertrauteren Ableitungsstrich, obwohl die Variable t heißt.

Satz 2.5 (Taylorformel) Sei $f : D \to \mathbb{R}$ eine $m + 1$-mal stetig partiell differenzierbare Funktion einer offenen Teilmenge $D \subset \mathbb{R}^n$, und seien $\boldsymbol{\xi}, \boldsymbol{x} \in D$ derart, daß für alle $t \in [0,1]$ der Punkt $t\,\boldsymbol{x} + (1 - t)\,\boldsymbol{\xi} \in D$ liegt. Dann gibt es ein $\vartheta \in [0,1]$ derart, daß

$$f(\boldsymbol{x}) = T_m(\boldsymbol{x}) + \sum_{|\alpha|=m+1} \frac{D^\alpha f(\vartheta\,\boldsymbol{x} + (1 - \vartheta)\,\boldsymbol{\xi})}{\alpha!}(\boldsymbol{x} - \boldsymbol{\xi})^\alpha$$

mit

$$T_m(\boldsymbol{x}) = \sum_{|\alpha|\leq m} \frac{D^\alpha f(\boldsymbol{\xi})}{\alpha!}(\boldsymbol{x} - \boldsymbol{\xi})^\alpha \; .$$

Beweis: Wir schreiben $\boldsymbol{h} := \boldsymbol{x} - \boldsymbol{\xi}$ und benutzen wieder die Hilfsfunktion $\psi : [0,1] \to \mathbb{R}$ mit $\psi(t) := f(\boldsymbol{\xi} + t\,\boldsymbol{h}) = f(t\,\boldsymbol{x} + (1 - t)\,\boldsymbol{\xi})$. Nach Lemma 2.2 ist ψ $(m+1)$-mal stetig differenzierbar, und nach dem Satz von Taylor für eine Variable mit dem Lagrangeschen Restglied (s. Korollar I.12.3, S. I.350) gibt es ein $\vartheta \in [0,1]$ derart, daß

$$\psi(1) = \sum_{k=0}^{m} \frac{\psi^{(k)}(0)}{k!} + \frac{\psi^{(m+1)}(\vartheta)}{(m + 1)!} \; .$$

Wieder nach Lemma 2.2 gelten die Formeln

$$\frac{\psi^{(k)}(0)}{k!} = \sum_{|\alpha|=k} \frac{D^\alpha f(\boldsymbol{\xi})}{\alpha!}(\boldsymbol{x} - \boldsymbol{\xi})^\alpha$$

sowie

$$\frac{\psi^{(m+1)}(\vartheta)}{(m + 1)!} = \sum_{|\alpha|=m+1} \frac{D^\alpha f(\boldsymbol{\xi} + \vartheta\,\boldsymbol{h})}{\alpha!}(\boldsymbol{x} - \boldsymbol{\xi})^\alpha \; ,$$

welche die zu beweisende Aussage vervollständigen. $\square$

Beispiel 2.10 Wir betrachten das Beispiel $f(x,y) = y^x$ in einer Umgebung von $(\xi, \eta) = (1,1)$. Für die partiellen Ableitungen bis zur zweiten Ordnung gilt

$$f(x,y) = y^x \, , \qquad f_x(x,y) = y^x \ln y \, , \qquad f_y(x,y) = x\,y^{x-1} \, ,$$

$$f_{xx}(x,y) = y^x \ln^2 y \, , \qquad f_{yy}(x,y) = (x - 1)\,x\,y^{x-2}$$

$$f_{xy}(x,y) = f_{yx}(x,y) = y^{x-1} + xy^{x-1} \ln y \, ,$$

und somit

$$f(1,1) = 1 \, , \quad f_x(1,1) = 0 \, , \quad f_y(1,1) = 1 \, ,$$

$$f_{xx}(1,1) = 0 \, , \quad f_{xy}(1,1) = 1 \, , \quad f_{yy}(1,1) = 0 \, .$$

Das Taylorpolynom erster Ordnung liefert die Gleichung der Tangentialebene, für die wir gemäß Satz 2.5

$$
\begin{aligned}
z = T_1(x,y) \;&=\; \sum_{|\alpha|\le 1} \frac{D^\alpha f(1,1)}{\alpha!}\binom{x-1}{y-1}^{\alpha} \\
&=\; f(1,1) + f_x(1,1)\,(x-1) + f_y(1,1)\,(y-1) = 1 + (y-1) = y\,,
\end{aligned}
$$

also $z = y$, erhalten.

Wir leiten nun die Taylorformel zweiter Ordnung her, die außer den linearen Termen in x und y die quadratischen Terme x^2, xy und y^2 enthält. Der quadratische Anteil ist gemäß Satz 2.5

$$
\begin{aligned}
&\sum_{|\alpha|=2} \frac{D^\alpha f(1,1)}{\alpha!}\binom{x-1}{y-1}^{\alpha} \\
&=\; \frac{D^{(2,0)}f(1,1)}{(2,0)!}(x-1)^2 + \frac{D^{(1,1)}f(1,1)}{(1,1)!}(x-1)(y-1) + \frac{D^{(0,2)}f(1,1)}{(0,2)!}(y-1)^2 \\
&=\; \frac{f_{xx}(1,1)}{2}(x-1)^2 + f_{xy}(1,1)\,(x-1)(y-1) + \frac{f_{yy}(1,1)}{2}(y-1)^2 \\
&=\; 0\,(x-1)^2 + 1\,(x-1)(y-1) + 0\,(y-1)^2\,,
\end{aligned}
$$

so daß wir schließlich die Taylorentwicklung zweiter Ordnung

$$
z = T_2(x,y) = T_1(x,y) + (x-1)(y-1) = 1 - x + xy
$$

erhalten.

Für die Argumente $x = y = 1.01$ ergeben sich z. B. die Werte $T_1(1.01, 1.01) = 1.01$ und $T_2(1.01, 1.01) = 1.0101$, und zum Vergleich ergibt sich bei zwanzigstelliger Genauigkeit der Wert $f(1.01, 1.01) = 1.0101005033417415856\ldots$ $\triangle$

Man erhält das folgende allgemeine Resultat über die Güte der Taylorapproximation.

Korollar 2.3 (Güte der Taylorapproximation) Sei $f : D \to \mathbb{R}$ eine m-mal stetig differenzierbare Funktion einer offenen Teilmenge $D \subset \mathbb{R}^n$, und seien $\boldsymbol{\xi} \in D$, $\delta > 0$ derart, daß $B(\boldsymbol{\xi}, \delta) \subset D$ ist. Dann gilt für alle $h \in \mathbb{R}^n$ mit $|h| \le \delta$

$$
f(\boldsymbol{\xi} + h) = \sum_{|\alpha|\le m} \frac{D^\alpha f(\boldsymbol{\xi})}{\alpha!} h^\alpha + o(|h|^m)\,.
$$

Hierbei bezeichnet $o(|h|^m)$ eine Funktion $\varphi(h)$, für die $\lim\limits_{h\to 0} \frac{|\varphi(h)|}{|h|^m} = 0$ ist.

Beweis: Mit $h := x - \boldsymbol{\xi}$ gibt es nach Satz 2.5 ein $\vartheta \in [0,1]$, für das

$$
\begin{aligned}
f(\boldsymbol{\xi} + h) \;&=\; \sum_{|\alpha|\le m-1} \frac{D^\alpha f(\boldsymbol{\xi})}{\alpha!} h^\alpha + \sum_{|\alpha|=m} \frac{D^\alpha f(\boldsymbol{\xi} + \vartheta\,h)}{\alpha!} h^\alpha \\
&=\; \sum_{|\alpha|\le m} \frac{D^\alpha f(\boldsymbol{\xi})}{\alpha!} h^\alpha + \sum_{|\alpha|=m} r_\alpha(h)\, h^\alpha\,,
\end{aligned}
$$

wobei

$$r_\alpha(h) = \frac{D^\alpha f(\xi + \vartheta h) - D^\alpha f(\xi)}{\alpha!} \,.$$

Wegen der Stetigkeit von $D^\alpha f$ ist $\lim\limits_{h \to 0} r_\alpha(h) = 0$, und setzt man nun

$$\varphi(h) := \sum_{|\alpha|=m} r_\alpha(h)\, h^\alpha \,,$$

so ist wegen

$$\frac{|h^\alpha|}{|h|^m} = \frac{|h_1^{\alpha_1} h_2^{\alpha_2} \cdots h_n^{\alpha_n}|}{|h|^{\alpha_1} |h|^{\alpha_2} \cdots |h|^{\alpha_n}} = \left(\frac{|h_1|}{|h|}\right)^{\alpha_1} \left(\frac{|h_2|}{|h|}\right)^{\alpha_2} \cdots \left(\frac{|h_n|}{|h|}\right)^{\alpha_n} \leq 1$$

offenbar $\varphi(h) = o(|h|^m)$. $\qquad\qquad\qquad\qquad\qquad\qquad\qquad\qquad\qquad\qquad\qquad\qquad\Box$

Beispiel 2.11 (Approximation zweiter Ordnung) Wir wollen uns nun noch einmal genauer mit dem Fall $m = 2$ beschäftigen. T_2 besteht dann aus dem Absolutglied $f(\xi)$, dem linearen Anteil $\sum\limits_{|\alpha|=1} \frac{D^\alpha f(\xi)}{\alpha!} h^\alpha = \operatorname{grad} f(\xi)\, h$ sowie dem quadratischen Anteil $\sum\limits_{|\alpha|=2} \frac{D^\alpha f(x)}{\alpha!} h^\alpha$, dem wir uns nun zuwenden. Da es genau zwei Arten von n-tupeln $\alpha \in \mathbb{N}_0^n$ mit $|\alpha| = 2$ gibt, nämlich solche, bei denen an der k. Stelle eine 2 steht: $2e_k = (0,\ldots,0,2,0,\ldots,0)$ $(k = 1,\ldots,n)$, und solche, bei denen an zwei verschiedenen Stellen eine 1 auftritt: $e_j + e_k = (0,\ldots,0,1,0,\ldots,0,1,0,\ldots,0)$ $(1 \leq j < k \leq n)$, und da $(2e_k)! = 2$ und $(e_j + e_k)! = 1$ für $j \neq k$, bekommen wir

$$\sum_{|\alpha|=2} \frac{D^\alpha f(\xi)}{\alpha!} h^\alpha = \frac{1}{2} \sum_{k=1}^{n} \frac{\partial^2}{\partial x_k^2} f(\xi)\, h_k^2 + \sum_{1 \leq j < k \leq n} \frac{\partial^2}{\partial x_j\, \partial x_k} f(\xi)\, h_j\, h_k \,.$$

Wegen des Satzes von Schwarz gilt für die letzte Summe auch

$$\sum_{1 \leq j < k \leq n} \frac{\partial^2}{\partial x_j\, \partial x_k} f(\xi)\, h_j\, h_k = \frac{1}{2} \sum_{\substack{j,k=1 \\ j \neq k}}^{n} \frac{\partial^2}{\partial x_j\, \partial x_k} f(\xi)\, h_j\, h_k \,,$$

so daß wir schließlich für den Term zweiter Ordnung[10]

$$\frac{1}{2} \sum_{j,k=1}^{n} \frac{\partial^2}{\partial x_j\, \partial x_k} f(\xi)\, h_j\, h_k = \frac{1}{2}\, h^T H_f(\xi)\, h$$

bekommen, wobei H_f die Hessematrix ist. Insgesamt gilt also die Darstellung

$$f(x) = T_2(x) + o(|h|^2) \tag{2.8}$$

mit

$$T_2(x) = f(\xi) + \operatorname{grad} f(\xi)\, (x - \xi) + \frac{1}{2}\, (x - \xi)^T H_f(\xi)\, (x - \xi) \,.$$

Wir begegnen hier zum ersten Mal einer quadratischen Form. Demnächst werden wir uns ausführlicher mit quadratischen Formen beschäftigen.

---

[10]Mit x^T wird der transponierte Vektor von x bezeichnet.

Sitzung 2.4 (Mehrdimensionale Taylorformel) Mit den DERIVE Funktionen

```
TANGENTIALEBENE(f,x,x0):=LIM(f,x,x0)+LIM(GRAD(f,x),x,x0) . (x-x0)

TAYLORZWEI(f,x,x0):=TANGENTIALEBENE(f,x,x0)+
1/2 (x-x0) . LIM(HESSEMATRIX(f,x),x,x0) . (x-x0)
```

kann man die Taylorapproximation erster und zweiter Ordnung der Funktion f
bezüglich der Variablen $x=[x1,x2,\ldots,xn]$ an der Stelle $x0$ berechnen. Die Taylorapproximation erster Ordnung liefert die rechte Seite der Gleichung der Tangentialebene, während die Taylorapproximation zweiter Ordnung das bestapproximierende
Polynom zweiter Ordnung bzgl. der Variablen $x_1, x_2, \ldots, x_n$ bestimmt. Natürlich
muß zur Definition von `TAYLORZWEI(f,x,x0)` die Funktion `HESSEMATRIX(f,x)` aus
DERIVE-Sitzung 2.2 geladen sein. Wir betrachten einige Beispiele.

DERIVE Eingabe	DERIVE Ausgabe nach $\boxed{\textbf{Expand}}$
`TANGENTIALEBENE(y^x,[x,y],[1,1])`	y ,
`TAYLORZWEI(y^x,[x,y],[1,1])`	$xy - x + 1$,
`TAYLORZWEI(y^x,[x,y],[2,1])`	$xy - x + y^2 - 2y + 2$.

Dagegen berechnet die DERIVE Funktion

```
ITERATIVTAYLOR(f,x,x0,m):=TAYLOR(TAYLOR(
f,ELEMENT(x,1),ELEMENT(x0,1),m),ELEMENT(x,2),ELEMENT(x0,2),m
                                                          )
```

eine iterative Taylorentwicklung von f bezüglich der Variablen $x_1, x_2, \ldots, x_n$. Diese
stimmt gewöhnlich nicht mit der mehrdimensionalen Taylorapproximation überein,
da bei der mehrdimensionalen Taylorapproximation z. B. für $n = 2$ für die Ordnungen der betrachteten Terme $x^j\, y^k$ die Beziehung $j + k \le 2$ gilt, während für die
iterative Taylorentwicklung $j, k \le 2$ zugelassen ist. So haben wir z. B.

DERIVE Eingabe	DERIVE Ausgabe nach $\boxed{\textbf{Expand}}$
`ITERATIVTAYLOR(y^x,[x,y],[1,1],1)`	$xy - x + 1$,
`ITERATIVTAYLOR(y^x,[x,y],[2,1],1)`	$xy - x + 1$,
`ITERATIVTAYLOR(y^x,[x,y],[2,1],2)`	$\dfrac{x^2 y^2}{2} - x^2 y + \dfrac{x^2}{2} - \dfrac{x y^2}{2} + 2xy - \dfrac{3x}{2} + 1$.

ÜBUNGSAUFGABEN

2.14 (Multinomialformel) *Sei* $\alpha = (\alpha_1, \alpha_2, \ldots, \alpha_n)$ *mit* $|\alpha| = m$. *Man zeige,*
daß es genau $\frac{m!}{\alpha_1!\,\alpha_2!\cdots\alpha_n!}$ *m-tupel* $(k_1, k_2, \ldots, k_m)$ *natürlicher Zahlen* $1 \le k_j \le n$
($j = 1, \ldots, n$) gibt, bei denen jede der Zahlen $p = 1, \ldots, n$ *genau* α_p-*mal vorkommt.*
Hinweis: *Zeige durch Induktion, daß für* $(x_1, x_2, \ldots, x_n) \in \mathbb{R}^n$ *und* $m \in \mathbb{N}$ *die*
Multinomialformel gilt

$$(x_1 + x_2 + \cdots + x_n)^m = m! \sum_{|\alpha|=m} \frac{x^\alpha}{\alpha!} \, .$$

2.15 *Man berechne die Taylorapproximationen erster, zweiter und dritter Ordnung für*

(a) $\quad f(x,y) := (x^2 + y^2)e^{xy} \, , \ (\xi,\eta) = \mathbf{0} \, ,$

(b) $\quad f(x,y) := xyz \sin (x + y + z) \, , \ (\xi,\eta,\zeta) = \mathbf{0} \, ,$

(c) $\quad f(x,y,z) := \sqrt{x^2 + y^2 + z^2} \, , \ (\xi,\eta,\zeta) = (1,0,0),$

(d) $\quad f(x,y,z) := \dfrac{1}{\sqrt{x^2 + y^2 + z^2}} \, , \ (\xi,\eta,\zeta) = (1,0,0) \, .$

2.4 Lokale Extrema

Ist eine differenzierbare Funktion $f : D \to \mathbb{R}$ einer Teilmenge $D \subset \mathbb{R}^n$ gegeben, so bekommen wir – wie im Eindimensionalen – zunächst auf einfache Weise eine notwendige Bedingung für ein lokales Extremum: Der Gradient wird Null.

Definition 2.6 (Lokales Extremum) Sei $f : D \to \mathbb{R}$ eine reellwertige Funktion einer Teilmenge $D \subset \mathbb{R}^n$. Eine Stelle $\boldsymbol{\xi} \in D$ heißt *lokales Maximum* von f, wenn die Ungleichung

$$f(\boldsymbol{x}) \leq f(\boldsymbol{\xi})$$

für alle $\boldsymbol{x} \in U$ einer Umgebung $U \subset D$ von $\boldsymbol{\xi}$ gilt. Gilt sogar $f(\boldsymbol{x}) < f(\boldsymbol{\xi})$ für alle $\boldsymbol{x} \in U$, nennen wir das Maximum *isoliert*. Entsprechend heißt $\boldsymbol{\xi}$ *lokales Minimum* von f, wenn die Ungleichung

$$f(\boldsymbol{x}) \geq f(\boldsymbol{\xi})$$

für alle $\boldsymbol{x} \in U$ gilt. Gilt sogar $f(\boldsymbol{x}) > f(\boldsymbol{\xi})$ für alle $\boldsymbol{x} \in U$, sprechen wir von einem isolierten Minimum. Tritt einer dieser beiden Fälle auf, so heißt $\boldsymbol{\xi}$ *lokales Extremum* von f.

Lemma 2.3 (Notwendige Bedingung für ein lokales Extremum) Sei $f : D \subset \mathbb{R}$ eine partiell differenzierbare Funktion einer Teilmenge $D \subset \mathbb{R}^n$. Besitzt f in D ein lokales Extremum $\boldsymbol{\xi}$, so gilt dort

$$\operatorname{grad} f(\boldsymbol{\xi}) = \mathbf{0} \, .$$

Beweis: Da die partielle Funktion $g(t) := f(t,\xi_2,\xi_3,\ldots,\xi_n)$ an der Stelle $t = \xi_1$ ein lokales Extremum hat, ist $g'(\xi_1) = \frac{\partial f}{\partial x_1}(\boldsymbol{\xi}) = 0$ nach Satz I.9.8 (S. I.248). Entsprechendes gilt für die anderen partiellen Ableitungen. $\qquad\square$

Wie im Eindimensionalen gibt es Fälle mit $\operatorname{grad} f(x) = \mathbf{0}$, wo trotzdem kein Extremum vorliegt, z. B. bei der Funktion $f(x, y) = x\,y$ am Ursprung, s. Abbildung 2.4.

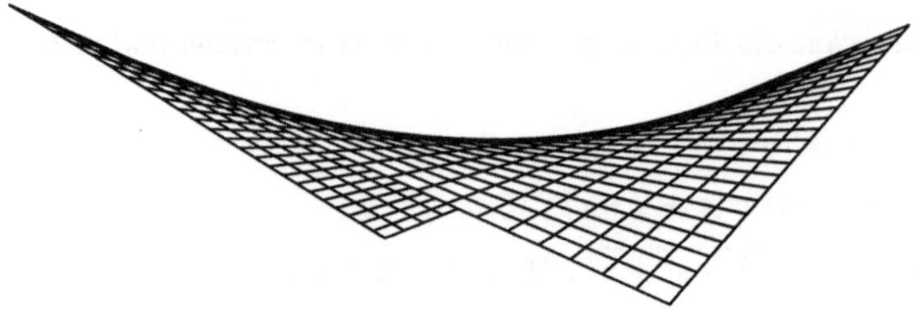

Abbildung 2.4　Die Funktion $f(x, y) = x\,y$ am Ursprung

Um hinreichende Kriterien für lokale Extrema formulieren zu können, beschäftigen wir uns nun etwas genauer mit quadratischen Formen.

Definition 2.7 (Quadratische Form, Definitheit) Ist $A = (a_{jk})_{nn}$ eine symmetrische quadratische Matrix, so nennt man die Funktion $Q_A : \mathbb{R}^n \to \mathbb{R}$ mit

$$Q_A(x) := x^T A x = \sum_{j,k=1}^{n} a_{jk}\, x_j\, x_k$$

die von A erzeugte *quadratische Form*. Die Matrix A bzw. die quadratische Form Q_A heißen *positiv (semi)definit*, falls $Q_A(x) > 0$ $(Q_A(x) \geq 0)$ für alle $x \in \mathbb{R}^n$, *negativ (semi)definit*, falls $Q_A(x) < 0$ $(Q_A(x) \leq 0)$ für alle $x \in \mathbb{R}^n$ und *indefinit*, falls keiner dieser Fälle vorliegt. $\triangle$

Wir zeigen zunächst, daß quadratische Formen differenzierbar und damit stetig sind.

Lemma 2.4 Sei $A = (a_{jk})_{nn}$ eine symmetrische quadratische Matrix, dann ist die zugehörige quadratische Form Q_A differenzierbar mit $Q'_A(x) = 2\,A\,x$.

Beweis:　Wir haben

$$\begin{aligned} Q_A(x + h) &= (x + h)^T A (x + h) = (x + h)^T (Ax + Ah) \\ &= x^T A x + h^T A x + x^T A h + h^T A h \\ &= Q_A(x) + 2\,x^T A h + h^T A h\,. \end{aligned}$$

Mit (1.6) folgt

$$|h^T A h| \leq |h|\,|A h| \leq \|A\|\,|h|^2$$

und daher $h^T A h = o(|h|)$. Folglich ist $Q'_A(x) = 2\,x^T A = 2\,A\,x$.　　　　$\square$

Ob an einer Stelle ξ mit $\operatorname{grad} f(\xi) = \mathbf{0}$ ein Extremum vorliegt, hängt von der Definitheit der Hessematrix ab.

Satz 2.6 (Hinreichende Bedingung für ein Extremum) Sei $f : D \to \mathbb{R}$ zweimal stetig differenzierbar in der Teilmenge $D \subset \mathbb{R}^n$, sei $\xi \in D$ mit $\operatorname{grad} f(\xi) = \mathbf{0}$. Dann gilt:

(a) Ist $H_f(\xi)$ positiv definit, so hat f an der Stelle ξ ein isoliertes lokales Minimum,

(b) ist $H_f(\xi)$ negativ definit, so hat f an der Stelle ξ ein isoliertes lokales Maximum,

(c) ist $H_f(\xi)$ indefinit, so hat f an der Stelle ξ kein lokales Extremum.

Beweis: Gemäß (2.8) gilt

$$f(x) = f(\xi) + \frac{1}{2}(x - \xi)^T H_f(\xi)(x - \xi) + \varphi(h) \qquad \left(\varphi(h) = o(|h|^2)\right) .$$

Zu jedem vorgegebenen $\varepsilon > 0$ gibt es also ein $\delta > 0$ derart, daß $|\varphi(h)| \leq \varepsilon |h|^2$ für alle $|h| \leq \delta$.

(a) Sei nun $H_f(\xi)$ positiv definit. Da die Einheitssphäre $S := \partial B(0,1)$ des $\mathbb{R}^n$ kompakt ist, nimmt die von $H_f(\xi)$ erzeugte quadratische Form wegen ihrer Stetigkeit auf S ihr Minimum an. Da aber $e^T H_f(\xi) e > 0$ ist für alle $e \in S$, ist

$$\alpha := \min_{e \in S} e^T H_f(\xi) e = \inf_{e \in S} e^T H_f(\xi) e > 0 .$$

Sei nun $h \in \mathbb{R}^n \setminus \{0\}$ gegeben. Dann ist $e := h/|h| \in S$ und somit $e^T H_f(\xi) e \geq \alpha$. Die Ungleichung

$$h^T H_f(\xi) h = |h|^2 e^T H_f(\xi) e \geq \alpha |h|^2$$

gilt also auf Grund der Herleitung für $h \neq 0$, und für $h = 0$ ist sie trivialerweise erfüllt.

Wählt man nun δ so klein, daß $|\varphi(h)| \leq \frac{\alpha}{4}|h|^2$ für alle $|h| \leq \delta$, dann folgt mit $h = x - \xi$

$$f(x) = f(\xi) + \frac{1}{2} h^T H_f(\xi) h + \varphi(h) \geq f(\xi) + \frac{\alpha}{4}|h|^2$$

und insbesondere $f(x) > f(\xi)$. Die Aussage (b) folgt entsprechend.

(c) Ist nun $H_f(\xi)$ indefinit, gibt es zwei Punkte $h_1, h_2 \in \mathbb{R}^n \setminus \{0\}$, wo $h_1^T H_f(\xi) h_1 =: \alpha_1 > 0$ und $h_2^T H_f(\xi) h_2 =: \alpha_2 < 0$ gilt. Dann ist aber für genügend kleines t

$$f(\xi + t h_1) = f(\xi) + \frac{1}{2}(t h_1)^T H_f(\xi)(t h_1) + \varphi(t h_1) = f(\xi) + \frac{\alpha_1}{2} t^2 + \varphi(t h_1)$$

mit $\varphi(t h_1) \leq \frac{\alpha_1}{4} t^2$. Folglich ist

$$f(\xi + t h_1) > f(\xi)$$

für genügende kleine t. Da analog auch $f(\xi + t h_2) < f(\xi)$ folgt, liegt kein lokales Extremum vor. $\qquad\Box$

Beispiel 2.12 (Quadriken) Wir betrachten zunächst die Funktion $f(x,y) = x^2 + y^2$, deren Graph ein Paraboloid mit der Gleichung $z = x^2 + y^2$ darstellt. Unter Verwendung des $\boxed{\texttt{Plot}}$ Befehls kann man – wie im Anhang des Bands *Mathematik mit DERIVE* (Kapitel I.13) beschrieben – zweidimensionale Projektionen der dreidimensionalen Graphen von Funktionen $f : \mathbb{R}^2 \to \mathbb{R}$ darstellen. Man sehe sich den

Graphen des Paraboloids also einmal an, vgl. Abbildung 2.5.

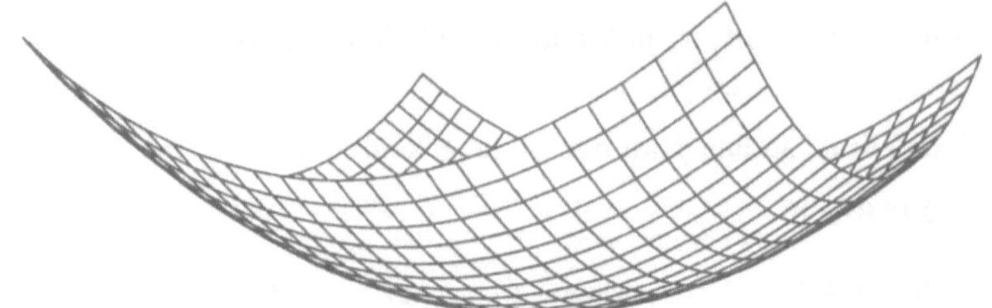

Abbildung 2.5 Die Darstellung eines Paraboloids

Offenbar hat das Paraboloid ein globales Minimum am Ursprung. Daß am Ursprung wirklich ein lokales Minimum vorliegt, sehen wir an

$$\operatorname{grad} f(x,y) = (2x, 2y) \ , \qquad \text{also} \qquad \operatorname{grad} f(0,0) = 0$$

sowie

$$H_f(x,y) = \begin{pmatrix} 2 & 0 \\ 0 & 2 \end{pmatrix} \ , \qquad \text{also insbesondere} \qquad H_f(0,0) = \begin{pmatrix} 2 & 0 \\ 0 & 2 \end{pmatrix} \ .$$

Hier sehen wir mit bloßem Auge, daß $H_f(0,0)$ positiv definit ist, also ein lokales Minimum vorliegt. Im allgemeinen ist diese Entscheidung schwieriger zu treffen.

In DERIVE-Sitzung 2.5 wird ein Algorithmus zur Bestimmung der Definitheit einer symmetrischen quadratischen Matrix vorgestellt, der sich auch leicht mit DERIVE programmieren läßt.

Wir betrachten weiter die zu einer Sattelfläche gehörende Funktion $g(x,y) = x^2 - y^2$. Auch für g gilt $\operatorname{grad} g(0,0) = 0$, aber g hat kein Extremum am Ursprung, wie man auch durch eine Graphik nachvollziehen kann, welche Abbildung 2.6 ähnelt.

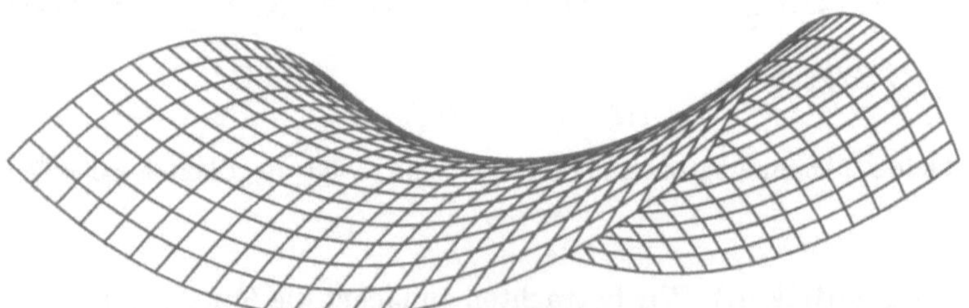

Abbildung 2.6 Die Darstellung einer Sattelfläche

Die Hessematrix ist in diesem Fall

$$H_g(x,y) = \begin{pmatrix} 2 & 0 \\ 0 & -2 \end{pmatrix} \ , \qquad \text{also insbesondere} \qquad H_g(0,0) = \begin{pmatrix} 2 & 0 \\ 0 & -2 \end{pmatrix}$$

indefinit.

Sitzung 2.5 Die folgende DERIVE Funktion EXTREMWERTTEST(f,x,x0) testet, ob
die Funktion f der Variablen x=[x1,x2,...,xn] an der Stelle x0 ein Maximum, ein
Minimum oder kein Extremum hat. Dabei wird die Definitheit der Hessematrix mit
einem Verfahren der linearen Algebra festgestellt (wie?).

```
UNTERMATRIX(a,n):=VECTOR(VECTOR(ELEMENT(ELEMENT(a,j),k),k,1,n),j,1,n)

DEFINITHEIT(a):=
IF(DET(a)=0,
   0,
   IF(ELEMENT(ELEMENT(a,1),1)>0 AND
      SUM(SIGN(DET(UNTERMATRIX(a,k_))),k_,1,DIMENSION(a))=DIMENSION(a),
      1,
      IF(ELEMENT(ELEMENT(a,1),1)<0 AND
      SUM(SIGN(DET(UNTERMATRIX(-a,k_))),k_,1,DIMENSION(a))=DIMENSION(a),
        -1,
         0
        ),
      -2
    )
  )

EXTREMWERTTEST_AUX(f,x,x0,aux):=
IF(SUM(ABS(LIM(DIF(f,ELEMENT(x,k_)),x,x0)),k_,1,DIMENSION(x))=0,
   IF(aux=1,
      "lokales Minimum",
      IF(aux=-1,
         "lokales Maximum",
         "kein lokales Extremum"
        )
     ),
   "keine Nullstelle des Gradienten"
  )

EXTREMWERTTEST(f,x,x0):=
EXTREMWERTTEST_AUX(f,x,x0,DEFINITHEIT(LIM(HESSEMATRIX(f,x),x,x0)))
```

Man erhält z. B. für die folgenden Paraboloide, Kugeln und Hyperboloide

DERIVE Eingabe	DERIVE Ausgabe
EXTREMWERTTEST(x^2+y^2,[x,y],[0,0])	"lokales Minimum"
EXTREMWERTTEST(1-x^2-y^2,[x,y],[0,0])	"lokales Maximum"
EXTREMWERTTEST(x^2-y^2,[x,y],[0,0])	"kein lokales Extremum"
EXTREMWERTTEST(SQRT(1-x^2-y^2),[x,y],[0,0])	"lokales Maximum"
EXTREMWERTTEST(SQRT(1-x^2+y^2),[x,y],[0,0])	"kein lokales Extremum"

Man stelle die Graphen der betrachteten Funktionen mit DERIVE dreidimensional dar, um die Ergebnisse geometrisch zu veranschaulichen!

ÜBUNGSAUFGABEN

2.16 *Man zeige durch Betrachtung der Funktionen $f : \mathbb{R}^2 \to \mathbb{R}$ mit*

(a) $f(x,y) := x^2 + y^4$,   (b) $f(x,y) := x^2$,   (c) $f(x,y) := x^2 + y^3$,

daß im Falle der Semidefinitheit der Hessematrix keine allgemeinen Aussagen über lokale Extrema gemacht werden können.

◇ **2.17** *Man verwende die in DERIVE-Sitzung 2.5 erklärten DERIVE Funktionen, um genaue Aussagen über die lokalen Extrema der folgenden Funktionen $f : \mathbb{R}^2 \to \mathbb{R}$ zu machen und stelle die Funktionen mit DERIVE graphisch dar.*

(a) $f(x,y) := \dfrac{1}{9 + x^2 + y^2}$,   (b) $f(x,y) := -\dfrac{y}{9 + x^2 + y^2}$,

(c) $f(x,y) := \dfrac{y^2 + \frac{1}{10}}{x^2 + y^2 + \frac{1}{10}}$,   (d) $f(x,y) := \dfrac{\cos \frac{x^2+y^2}{4}}{3 + x^2 + y^2}$,

(e) $f(x,y) := y\,(3x^2 - y^2)$,   (f) $f(x,y) := e^{-\frac{x}{9}} \left(\dfrac{\pi}{2} - \arctan y \right)$.

◇ **2.18** *Man verwende die in DERIVE-Sitzung 2.5 erklärten DERIVE Funktionen, um genaue Aussagen über die lokalen Extrema der folgenden Funktionen $f : \mathbb{R}^2 \to \mathbb{R}$ zu machen und stelle die Funktionen mit DERIVE graphisch dar.*

(a) $f(x,y) := x + y^3 - y$,   (b) $f(x,y) := x + y^3 - y + x^2$,

(c) $f(x,y) := -\cos \dfrac{3\pi x}{10} \cos \dfrac{\pi y}{10}$,   (d) $f(x,y) := \dfrac{50}{50 + (\sqrt{x^2 + y^2} - 4)^2}$,

(e) $f(x,y) := \dfrac{1}{9 + x^2 + (y - 3)^2} + \dfrac{1}{9 + x^2 + (y + 3)^2}$.

2.19 *Zeige: Die Hessematrix H_f einer Funktion $f : D \to \mathbb{R}$ einer Teilmenge $D \subset \mathbb{R}^2$ ist genau dann indefinit, falls $f_{xx}\,f_{yy} - f_{xy}^2 < 0$ ist.*

3 Implizite Funktionen und Iteration

3.1 Implizite Funktionen zweier Variablen

Häufig sind Funktionen nur implizit gegeben. Beispielsweise definiert die Kreisgleichung $F(x, y) = x^2 + y^2 - 1 = 0$ zwei explizite Funktionen $g_\pm$ durch Auflösen der Kreisgleichung nach y, nämlich $y = g_\pm(x) = \pm\sqrt{1 - x^2}$. Ist ein Punkt (ξ, η) des Graphen der Kreisgleichung mit $\eta \neq 0$ gegeben, dann gibt es genau eine explizite Lösung der impliziten Kreisgleichung, nämlich g_+ bzw. g_-, die in einer ganzen Umgebung von ξ gültig ist und eine stetige, ja sogar differenzierbare Funktion darstellt. Man wird nun zwar im allgemeinen Fall nicht erwarten können, daß für jede implizit gegebene Funktion eine explizite Auflösung gelingt, z. B. ist dies bekanntlich schon bei Polynomgleichungen vom Grad größer als 4 i. a. nicht mehr möglich, aber man fragt sich, ob eine implizite Funktion generell den Graphen einer Funktion repräsentiert. Dies wird im allgemeinen, wie schon das betrachtete Beispiel lehrt, nur lokal, d. h. in einer Umgebung von ξ möglich sein. Unter recht geringen Voraussetzungen an die darstellende implizite Gleichung ist dies tatsächlich der Fall. Wir formulieren und beweisen diesen wichtigen Sachverhalt, den man den *Satz über implizite Funktionen* nennt, zunächst einmal für den einfachsten Fall, nämlich dem zweier Variablen.

Satz 3.1 (Lokale Auflösbarkeit impliziter Funktionen) Sei $F : D \to \mathbb{R}$ eine stetige Funktion der offenen Teilmenge $D \subset \mathbb{R}^2$ mit $F(\xi, \eta) = 0$ an der Stelle $(\xi, \eta) \in D$, die streng monoton wachsend (oder fallend) bzgl. der zweiten Variablen y sei. Dann gibt es ein Rechteck $R := I \times J = [\xi - \alpha, \xi + \alpha] \times [\eta - \beta, \eta + \beta] \subset D$ $(\alpha, \beta > 0)$ und eine in I stetige Funktion $g : I \to \mathbb{R}$ mit den Eigenschaften

$$F(x, g(x)) = 0 \quad \text{für } x \in I \quad \text{und} \quad F(x, y) \neq 0 \quad \text{sonst in } R \,.$$

Ist darüberhinaus F stetig differenzierbar in D, dann ist g stetig differenzierbar in I mit

$$g'(x) = -\frac{F_x(x, g(x))}{F_y(x, g(x))} \,. \tag{3.1}$$

Beweis: Wir betrachten o. B. d. A. den Fall, daß F streng wächst. Da D offen ist, gibt es ein $r > 0$ mit $B(\xi, \eta, r) \subset D$. Sei nun $\beta := \frac{r}{2}$. Dann sind wegen des strengen Wachstums von F bzgl. y die Funktionswerte

$$F(\xi, \eta - \beta) < 0 \quad \text{sowie} \quad F(\xi, \eta + \beta) > 0 \,.$$

Wegen der Stetigkeit von F bzgl. x gibt es ferner eine Zahl $\alpha > 0$, so daß $F(x, \eta - \beta) < 0$ sowie $F(x, \eta + \beta) > 0$ für alle $x \in I := [\xi - \alpha, \xi + \alpha]$ ist. Die Funktion F ist also negativ auf der unteren Seite des Rechtecks $R := I \times J = [\xi - \alpha, \xi + \alpha] \times [\eta - \beta, \eta + \beta] \subset D$ und positiv auf der oberen Seite von R. Da F bzgl. der Variablen y stetig und streng wachsend ist, gibt es auf Grund des Zwischenwertsatzes für stetige Funktionen für jedes $x \in I$ genau ein $y =: g(x)$ mit $F(x, y) = F(x, g(x)) = 0$. Dadurch wird also $g : I \to \mathbb{R}$ auf I erklärt.

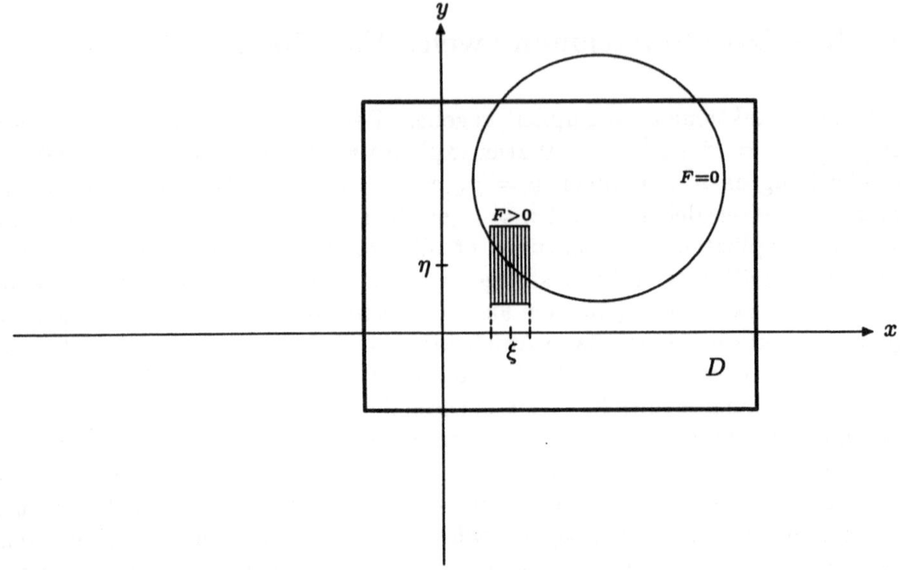

Abbildung 3.1   Zur Konstruktion der Funktion g

Wir zeigen nun die Stetigkeit von g. Sei $x \in I$ und $\varepsilon > 0$ gegeben. Dann gelten wegen der Monotonie von F die Beziehungen $F(x, g(x) - \varepsilon) < 0$ sowie $F(x, g(x) + \varepsilon) > 0$. Folglich gibt es ein $\delta > 0$ derart, daß

$$F(\widetilde{x}, g(x) - \varepsilon) < 0 < F(\widetilde{x}, g(x) + \varepsilon)$$

für alle $\widetilde{x}$ in einer δ-Umgebung von x. Wegen $F(\widetilde{x}, g(\widetilde{x})) = 0$ und der Monotonie von F heißt das aber, daß

$$g(x) - \varepsilon < g(\widetilde{x}) < g(x) + \varepsilon \,,$$

und damit ist g stetig an der Stelle x.

Die Ausführung des Beweises der Differenzierbarkeit unter den angegebenen Bedingungen lassen wir als Übungsaufgabe 3.1.[1] Daß g dann die angegebene Ableitung (3.1) hat, folgt direkt aus der mehrdimensionalen Kettenregel durch Ableiten der Beziehung $F(x, g(x)) = 0$:

$$F_x(x, g(x)) + F_y(x, g(x)) g'(x) = 0 \,. \qquad \qquad \square$$

Wir haben sofort das folgende

---

[1] Mit stärkeren Mitteln werden wir in § 3.3 dieselbe Fragestellung in einem allgemeineren Zusammenhang erneut beweisen.

Korollar 3.1 Sei $F : D \to \mathbb{R}$ eine stetig differenzierbare Funktion der offenen Teilmenge $D \subset \mathbb{R}^2$ mit $F(\xi, \eta) = 0$ an der Stelle $(\xi, \eta) \in D$, für die $F_y(\xi, \eta) \neq 0$ ist. Dann gibt es ein Rechteck $R := I \times J = [\xi - \alpha, \xi + \alpha] \times [\eta - \beta, \eta + \beta] \subset D$ $(\alpha, \beta > 0)$ und eine in I stetig differenzierbare Funktion $g : I \to \mathbb{R}$ mit den Eigenschaften

$$F(x, g(x)) = 0 \quad \text{für } x \in I \quad \text{und} \quad F(x, y) \neq 0 \quad \text{sonst in } R$$

und der Ableitungsregel

$$(3.1) \qquad g'(x) = -\frac{F_x(x, g(x))}{F_y(x, g(x))} \, .$$

Beweis: Die Funktion F als Funktion der Variablen y (bei konstantgehaltenem x) ist in einer Umgebung von η stetig differenzierbar und hat dort eine Ableitung verschieden von Null. Somit ist die Ableitung in einer (eventuell kleineren) Umgebung verschieden von Null, und damit ist F streng monoton, und die Aussage folgt direkt aus Satz 3.1. $\qquad \square$

Beispiel 3.1 (Taylorentwicklung impliziter Funktionen) Ist z. B. $y = g(x)$ implizit durch $F(x, y) := y \, e^y - x = 0$ gegeben, so gilt

$$g'(x) = -\frac{F_x(x, y)}{F_y(x, y)} = \frac{1}{(1 + y) \, e^y} =: F_1(x, y)\bigg|_{y = g(x)} \, . \qquad (3.2)$$

In der Praxis ist es u. U. einfacher, mit Kenntnis der Existenz der differenzierbaren Funktion g eindimensional implizit zu differenzieren, s. § I.9.6 (S. I.249). In unserem Fall leiten wir die Gleichung

$$F(x, g(x)) = g(x) \, e^{g(x)} - x = 0$$

ab und bekommen mit der eindimensionalen Kettenregel

$$\left(g(x) \, e^{g(x)} - x \right)' = g'(x) \, (1 + g(x)) \, e^{g(x)} - 1 = 0 \, ,$$

oder nach $g'(x)$ aufgelöst

$$g'(x) = \frac{1}{(1 + g(x)) \, e^{g(x)}} \qquad (3.3)$$

entsprechend (3.2). Wir stellen fest, daß dieses Verfahren durch Satz 3.1 nun seine Rechtfertigung findet.

Eine induktive Anwendung des Satzes über implizite Funktionen zeigt, daß die explizite Funktion g so oft stetig differenzierbar ist, wie F stetig differenzierbar ist. Ist insbesondere F beliebig oft partiell differenzierbar, so ist auch g beliebig oft differenzierbar. Die höheren Ableitungen kann man durch sukzessives Differenzieren bestimmen. Zum Beispiel bekommen wir durch erneutes Ableiten von (3.3)

$$g''(x) = -\frac{(2 + g(x)) \, g'(x)}{(1 + g(x))^2 \, e^{g(x)}}$$

und nach Einsetzen von (3.3) schließlich

$$g''(x) = -\frac{(2 + g(x))}{(1 + g(x))^3\, e^{2g(x)}} \, . \tag{3.4}$$

Dasselbe Ergebnis kann natürlich auch mit der mehrdimensionalen Kettenregel erzielt werden. Wir haben nämlich mit (3.2)

$$\begin{aligned}
g''(x) &= \frac{\partial F_1}{\partial x}(x,y) + \frac{\partial F_1}{\partial y}(x,y)\, g'(x) \\[2mm]
&= \frac{\partial F_1}{\partial x}(x,y) + \frac{\partial F_1}{\partial y}(x,y)\, F_1(x,y) =: F_2(x,y)\Big|_{y=g(x)} \,,
\end{aligned}$$

(man rechne nach, daß sich mit dieser Methode ebenfalls (3.4) ergibt!) und allgemein

$$g^{(n+1)}(x) = \frac{\partial F_n}{\partial x}(x,y) + \frac{\partial F_n}{\partial y}(x,y)\, F_1(x,y) =: F_{n+1}(x,y)\Big|_{y=g(x)} \, .$$

Man findet nun zwar keine explizite Darstellung von g in einer Umgebung von $x = 0$ mit $g(0) = 0$, aber man kann mit Hilfe des eindimensionalen Satzes von Taylor wenigstens iterativ Taylorapproximationen bestimmen. Zum Beispiel ergibt sich das Taylorpolynom zweiten Grades unserer Beispielfunktion g durch Einsetzen von $x = 0$ in (3.3) und (3.4), d. h.

$$g'(0) = 1 \qquad \text{sowie} \qquad g''(0) = -2 \, ,$$

zu

$$g(x) = g(0) + \frac{g'(0)}{1!}\, x + \frac{g''(0)}{2!}\, x^2 + o(x^2) = x - x^2 + o(x^2) \, .$$

Sitzung 3.1 Offenbar ist es mühselig, höhere Ordnungen der Taylorapproximation zu berechnen. Dies wollen wir lieber DERIVE überlassen. Das Taylorpolynom n. Ordnung an der Stelle (x_0, y_0) des Graphen von g ist ja gegeben durch

$$y_0 + \sum_{k=1}^{n} \frac{g^{(k)}(x_0)}{k!}\, (x - x_0)^k \, ,$$

was wir durch die DERIVE Funktion

```
IMPLIZIT_TAYLOR_AUX(f,x,y,x0,y0,n,aux):=
y0+SUM(LIM(LIM(ELEMENT(aux,k_),y,y0),x,x0)/k_! (x-x0)^k_,k_,1,n)
```

ausdrücken, wobei der Hilfsausdruck **aux** für die Liste der Ableitungen $g', g'', \ldots, g^{(n)}$ steht. Mit **ystrich** $:= y' = -\frac{F_x(x,g(x))}{F_y(x,g(x))}$ bekommt man durch Anwendung der mehrdimensionalen Kettenregel gemäß der Vorschrift

```
ITERATES(DIF(g_,y)*ystrich+DIF(g_,x),g_,ystrich,n-1)
```

diese Ableitungsliste $(g', g'', \ldots, g^{(n)})$. Also vervollständigen die DERIVE Funktionen

```
IMPLIZIT_TAYLOR_YSTRICH(f,x,y,x0,y0,n,ystrich):=
IMPLIZIT_TAYLOR_AUX(f,x,y,x0,y0,n,
ITERATES(DIF(g_,y)*ystrich+DIF(g_,x),g_,ystrich,n-1))

IMPLIZIT_TAYLOR(f,x,y,x0,y0,n):=
IMPLIZIT_TAYLOR_YSTRICH(f,x,y,x0,y0,n,-DIF(f,x)/DIF(f,y))
```

das Programm. [2] IMPLIZIT_TAYLOR(f,x,y,x0,y0,n) berechnet demnach das Taylorpolynom n. Grades der durch $F(x,y) = 0$ erklärten impliziten Funktion $y = g(x)$ am Entwicklungspunkt (x_0, y_0).

Wir erhalten z. B.

DERIVE Eingabe $\qquad\qquad\qquad\qquad$ DERIVE Ausgabe nach $\boxed{\textbf{Expand}}$

`IMPLIZIT_TAYLOR(y EXP(y)-x,x,y,0,0,5)` $\qquad$ $\dfrac{125\,x^5}{24} - \dfrac{8\,x^4}{3} + \dfrac{3\,x^3}{2} - x^2 + x$,

`IMPLIZIT_TAYLOR(x^2+y^2-1,x,y,0,1,8)` $\qquad$ $-\dfrac{5\,x^8}{128} - \dfrac{x^6}{16} - \dfrac{x^4}{8} - \dfrac{x^2}{2} + 1$,

`IMPLIZIT_TAYLOR(x^2+y^3-1,x,y,0,1,8)` $\qquad$ $-\dfrac{10\,x^8}{243} - \dfrac{5\,x^6}{81} - \dfrac{x^4}{9} - \dfrac{x^2}{3} + 1$,

`IMPLIZIT_TAYLOR(x+y^3-y,x,y,0,0,8)` $\qquad$ $12\,x^7 + 3\,x^5 + x^3 + x$,

`IMPLIZIT_TAYLOR(x+y^3-y,x,y,0,1,4)` $\qquad$ $-\dfrac{105\,x^4}{128} - \dfrac{x^3}{2} - \dfrac{3\,x^2}{8} - \dfrac{x}{2} + 1$,

`IMPLIZIT_TAYLOR(x+y^3-y,x,y,0,-1,4)` $\qquad$ $\dfrac{105\,x^4}{128} + \dfrac{x^3}{2} + \dfrac{3\,x^2}{8} + \dfrac{x}{2} - 1$.

Insbesondere sind inverse Funktionen implizite Funktionen. Für das Taylorpolynom vom Grad n der inversen Funktion $g^{-1}(x)$ von $g(y)$ am Ursprung haben wir generell

```
INVERSE_TAYLOR(g,y,x,n):=
IF(LIM(DIF(g,y),y,0)=0,
   "Taylorpolynom existiert nicht",
   IMPLIZIT_TAYLOR(g-x,x,y,LIM(g,y,0),0,n),
   IMPLIZIT_TAYLOR(g-x,x,y,LIM(g,y,0),0,n)
)
```

und insbesondere

DERIVE Eingabe $\qquad\qquad\qquad\qquad$ DERIVE Ausgabe nach $\boxed{\textbf{Expand}}$

`INVERSE_TAYLOR(y EXP(y),y,x,6)` $\qquad$ $-\dfrac{54\,x^6}{5} + \dfrac{125\,x^5}{24} - \dfrac{8\,x^4}{3} + \dfrac{3\,x^3}{2} - x^2 + x$,

`INVERSE_TAYLOR(EXP(x)-1,x,y,5)` $\qquad$ $\dfrac{y^5}{5} - \dfrac{y^4}{4} + \dfrac{y^3}{3} - \dfrac{y^2}{2} + y$,

---

[2]Diese Funktionen wurden von Soft Warehouse, Inc. übernommem und stehen ab Version 2.59 in leicht abgewandelter Form in der Datei `TAYLOR.MTH` zur Verfügung.

`INVERSE_TAYLOR(SQRT(x),x,y,5)`	y^2 ,
`INVERSE_TAYLOR(x^2,x,y,5)`	"Taylorpolynom existiert nicht" ,
`INVERSE_TAYLOR(-LN(1-x),x,y,5)`	$\dfrac{y^5}{120} - \dfrac{y^4}{24} + \dfrac{y^3}{6} - \dfrac{y^2}{2} + y$,
`INVERSE_TAYLOR(SIN(x),x,y,10)`	$\dfrac{35\,y^9}{1152} + \dfrac{5\,y^7}{112} + \dfrac{3\,y^5}{40} + \dfrac{y^3}{6} + y$.

ÜBUNGSAUFGABEN

⋆ **3.1** *Man zeige, daß unter der zusätzlichen Voraussetzungen der stetigen Differenzierbarkeit von F die in Satz 3.1 erklärte Funktion f stetig differenzierbar ist in I mit der Ableitungsregel (3.1).*

3.2 *Die Funktion*

$$F(x,y) := y^n + a_{n-1}(x)\,y^{n-1} + \cdots + a_1(x)\,y + a_0(x)$$

ist ein Polynom (bzgl. y) mit variablen Koeffizienten. Wir nehmen an, die Koeffizientenfunktionen $a_k(x)$ $(k = 0, \ldots, n-1)$ seien auf $\mathbb{R}$ stetig differenzierbar. An einer Stelle $(\xi, \eta) \in \mathbb{R}^2$ habe F eine Nullstelle, d. h. $F(\xi, \eta) = 0$, und es sei $\frac{\partial F(\xi, \eta)}{\partial y} \neq 0$. Dann besitzt $F(x,y)$ in einer hinreichend kleinen Umgebung von ξ Nullstellen $y(x)$, und die Funktion $y(x)$ ist stetig differenzierbar. (Man sagt, die Nullstellen hängen stetig differenzierbar von den Koeffizienten ab).

◇ **3.3** *Man löse die implizite Funktion $x + y^3 - y = 0$, deren Taylorentwicklung am Ursprung in* DERIVE-*Sitzung 3.1 betrachtet worden war, mit* `soLve` *nach y auf und finde den richtigen Lösungszweig heraus, der dem Punkt $(0,0)$ entspricht. Berechne dessen Taylorentwicklung 8. Grades direkt und vergleiche die Resultate. Zeige schließlich, daß die implizite Funktion ungerade ist und ihre Taylorentwicklung lauter ganzzahlige Koeffizienten hat.*

3.2 Iteration in metrischen Räumen

In diesem Abschnitt behandeln wir ein allgemeines Fixpunktprinzip, das für viele Bereiche der Analysis bedeutsam ist. Insbesondere wird es uns ermöglichen, im nächsten Abschnitt die Frage impliziter Funktionen mehrerer Variablen genauer zu untersuchen. Man nennt dieses Prinzip den *Banachschen Fixpunktsatz*, da BANACH als erster seine breite Anwendbarkeit erkannte. Den ersten Beweis dieses Satzes gaben unabhängig voneinander PICARD[3] und LINDELÖF[4] bei der Betrachtung der Lösbarkeit von Differentialgleichungen – eine Anwendung, die wir in Kapitel 4 ebenfalls betrachten werden.

---

[3] ÉMILE PICARD [1856–1941]
[4] ERNST LINDELÖF [1870–1946]

Da wir den Banachschen Fixpunktsatz nur in Banachräumen anwenden werden, verwenden wir die übliche Betragsschreibweise $\|y - x\| = |y - x| := d(y, x)$.

Satz 3.2 (Banachscher Fixpunktsatz) Sei $D \subset M$ eine abgeschlossene Teilmenge eines vollständigen metrischen Raums M und sei $f : D \to D$ *kontrahierend*, d.h., es gebe eine Zahl $\lambda < 1$ derart, daß für alle $x, y \in D$ die Beziehung

$$|f(y) - f(x)| \le \lambda\, |y - x| \tag{3.5}$$

gilt. Dann hat f genau einen *Fixpunkt* $\xi \in D$, d.h., für ξ gilt die Gleichung

$$\xi = f(\xi)\,.$$

Beweis: Der Beweis verläuft konstruktiv durch *sukzessive Approximation* von ξ. Wir betrachten nämlich die Punktfolge $(x_n)_{n \in \mathbb{N}_0}$, die rekursiv durch

$$x_{n+1} := f(x_n)$$

bei beliebigem Anfangspunkt $x_0 \in D$ gegeben ist. Definitionsgemäß sind alle $x_n \in D$. Wir beweisen zunächst durch Induktion die Abschätzung

$$|x_{n+1} - x_n| \le \lambda^n\, |x_1 - x_0|\,. \tag{3.6}$$

Der Induktionsanfang für $n = 0$ ist trivial. Gilt andererseits (3.6) für ein $n \in \mathbb{N}$, so folgt mit (3.5)

$$|x_{n+2} - x_{n+1}| = |f(x_{n+1}) - f(x_n)| \le \lambda\, |x_{n+1} - x_n| \le \lambda^{n+1}\, |x_1 - x_0|\,,$$

und die Induktion ist vollständig. Ferner folgt ebenfalls aus (3.5) und der Dreiecksungleichung für beliebige $x, y \in D$ weiter

$$\begin{aligned}
|y - x| &= |y - f(y) + f(y) - f(x) + f(x) - x| \\
&\le |y - f(y)| + |f(y) - f(x)| + |f(x) - x| \\
&\le |y - f(y)| + \lambda\, |y - x| + |f(x) - x|
\end{aligned}$$

und folglich wegen $\lambda \in (0, 1)$ die Beziehung

$$|y - x| \le \frac{1}{1 - \lambda}\Big(|f(y) - y| + |f(x) - x|\Big)\,. \tag{3.7}$$

Als erste Konsequenz bekommen wir hieraus die Eindeutigkeit eines möglichen Fixpunkts: Sind nämlich x und y Fixpunkte von f, so folgt aus (3.7) $|y - x| = 0$, also $y = x$.

Setzt man in (3.7) ferner $x := x_n$ und $y := x_{n+p}$ ($p \in \mathbb{N}$) ein, so erhält man zusammen mit (3.6)

$$\begin{aligned}
|x_{n+p} - x_n| &\le \frac{1}{1 - \lambda}\Big(|x_{n+p+1} - x_{n+p}| + |x_{n+1} - x_n|\Big) \\
&\le \frac{1}{1 - \lambda}\left(\lambda^{n+p} + \lambda^n\right) |x_1 - x_0| \le C\, \lambda^n
\end{aligned}$$

mit $C := (1 + \lambda^p)/(1 - \lambda)\, |x_1 - x_0|$. Wegen $\lambda < 1$ strebt also $|x_{n+p} - x_n| \to 0$, d.h., $(x_n)_n$ ist eine Cauchyfolge. Da M vollständig ist, gibt es somit ein $\xi \in M$ mit $x_n \to \xi$, und wegen der Abgeschlossenheit von D liegt $\xi \in D$. Es bleibt zu zeigen, daß ξ wirklich ein Fixpunkt von f ist. Wegen (3.5) ist f aber stetig, und das Resultat folgt durch Grenzübergang für $n \to \infty$ aus der definierenden Beziehung $x_{n+1} = f(x_n)$. Damit sind sowohl Existenz als auch Eindeutigkeit des Fixpunkts gezeigt. $\qquad\square$

Bemerkung 3.1 Wir bemerken noch, daß aus (3.7) für die Iterationsfolge $(x_n)_n$ die Ungleichung ($x := x_n$, $y := \xi$)

$$|x_n - \xi| \le \frac{1}{1 - \lambda} |x_n - x_{n+1}| \le \frac{\lambda^n}{1 - \lambda} |x_1 - x_0|$$

folgt.

Beispiel 3.2 (Eindimensionaler Fall) Ist speziell $M = \mathbb{R}$, so geht es um die iterative Anwendung einer reellen Funktion. Drückt man beispielsweise bei einem Taschenrechner (bei beliebigem Anfangswert) laufend die cos-Taste, so entsteht eine Folge von Zahlenwerten, die schließlich konvergiert. Hier ist $f(x) = \cos x$, und wir generieren in der Tat die Folge

$$x_{n+1} = f(x_n) = \cos x_n \ .$$

Wegen der Identität (s. Übungsaufgabe I.5.16 (d), S. I.132)

$$\cos y - \cos x = 2 \sin \frac{y + x}{2} \sin \frac{y - x}{2}$$

und der Abschätzung $|\sin h| \le |h|$ folgt für $x, y \in [0, 1]$

$$|\cos y - \cos x| = 2 \left|\sin \frac{y + x}{2}\right| \left|\sin \frac{y - x}{2}\right| \le \sin 1 \cdot |y - x| \ ,$$

und f erfüllt Gleichung (3.5) mit $\lambda = \sin 1 \approx 0.8414709848...$ und konvergiert daher gemäß Satz 3.2 in der Tat.

Sitzung 3.2 Man kann mit DERIVE den reellen Fall gut untersuchen. Die DERIVE Funktion[5]

```
FIXPUNKTLISTE(f,x,x0,n):=ITERATES(f,x,x0,n)
```

```
FIXPUNKT_AUX(f,x,x0,n,aux):=ELEMENT(aux,DIMENSION(aux))
```

```
FIXPUNKT(f,x,x0,n):=FIXPUNKT\_$\,$AUX(f,x,x0,n,FIXPUNKTLISTE(f,x,x0,n))
```

iteriert die Anwendung von f und erzeugt gegebenenfalls den Fixpunkt mit $\boxed{\texttt{approX}}$. Wir erhalten z. B.

DERIVE Eingabe	DERIVE Ausgabe nach $\boxed{\texttt{approX}}$
`FIXPUNKT(COS(x),x,0)`	0.739085 ,
`FIXPUNKT(EXP(-x),x,0)`	0.567143 ,
`FIXPUNKT(ATAN(x)+pi,x,0)`	4.49341 ,
`FIXPUNKT(COS(x)*EXP(-x),x,0)`	0.517757 ,
`FIXPUNKT(COS(x)+x,x,0)`	1.57079 .

---

[5]Da ITERATE im Gegensatz zum ITERATES Kommando manchmal versagt (s. DERIVE-Sitzung I.10.3, S. I.275), verwenden wir ITERATES

Auf diesem Wege haben wir also wieder einmal $\pi/2$ approximiert.

Wendet man statt des approX Kommandos Simplify an, wird symbolisch iteriert. In diesem Fall muß die Iterationstiefe angegeben werden, da das Verfahren sonst nicht abbricht. Wir erhalten z. B.

DERIVE Eingabe   DERIVE Ausgabe nach Simplify

`FIXPUNKT(COS(x),x,0,8)`   COS (COS (COS (COS (COS (COS (COS (1))))))) .

Wir können die Konvergenz auch graphisch darstellen. Die im folgenden definierte DERIVE Funktion `FIXPUNKT_GRAPH(f,x,x0,n)` stellt die Approximation von x_0 bis x_n dar.

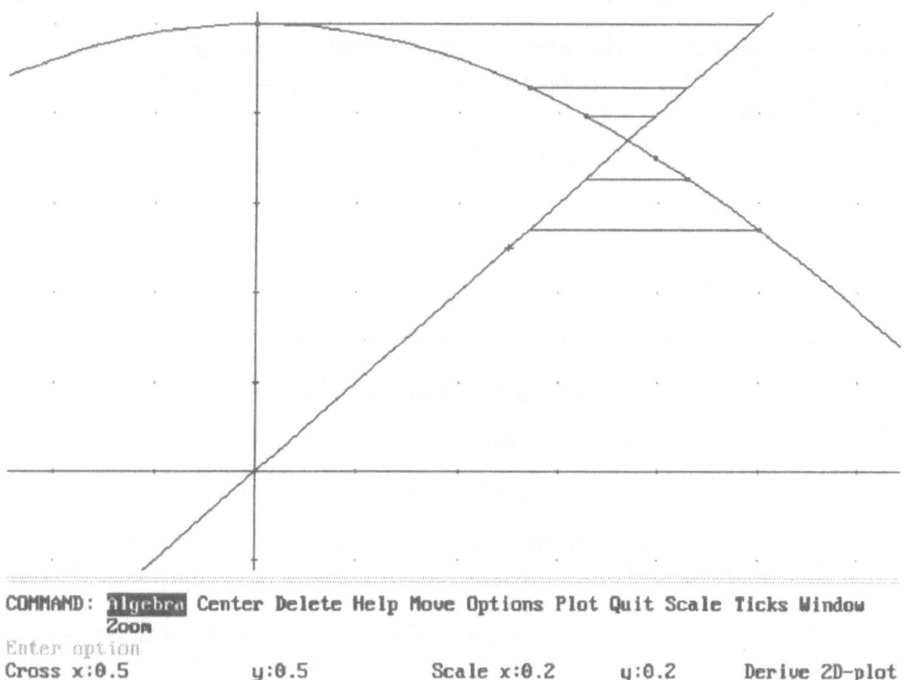

Abbildung 3.2 Graphische Darstellung der Konvergenz des Iterationsverfahrens

```
FIXPUNKTFOLGE1(f,x,x0,n):=ITERATES(f,x,x0,n)

FIXPUNKTFOLGE2(f,x,x0,n,aux):=
VECTOR([ELEMENT(aux,k_),ELEMENT(aux,k_+1)],k_,1,DIMENSION(aux)-1)

FIXPUNKTFOLGE(f,x,x0,n):=
FIXPUNKTFOLGE2(f,x,x0,n,FIXPUNKTFOLGE1(f,x,x0,n))

FIXPUNKT_GRAPH_AUX(f,x,x0,aux):=[x,f,aux,
VECTOR(ELEMENT(ELEMENT(aux,k_),2)*ABS(CHI(ELEMENT(ELEMENT(aux,k_),1),
x,ELEMENT(ELEMENT(aux,k_+1),1))),k_,1,DIMENSION(aux)-1)]
```

```
FIXPUNKT_GRAPH(f,x,x0,n):=
FIXPUNKT_GRAPH_AUX(f,x,x0,FIXPUNKTFOLGE(f,x,x0,n))
```

Approximiert man z. B. `FIXPUNKT_GRAPH(COS(x),x,0,6)`, so ergibt ein $\boxed{\texttt{Plot}}$ Abbildung 3.2.

Wir beschäftigen uns nun wieder speziell mit vektorwertigen Funktionen. Die folgende mehrdimensionale Version des *Mittelwertsatzes* liefert eine hinreichende Bedingung für eine Funktion $f : D \to \mathbb{R}^m$ einer Teilmenge $D \subset \mathbb{R}^n$, die Kontraktionsbedingung (3.5) zu erfüllen.

Satz 3.3 (Mehrdimensionaler Mittelwertsatz) Bildet $f : B \to \mathbb{R}^m$ die offene Kugel $B \subset \mathbb{R}^n$ stetig differenzierbar ab und gilt[6] $\|f'(x)\| \leq \lambda$ für alle $x \in B$, so folgt die Beziehung

$$|f(y) - f(x)| \leq \lambda \, |y - x| \, .$$

Beweis: Seien $x, y \in B$. Dann liegt die ganze Verbindungsstrecke zwischen x und y in B, und wir können somit die Funktionen $g : [0,1] \to \mathbb{R}^m$ und $p : [0,1] \to \mathbb{R}$ durch

$$g(t) := f(x + t\,(y - x)) - f(x) \qquad \text{sowie} \qquad p(t) := |g(t)|$$

definieren. Aus der mehrdimensionalen Kettenregel folgt

$$g'(t) = f'(x + t\,(y - x)) \cdot (y - x)$$

und folglich wegen $\|f'(x)\| \leq \lambda$ (s. Beispiel 1.9)

$$|g'(t)| \leq \lambda \, |y - x| \, .$$

Die reellwertige Funktion p hat damit die Eigenschaften $p(0) = 0$, $p(1) = |f(y) - f(x)|$ sowie (s. Übungsaufgabe 3.5)

$$|p'(t)| \leq \lambda \, |y - x| \tag{3.8}$$

an allen Stellen $t \in [0,1]$, an denen $p(t) \neq 0$ gilt. O. B. d. A. sei $p(1) \neq 0$. Ist dann $s \in [0,1]$ die größte Nullstelle von p, so folgt $p(t) > 0$ für $t \in (s,1)$, und eine Anwendung des Mittelwertsatzes der Differentialrechnung zeigt ($\tilde{s} \in (s,1)$)

$$|f(y) - f(x)| = p(1) = p(1) - p(0) = (1 - s)\,p'(\tilde{s}) \leq (1 - s)\,\lambda\,|y - x| \leq \lambda\,|y - x| \, . \quad \square$$

Als Anwendung des Banachschen Fixpunktsatzes behandeln wir nun eine mehrdimensionale Version des Newton-Verfahrens. Dazu verallgemeinern wir die Vorgehensweise des eindimensionalen Newton-Verfahrens in folgender Weise: Damals betrachteten wir die Folge

$$x_{n+1} = x_n - \frac{f(x_n)}{f'(x_n)}$$

oder m. a. W. die Fixpunktgleichung

---

[6] Man beachte, daß $\|A\|$ hier die in Beispiel 1.9 erklärte Matrix-Norm bezeichnet.

$$x = x - (f'(x))^{-1} f(x) .$$

Für unsere jetzigen Zwecke ist es einfacher, diese Gleichung durch die Fixpunktgleichung

$$x = x - (f'(\xi))^{-1} f(x)$$

zu ersetzen, wobei wir die *variable* Größe $(f'(x))^{-1}$ durch die *konstante* Größe $(f'(\xi))^{-1}$ ersetzt haben, bei der ξ die gesuchte Nullstelle bezeichnet.

Wir betrachten nun im mehrdimensionalen Fall eine analoge Fixpunktgleichung.

Satz 3.4 (Mehrdimensionales Newton-Verfahren) Bilde $f : D \to \mathbb{R}^m$ die Teilmenge $D \subset \mathbb{R}^m$ stetig differenzierbar ab, gelte $f(\eta) = 0$ für ein $\eta \in D$ und sei ferner die *Determinante* $\det A = |A|$ der quadratischen Matrix

$$A := \frac{\partial f}{\partial y}(\eta)$$

ungleich 0. Dann gibt es eine Umgebung $V \subset D$ von η, in der das Newton-Verfahren

$$y_{n+1} = y_n - A^{-1} f(y_n)$$

gegen η konvergiert. A^{-1} bezeichne hierbei, wie üblich, die zu A *inverse Matrix*.

Beweis: Wegen $|A| \neq 0$ ist A invertierbar. Offenbar geht es um die Fixpunktgleichung

$$y = F(y) := y - A^{-1} f(y) .$$

Wegen der stetigen Differenzierbarkeit von f ist F ebenfalls stetig differenzierbar, und aus der mehrdimensionalen Kettenregel folgt

$$\frac{\partial F}{\partial y} = I - A^{-1} \cdot \frac{\partial f}{\partial y} ,$$

wobei I die $m \times m$-Einheitsmatrix bezeichne (man rechne dies komponentenweise nach!). Speziell gilt also an der Stelle η

$$\frac{\partial F}{\partial y}(\eta) = I - A^{-1} \cdot A = 0 .$$

Wegen der Stetigkeit der Ableitung gibt es also zu jedem $\varepsilon > 0$ eine Umgebung $V = B(\eta, r) \subset \mathbb{R}^m$ $(r > 0)$ von η, in der

$$\left\| \frac{\partial F}{\partial y} \right\| \leq \varepsilon . \tag{3.9}$$

Aus Satz 3.3 folgt, daß dann auch

$$|F(y) - F(x)| \leq \varepsilon |y - x| \tag{3.10}$$

für $x, y \in V$ gilt. Da $\varepsilon < 1$ gewählt werden kann, müssen wir für die Anwendbarkeit des Banachschen Fixpunktsatzes sowie seines Beweises nur noch nachweisen, daß $F(V) \subset V$ gilt.

Wegen $f(\eta) = 0$ ist aber im gegebenen Fall definitionsgemäß $F(\eta) = \eta$ und folglich wegen (3.10)

$$|F(y) - \eta| = |F(y) - F(\eta)| \leq \varepsilon |y - \eta| \leq |y - \eta| ,$$

also $F(V) \subset V$. $\square$

Bemerkung 3.2 Das gegebene abgewandelte Newton-Verfahren war besonders einfach zu behandeln und wird im nächsten Abschnitt erfolgreich angewandt werden. Es ist aber im wesentlichen von theoretischem Interesse, da es sich für eine praktische Anwendung nicht eignet. Um nämlich mit diesem Verfahren z. B. eine Nullstelle ξ einer reellen Funktion f zu approximieren, muß bereits der Wert der Ableitung von f an der noch unbekannten Nullstelle bekannt sein. Dies ist i. a. natürlich nicht der Fall.

Bemerkung 3.3 Das betrachtete Newton-Verfahren ist nicht nur kontrahierend, sondern (3.10) gilt für *jedes* $\varepsilon > 0$ in einer geeigneten Umgebung von η. Damit gilt die Abschätzung

$$|x_{n+1} - x_n| \leq \varepsilon \, |x_n - x_{n-1}|$$

für jedes $\varepsilon > 0$, und wie im eindimensionalen Fall konvergiert also das Newton-Verfahren besser als linear, wenn man sich bereits nahe genug bei einer Nullstelle befindet.

Sitzung 3.3 In der DERIVE Datei `SOLVE.MTH`, die mit $\boxed{\texttt{Transfer Load Utility}}$ geladen werden kann, ist ein mehrdimensionales Newton-Verfahren implementiert. Die Funktion `NEWTONS(f,x,x0,n)` approximiert dabei eine Nullstelle des Funktionenvektors `f` der Variablen `x` mit einem Anfangswert `x0`, gegebenenfalls werden n Iterationen durchgeführt. Wir suchen eine Nullstelle des Gleichungssystems

$$x + \sin y = 0 \,,$$
$$2\,y - \tan x + 1 = 0$$

und wenden $\boxed{\texttt{approX}}$ auf `NEWTONS([x+SIN(y),2*y-TAN(x)+1],[x,y],[0,0])` an. Als Ergebnis erhalten wir den Iterationsvektor

$$
2: \quad
\begin{bmatrix}
0 & 0 \\
0.333333 & -0.333333 \\
0.325326 & -0.331356 \\
0.325318 & -0.331348 \\
0.325318 & -0.331348 \\
0.325318 & -0.331348 \\
0.325318 & -0.331348 \\
0.325318 & -0.331348 \\
0.325318 & -0.331348 \\
0.325318 & -0.331348
\end{bmatrix} .
$$

In diesem konkreten Fall können wir die Lösung auch durch sukzessives direktes Auflösen bestimmen. Dazu lösen wir zunächst die Gleichung

$$3: \qquad x + \text{SIN}\,(y) = 0$$

mit $\boxed{\texttt{soLve}}$ nach x auf und erhalten

$$4: \qquad x = -\text{SIN}\,(y) \,.$$

Dieses Resultat können wir in die zweite Gleichung

$$5: \qquad 2\,y - \text{TAN}\,(x) + 1 = 0$$

mit $\boxed{\textbf{Manage Substitute}}$ einsetzen, und wir bekommen

$$6: \qquad 2\,y - \text{TAN}\,(-\text{SIN}\,(y)) + 1 = 0\,.$$

Diese Gleichung enthält nun nur noch eine Variable und kann mit $\boxed{\textbf{soLve}}$ im $\boxed{\textbf{Options Precision Approximate}}$ Modus approximiert werden. Dies ergibt

$$7: \qquad y = -0.331348\,,$$

welches wir wiederum in Zeile #4 einsetzen können

$$8: \qquad x + -\text{SIN}\,(-0.331348) = 0\,,$$

und eine weitere Anwendung von $\boxed{\textbf{soLve}}$ liefert schließlich die Lösung

$$9: \qquad x = 0.325318\,.$$

ÜBUNGSAUFGABEN

3.4 *Ist $f : I \to I$ eine differenzierbare Funktion eines abgeschlossenen Intervalls $I \subset \mathbb{R}$ mit $\|f'\|_I < 1$. Dann hat f genau einen Fixpunkt in I. Zeige, daß die Aussage nicht für eine beliebige abgeschlossene Menge gilt.*

3.5 *Man führe den Beweis von (3.8) in Satz 3.3 aus.*

$\diamond$ **3.6** *Benutze die* DERIVE *Funktionen aus* DERIVE*-Sitzung 3.2 zur numerischen und graphischen Lösung der Fixpunktgleichungen $x = f(x)$ bei geeigneten Anfangswerten x_0 für folgende reelle Funktionen f.*

(a) $f(x) := \sin e^x$,   (b) $f(x) := \sin x + x$,   (c) $f(x) := e^{x - \sin x} - x$,

(d) $f(x) := \sqrt{1 - x^2}$,   (e) $f(x) := \sqrt{1 - x}$,   (f) $f(x) := 2 - \cosh x$.

$\diamond$ **3.7** *Untersuche die eindimensionalen Fixpunktprobleme für*

(a) $f(x) := \cos x + \dfrac{\pi}{2}$,   (b) $f(x) := 2 - x$,   (c) $f(x) := \ln x + 1$

auf Konvergenz bzw. Divergenz. Sind die Funktionen kontrahierend? Berechne dazu jeweils $\|f'\|_{\mathbb{R}}$ (s. Übungsaufgabe 3.4). Verwende `FIXPUNKT_GRAPH` *zur Illustration.*

$\diamond$ **3.8** *Bei der* DERIVE *Funktion* `FIXPUNKT_GRAPH` *werden nur die Iterationspunkte, die auf dem Graphen von f liegen, und nicht jene, die auf der ersten Winkelhalbierenden liegen, graphisch dargestellt. Ändere die Funktion in geeigneter Weise ab.*

$\diamond$ **3.9** *Man verwende* NEWTONS *aus der* UTILITIES *Datei* SOLVE.MTH, *um die Gleichungssysteme*

$$\text{(a)} \quad \begin{aligned} \sin x + \sin y &= 1 \,, \\ x - y &= 0 \,, \end{aligned} \qquad\qquad \text{(b)} \quad \begin{aligned} \sin x + \sin y + \sin z &= 1 \,, \\ \tan x &= \tan z \,, \\ \sin y &= \tan z + 1 \end{aligned}$$

zu lösen. Man verwende geeignete graphische Darstellungen zur Veranschaulichung der Resultate.

3.3 Implizite Funktionen mehrerer Variablen

Wir wollen uns nun der Frage zuwenden, unter welchen Voraussetzungen man analog zum Fall eines linearen Gleichungssystems von m Gleichungen in $n + m$ Variablen $x_1, x_2, \ldots, x_n, y_1, y_2, \ldots, y_m$ $(n, m \in \mathbb{N})$ ein System m nicht notwendig linearer Gleichungen in $n + m$ Variablen

$$\begin{aligned} f_1(x_1, x_2, \ldots, x_n, y_1, y_2, \ldots, y_m) &= 0 \\ f_2(x_1, x_2, \ldots, x_n, y_1, y_2, \ldots, y_m) &= 0 \\ &\vdots \qquad = 0 \\ f_m(x_1, x_2, \ldots, x_n, y_1, y_2, \ldots, y_m) &= 0 \end{aligned}$$

nach $y_1, y_2, \ldots, y_m$ auflösen kann. Wir verwenden in der Folge die Bezeichnungen

$$\frac{\partial f}{\partial x} := \begin{pmatrix} \frac{\partial f_1}{\partial x_1} & \cdots & \frac{\partial f_1}{\partial x_n} \\ \vdots & \ddots & \vdots \\ \frac{\partial f_m}{\partial x_1} & \cdots & \frac{\partial f_m}{\partial x_n} \end{pmatrix} \quad \text{bzw.} \quad \frac{\partial f}{\partial y} := \begin{pmatrix} \frac{\partial f_1}{\partial y_1} & \cdots & \frac{\partial f_1}{\partial y_m} \\ \vdots & \ddots & \vdots \\ \frac{\partial f_m}{\partial y_1} & \cdots & \frac{\partial f_m}{\partial y_m} \end{pmatrix} .$$

Satz 3.5 (Satz über implizite Funktionen) Sei $f : D \to \mathbb{R}^m$ eine stetig differenzierbare Funktion einer offenen Teilmenge $D \subset \mathbb{R}^{n+m}$ und gelte[7]

$$f(\xi, \eta) = 0 \qquad \text{sowie} \qquad \left| \frac{\partial f}{\partial y}(\xi, \eta) \right| \neq 0$$

für ein $(\xi, \eta) \in D$ $(\xi \in \mathbb{R}^n, \eta \in \mathbb{R}^m)$. Dann gibt es eine offene Umgebung $U \subset \mathbb{R}^n$ von ξ sowie eine offene Umgebung $V \subset \mathbb{R}^m$ von η und eine stetig differenzierbare Funktion $g : U \to V$ derart, daß

$$f(x, g(x)) = 0 \tag{3.11}$$

sowie

$$f(x, y) \neq 0 \quad \text{für} \quad y \neq g(x) \text{ und } (x, y) \in U \times V \subset D \,.$$

---

[7]Man erinnere sich: Mit $| \cdot |$ ist hier die Determinante gemeint!

Beweis: Nach Voraussetzung ist die $m \times m$-Matrix $A := \dfrac{\partial f}{\partial y}(\xi, \eta)$ invertierbar. Wir können somit für jedes x einer noch zu spezifizierenden Umgebung von ξ das in Satz 3.4 betrachtete Newton-Verfahren

$$y = y - A^{-1} f(x, y) =: F(x, y)$$

betrachten. Gemäß (3.10) erhalten wir die Beziehung

$$|F(x, y_2) - F(x, y_1)| \leq \varepsilon |y_2 - y_1| \tag{3.12}$$

für y_1, y_2 in einer Umgebung $V := B(\eta, r)$. Wir wählen hierbei generell $\varepsilon \leq \frac{1}{2}$ und $r > 0$ derart, daß (3.12) für alle $x \in B(\xi, s_1)$ einer gewählten Umgebung von ξ gilt. Auf Grund der Kompaktheit von $\overline{B(\xi, s_1)}$ ist dies möglich.

Wegen $f(\xi, \eta) = 0$ gibt es ferner ein $s \in (0, s_1)$, so daß

$$|F(x, \eta) - \eta| = |A^{-1} f(x, \eta)| \leq \frac{r}{2} \tag{3.13}$$

für alle $x \in U := B(\xi, s)$ (gleichmäßig) gilt.

Im ersten Schritt wollen wir nun die Existenz und Eindeutigkeit einer stetigen Funktion g zeigen, die in $\overline{U}$ erklärt ist und die Eigenschaft (3.11) hat. Dazu wenden wir den Banachschen Fixpunktsatz auf die Fixpunktgleichung

$$g = F(x, g) =: T(g) \tag{3.14}$$

bzw. die Iteration

$$g_{n+1} := F(x, g_n) = T(g_n) = g_n - A^{-1} f(x, g_n) \qquad \text{mit Anfangswert} \qquad g_0 := \eta \tag{3.15}$$

im Banachraum $C(\overline{U})$ der in der abgeschlossenen Menge $\overline{U}$ stetigen Funktionen mit der Maximumnorm an. Man beachte, daß auf Grund seiner Definition der *Operator* $T : C(\overline{U}) \to C(\overline{U})$ jeder stetigen Funktion g eine stetige Funktion $T(g)$ zuordnet.

Wegen (3.12) gilt zunächst für jedes $x \in \overline{U}$

$$|F(x, h(x)) - F(x, g(x))| \leq \varepsilon |h(x) - g(x)| \leq \varepsilon \max_{x \in \overline{U}} |h(x) - g(x)| = \varepsilon \|h - g\| ,$$

und durch Übergang zum Maximum erhalten wir

$$\|T(h) - T(g)\| = \max_{x \in \overline{U}} |F(x, h(x)) - F(x, g(x))| \leq \varepsilon \|h - g\| .$$

Also ist T kontrahierend, und wegen (3.13) ist für $h \in C(\overline{U})$ weiter

$$\|T(h) - \eta\| \leq \|T(h) - T(\eta)\| + \|T(\eta) - \eta\| \leq \varepsilon \|h - \eta\| + \frac{r}{2} \leq \left(\varepsilon + \frac{1}{2}\right) r ,$$

und wegen $\varepsilon \leq \frac{1}{2}$ folgt $T(\overline{B(\eta, r)}) \subset \overline{B(\eta, r)}$. Damit ist der Banachsche Fixpunktsatz anwendbar, und die Existenz und Eindeutigkeit des Fixpunkts $g \in C(\overline{U})$ ist gesichert. Man beachte, daß diese Argumentation u. a. auch die Stetigkeit von g garantiert.

Schließlich bleibt die stetige Differenzierbarkeit von g zu zeigen. Wüßten wir dies bereits, könnten wir die Fixpunktgleichung (3.14) mit der Kettenregel ableiten und bekämen die Identität

$$g' = \frac{\partial F}{\partial x}(x, g) + \frac{\partial F}{\partial y}(x, g) g' . \tag{3.16}$$

Diese ist wiederum eine Fixpunktgleichung (für $h := g'$), nämlich

$$h = \frac{\partial F}{\partial x}(x, g(x)) + \frac{\partial F}{\partial y}(x, g(x))\, h =: S(h) \tag{3.17}$$

mit dem Operator S, der Elemente des Banachraums $M(C(\overline{U}))$ der $m \times n$-Matrizen

$$A := (f_{jk}) = \begin{pmatrix} f_{11} & f_{12} & \cdots & f_{1n} \\ f_{21} & f_{22} & \cdots & f_{2n} \\ \vdots & \vdots & \ddots & \vdots \\ f_{m1} & f_{m2} & \cdots & f_{mn} \end{pmatrix}$$

von in der abgeschlossenen Teilmenge $\overline{U}$ stetigen Funktionen mit der Matrix-Norm

$$\|A\| := \sqrt{\sum_{j=1}^{m} \sum_{k=1}^{n} \|f_{jk}\|_{\overline{U}}^2}$$

in ebensolche überführt, s. Übungsaufgabe 3.11. Wegen (3.9) gilt

$$\|S(h_2) - S(h_1)\| = \left\| \frac{\partial F}{\partial y}(x, g(x))\, (h_2 - h_1) \right\| \leq \left\| \frac{\partial F}{\partial y}(x, g(x)) \right\| \|h_2 - h_1\| \leq \frac{1}{2} \|h_2 - h_1\| ,$$

und folglich ist S kontrahierend. Da alle partiellen Ableitungen der Anfangsfunktion η verschwinden, ist die Startmatrix die Nullmatrix und da wegen $\|S(h)\| \leq \frac{1}{2}\|h\|$ die Beziehung $S(B(0, R)) \subset B(0, R)$ für genügend kleines $R > 0$ gilt, liefert eine Anwendung des Banachschen Fixpunktsatzes ein eindeutiges $h \in M(C(\overline{U}))$ mit $S(h) = h$.

Wäre (3.16) bereits erwiesen, würde nun sofort $h = g'$ folgen und wir wären fertig. Wir behelfen uns durch Betrachtung der leicht abgewandelten Iteration

$$h_{n+1} := \frac{\partial F}{\partial x}(x, g_n(x)) + \frac{\partial F}{\partial y}(x, g_n(x))\, h_n \qquad \text{mit Anfangswert} \qquad h_0 := 0 .$$

Differentiation von (3.15) liefert die Beziehung $h_n = g_n'$. Wir stellen zunächst fest, daß die Folge $(h_n)_{n \in \mathbb{N}_0}$ wegen der Stetigkeit der partiellen Ableitungen von F beschränkt ist.

Wegen der Stetigkeit der partiellen Ableitungen und wegen der gleichmäßigen Konvergenz $g_n \to g$ gibt es ein $N \in \mathbb{N}$ und ein $M \in \mathbb{R}^+$ derart, daß für alle $n \geq N$ die Relationen

$$\left\| \frac{\partial F}{\partial x}(x, g_n(x)) - \frac{\partial F}{\partial x}(x, g(x)) \right\| \leq M \|g_n(x) - g(x)\|$$

sowie

$$\left\| \frac{\partial F}{\partial y}(x, g_n(x)) - \frac{\partial F}{\partial y}(x, g(x)) \right\| \leq M \|g_n(x) - g(x)\|$$

gelten. Benutzen wir die beiden Relationen

$$h_{n+1} := \frac{\partial F}{\partial x}(x, g_n(x)) + \frac{\partial F}{\partial y}(x, g_n(x))\, h_n$$

sowie

$$(3.17) \qquad\qquad h = \frac{\partial F}{\partial x}(x, g(x)) + \frac{\partial F}{\partial y}(x, g(x))\, h ,$$

dann erhalten wir

$$\begin{aligned}
\|h_{n+1}(x) - h(x)\| \;\leq\;& \left\| \frac{\partial F}{\partial x}(x, g_n(x)) - \frac{\partial F}{\partial x}(x, g(x)) \right\| \\
&+ \left\| \frac{\partial F}{\partial y}(x, g_n(x)) \right\| \, \|h_n(x) - h(x)\| \\
&+ \left\| \frac{\partial F}{\partial y}(x, g(x)) - \frac{\partial F}{\partial y}(x, g_n(x)) \right\| \, \|h\| \\
\leq\;& (1 + \|h\|)\, M\, \|g_n - g\|_{\overline{U}} + \frac{1}{2} \|h_n - h\| ,
\end{aligned}$$

also durch Übergang zum Maximum über alle $x \in \overline{U}$

$$\|h_{n+1} - h\| \leq c_n + \frac{1}{2} \|h_n - h\|$$

mit $c_n \to 0$ für $n \to \infty$. Bezeichnet nun $L := \limsup\limits_{n \to \infty} \|h_n - h\|$, so folgt also mit $n \to \infty$ die Beziehung $L \leq L/2$, und folglich ist $L = 0$, d.h., h_n konvergiert gleichmäßig gegen h. Wegen $h_n = g_n'$ folgt aus Satz I.12.4 (S. I.332) $h = g'$ und damit die Behauptung. $\qquad \square$

Sitzung 3.4 Man kann die Iteration (3.15) mit DERIVE durchführen. Die folgende DERIVE Funktion IMPLIZITE_ITERATION(f,x,y,xi,eta,n) führt diese Iteration durch,

```
A_INVERSE(f,x,y,xi,eta):=LIM(LIM(JACOBIMATRIX(f,y),x,xi),y,eta)^(-1)

IMPLIZITE_ITERATION(f,x,y,xi,eta,n):=
ITERATES(g_-A_INVERSE(f,x,y,xi,eta) . LIM(f,y,g_),g_,eta,n)
```

wobei die DERIVE Funktion JACOBIMATRIX(f,x) aus DERIVE-Sitzung 2.1 geladen sein muß. Wir erhalten für das Beispiel
IMPLIZITE_ITERATION([x+y-SIN(z),EXP(x)-x-y^3-1],[x],[y,z],[0],[0,0],1)
durch $\boxed{\text{Simplify}}$

$$\left[[0,0], [0,0] - \begin{bmatrix} 1 & -1 \\ 0 & 0 \end{bmatrix}^{-1} \cdot [x, \hat{e}^x - x - 1] \right] ,$$

also ist bei diesem Beispiel die Determinantenbedingung verletzt. Andererseits bekommen wir bei
IMPLIZITE_ITERATION([x+y-SIN(z),EXP(z)-x-y^3-1],[x],[y,z],[0],[0,0],3)
mit $\boxed{\text{Simplify}}$

$$\begin{bmatrix} 0 & 0 \\ 0 & x \\ -\hat{e}^x + \mathrm{SIN}(x) + 1 & -\hat{e}^x + 2x + 1 \\ -\hat{e}^{-\hat{e}^x + 2x + 1} - \hat{e}^{3x} + \ldots & -\hat{e}^{-\hat{e}^x + 2x + 1} - \hat{e}^{3x} + \ldots \end{bmatrix} .$$

Man stelle die jeweiligen ersten (also die y-) bzw. zweiten (die z-) Komponenten graphisch dar!

Zum Abschluß dieses Kapitels können wir folgendes Analogon zum eindimensionalen Satz über die Umkehrfunktion als Folge des Satzes über implizite Funktionen formulieren. Man beachte, daß wir im Gegensatz zur eindimensionalen Situation nur ein lokales Resulat erhalten.

Satz 3.6 (Satz über die Umkehrfunktion) Sei $f : D \to \mathbb{R}^n$ eine stetig differenzierbare Funktion der offenen Teilmenge $D \subset \mathbb{R}^n$, sei $f(\xi) = \eta$ an einer Stelle $\xi \in D$ und gelte $|f'(\xi)| \neq 0$. Dann gibt es eine offene Umgebung $U \subset D$ von ξ mit den Eigenschaften:

(a) Die Bildmenge $V = f(U)$ ist eine offene Umgebung von η.

(b) $f : U \to V$ ist bijektiv.

(c) Die Umkehrfunktion $f^{-1} : V \to U$ ist stetig differenzierbar und für $x \in U$ gilt die Beziehung

$$\left(f^{-1}\right)'\left(f(x)\right) = \left(f'(x)\right)^{-1} . \tag{3.18}$$

Beweis: Offenbar ist die Fragestellung gleichbedeutend damit, zu gegebenem y nahe bei η ein eindeutiges x mit $f(x) = y$ zu finden, m. a. W., die Gleichung $F(x, y) := f(x) - y = 0$ nach x aufzulösen. Aus dem Satz über implizite Funktionen folgt die Existenz offener Mengen U von ξ und V von η mit der Eigenschaft, daß zu jedem $y \in V$ genau ein $x := g(y) \in U$ mit $y = f(x)$ existiert, wobei $g : V \to \mathbb{R}^n$ stetig differenzierbar ist. Folglich bildet f die Menge $\widetilde{U} := g(V)$ bijektiv auf V ab, und wir haben (b). Wegen der Stetigkeit von f ist aber das Urbild $\widetilde{U} = f^{-1}(V)$ der offenen Menge V selbst offen (s. Satz 1.7). Formel (3.18) folgt schließlich aus der mehrdimensionalen Kettenregel wegen

$$I = \left(\mathrm{id}_{\widetilde{U}}\right)' = \left(f^{-1} \circ f\right)' = \left(f^{-1}\right)'(f) \cdot f' . \qquad \square$$

Beispiel 3.3 (Polarkoordinaten) Jeder Punkt $(x, y) \in \mathbb{R}^2$ hat eine Polarkoordinatendarstellung (s. Definition I.6.11, S. I.181)

$$x = r \cos\varphi \qquad \text{sowie} \qquad y = r \sin\varphi$$

mit $(r, \varphi) \in \mathbb{R}_0^+ \times \mathbb{R}$. Die Funktion $f : (r, \varphi) \mapsto (r \cos\varphi, r \sin\varphi)$ hat zwar für jeden Bildpunkt $(x_0, y_0) \neq (0, 0)$ unendlich viele Urbilder, deren φ-Koordinaten sich um Vielfache von 2π unterscheiden, aber wegen

$$\left| \frac{\partial(x, y)}{\partial(r, \varphi)}(r, \varphi) \right| = \left| \begin{array}{cc} \cos\varphi & -r \sin\varphi \\ \sin\varphi & r \cos\varphi \end{array} \right| = r \neq 0$$

hat f an der Stelle (r_0, φ_0) $(r_0 \neq 0)$ mit $f(r_0, \varphi_0) = (x_0, y_0)$ eine stetig differenzierbare lokale Umkehrfunktion

$$f^{-1}(x, y) = \left(\sqrt{x^2 + y^2}, \arg(x + i\,y)\right) ,$$

wobei das Argument $\arg(x + iy)$ derart gewählt werden muß, daß $\arg(x_0 + iy_0) = \varphi_0$ gilt. Insbesondere kann man lokal immer eine *stetige Argumentfunktion* finden.

Anders ist die Situation für $(x_0, y_0) = (0, 0)$. Hier ist $|f'(0, 0)| = 0$, und es gibt in keiner Umgebung eine Umkehrfunktion.

ÜBUNGSAUFGABEN

◇ **3.10** *Zeige, daß die Gleichung $y^2 + x\,z + z^2 - e^{xz} = 1$ in einer Umgebung des Punkts $(0, -1, 1)$ nach z eindeutig auflösbar ist. Berechne das Taylorpolynom von $z = g(x, y)$ bis zur zweiten Ordnung. Hinweis: Man setze einen geeigneten Potenzreihenansatz in die implizite Gleichung ein und bestimme die Koeffizienten. Zur einfacheren Darstellung transformiere man an den Ursprung $(x_0, y_0) = (0, 0)$.*

⋆ **3.11 (Banachraum von Matrizen stetiger Funktionen)** *Zeige, daß der Raum $M(C(D))$ der $m \times n$-Matrizen*

$$A := (f_{jk}) = \begin{pmatrix} f_{11} & f_{12} & \cdots & f_{1n} \\ f_{21} & f_{22} & \cdots & f_{2n} \\ \vdots & \vdots & \ddots & \vdots \\ f_{m1} & f_{m2} & \cdots & f_{mn} \end{pmatrix}$$

von in der abgeschlossenen Teilmenge $D \subset \mathbb{R}^m$ stetigen Funktionen mit der Matrix-Norm

$$\|A\| := \sqrt{\sum_{j=1}^{m} \sum_{k=1}^{n} \|f_{jk}\|_D^2}$$

ein Banachraum ist.

◇ **3.12 (Kugel- und Zylinderkoordinaten)** *Man untersuche die Kugel- und Zylinderkoordinaten, die in Übungsaufgabe 2.4 erklärt worden waren, auf ihre Invertierbarkeit und gebe lokale Umkehrfunktionen an.*

4 Gewöhnliche Differentialgleichungen

4.1 Explizite Differentialgleichungen erster Ordnung

In diesem Kapitel wollen wir gewöhnliche Differentialgleichungen und ihre Lösungen behandeln.

Definition 4.1 (Gewöhnliche Differentialgleichung) Unter einer *gewöhnlichen Differentialgleichung*[1] verstehen wir eine Gleichung der Form

$$G(x, y, y', y'', \ldots, y^{(n)}) = 0 \, , \tag{4.1}$$

wobei y eine reelle Funktion repräsentiert, $y', y'', \ldots, y^{(n)}$ ihre Ableitungen darstellen und G in einer Teilmenge $D \subset \mathbb{R}^{n+2}$ erklärt ist. Die Zahl n heißt die *Ordnung* der Differentialgleichung. Kann eine gewöhnliche Differentialgleichung n. Ordnung explizit nach $y^{(n)}$ aufgelöst werden

$$y^{(n)} = F(x, y, y', y'', \ldots, y^{(n-1)}) \, , \tag{4.2}$$

so sprechen wir von einer *expliziten Differentialgleichung n. Ordnung*. Unter einer *Lösung* der Differentialgleichung (4.1) bzw. (4.2) im abgeschlossenen Intervall $I \subset \mathbb{R}$ verstehen wir eine Funktion $g : I \to \mathbb{R}$, deren Einsetzen für y in Gleichung (4.1) bzw. (4.2) diese zu einer für alle $x \in I$ gültigen Identität macht, z. B.

$$G(x, g(x), g'(x), g''(x), \ldots, g^{(n)}(x)) \equiv 0 \qquad (x \in I) \, .$$

Beispiel 4.1 Im Band *Mathematik mit DERIVE* hatte wir bereits Beispiele von Differentialgleichungen behandelt. In Übungsaufgabe I.10.6 (S. I.261) wurde gezeigt, daß die Differentialgleichung $y' = y$ mit der *Anfangsbedingung* $y(0) = 1$ die eindeutige Lösung $y = g(x) = e^x$ besitzt.

In Satz I.12.12 (S. I.342) wurde die Binomialfunktion $y = g(x) = (1 + x)^\alpha$ als Lösung der Differentialgleichung $(1 + x) y' - \alpha y = 0$ bzw. in expliziter Form

$$y' = \frac{\alpha}{1 + x} y$$

mit der Anfangsbedingung $y(0) = 1$ hergeleitet.

Ferner hatten wir in Übungsaufgabe I.12.34 (S. I.355) die Differentialgleichung der erzeugenden Funktion der Fibonacci-Zahlen betrachtet. $\triangle$

---

[1] Englisch: ordinary differential equation, kurz oft: ODE, im Gegensatz zu einer partiellen Differentialgleichung, englisch: partial differential equation, kurz: PDE, in der partielle Ableitungen bzgl. verschiedener Variablen vorkommen.

In diesem Abschnitt wollen wir zunächst explizite Differentialgleichungen erster Ordnung behandeln. Eine der wesentlichen Fragestellungen ist, unter welchen Voraussetzungen wir die Existenz einer nach Möglichkeit eindeutigen Lösung garantieren können. Dies ist vor allem deshalb wichtig, da es i. a. keine algorithmische Strategie zur Lösung einer Differentialgleichung gibt. Weiß man aber, daß eine eindeutige Lösung existiert, kann man diese u. U. durch Erraten, d. h., durch einen geeigneten *Ansatz*, ausfindig machen. Wie aus Beispiel 4.1 ersichtlich wird, kann man eine eindeutige Lösung nur bei Vorgabe einer geeigneten Anfangsbedingung erwarten. Wir betrachten also in der Folge für $x \in I$ das *Anfangswertproblem*

$$y' = F(x, y) \tag{4.3}$$

mit dem Anfangswert an der Stelle[2] $\xi \in I$

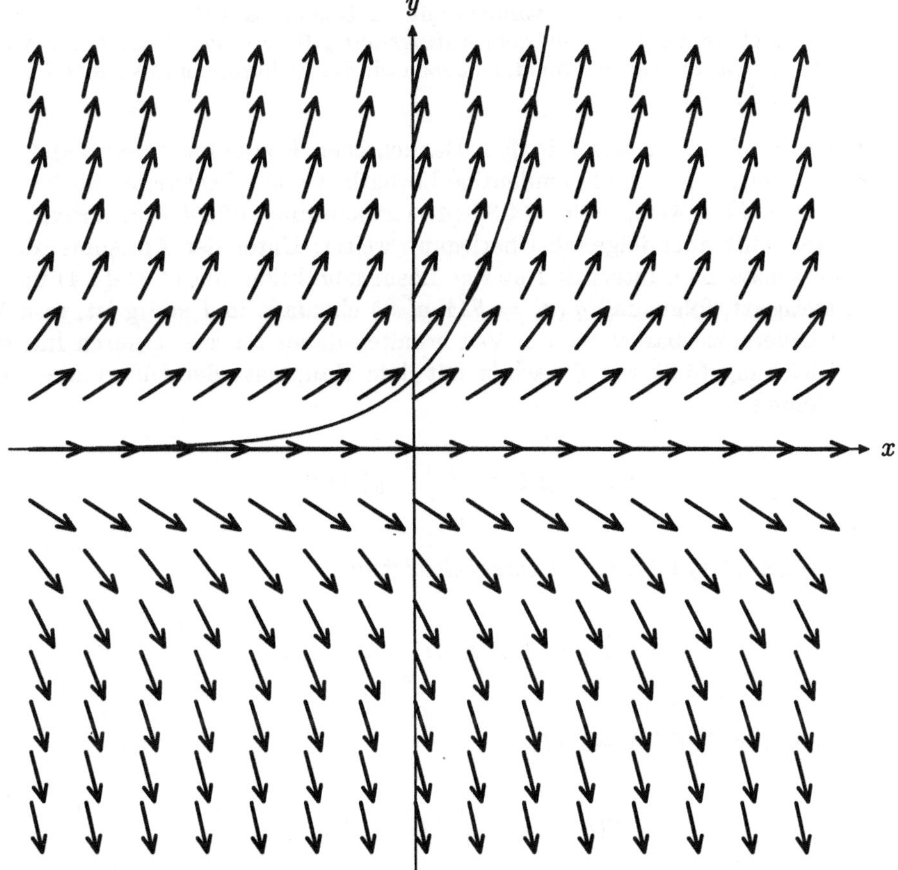

Abbildung 4.1 Graphische Darstellung des Richtungsfelds einer Differentialgleichung

---

[2]Der Anfangswert darf durchaus auch auf dem Rand von I liegen. Gilt $\xi = a$ und betrachtet man die x-Achse als eine Zeitachse, wird die Bezeichnung „Anfangswert" erst richtig verständlich.

$$y(\xi) = \eta \in \mathbb{R} \, , \tag{4.4}$$

wobei F in $I \times \mathbb{R}$ erklärt sei.

Sitzung 4.1 (Richtungsfeld) Zunächst geben wir eine geometrische Interpretation der vorliegenden Situation. Gleichung (4.3) liefert für jeden Punkt $(x, y) \in I \times \mathbb{R}$ die Richtung der Tangente an den Graphen einer möglichen Lösung $g : I \to \mathbb{R}$. Man nennt dies ein *Richtungsfeld*. Die DERIVE Funktion `DIRECTION_FIELD(f,x,x0,xm,m,y,y0,yn,n)` in der Datei `ODE_APPR.MTH`, die mit `Transfer Load Utility` geladen werden kann, berechnet das von der Funktion F für die Differentialgleichung $y' = F(x, y)$ erzeugte Richtungsfeld im Rechteck $[x_0, x_m] \times [y_0, y_n]$ bei einer arithmetischen Unterteilung von $[x_0, x_m]$ in m und von $[y_0, y_n]$ in n Teile in Form eines Vektors, den man mit `Plot` bei einer Einstellung `Options State Connected` graphisch darstellen kann. Zum Beispiel liefert die gemeinsame graphische Darstellung von `DIRECTION_FIELD(y,x,-4,4,9,y,-3,3,7)` (man verwende `approX`) zusammen mit der Lösung `EXP(x)` der entsprechenden Differentialgleichung $y' = y$ mit dem Anfangswert $y(0) = 1$ eine Graphik, die Abbildung 4.1 ähnelt. In unserer Abbildung haben wir das Richtungsfeld als ein *gerichtetes Vektorfeld* dargestellt.

Im letzten Kapitel hatten wir mit dem Banachschen Fixpunktsatz eine Methode kennengelernt, mit der man die eindeutige Lösbarkeit von Gleichungen nachweisen konnte. Unser Anfangswertproblem (4.3)–(4.4) ist allerdings offenbar kein Fixpunktproblem. Nun hilft aber folgende Überlegung weiter: Unter der Annahme, daß g eine im abgeschlossenen Intervall I stetige Lösungsfunktion von (4.3)–(4.4) und F in $I \times \mathbb{R}$ stetig ist, folgt, daß $g'(x) = F(x, g(x))$ ebenfalls in I stetig ist, m. a. W. die stetige Differenzierbarkeit von g. Wir erhalten daher für $x \in I$ durch Integration von Gleichung (4.3) von ξ nach x mit dem Hauptsatz der Differential- und Integralrechnung

$$g(x) - g(\xi) = \int_{\xi}^{x} F(t, g(t)) \, dt \, ,$$

d. h., g ist wegen (4.4) Lösung der *Integralgleichung*

$$y = \eta + \int_{\xi}^{x} F(t, y(t)) \, dt = T(y) \tag{4.5}$$

mit dem Operator $T : C(I) \to C(I)$

$$T(y) := \eta + \int_{\xi}^{x} F(t, y(t)) \, dt \, ,$$

der jeder in I stetigen Funktion eine ebensolche zuordnet. Auf der anderen Seite sieht man sofort ein, daß eine Lösung der Integralgleichung (4.5) auch das Anfangswertproblem (4.3)–(4.4) löst. Das Anfangswertproblem und die betrachtete Integralgleichung sind also gleichwertig. Bei näherem Hinsehen zeigt sich aber, daß Integralgleichung (4.5) ein Fixpunktproblem für den Operator T ist! Wir zeigen im nächsten Satz, daß sich der Banachsche Fixpunktsatz auf diese Situation anwenden läßt. Zur Erzielung eines möglichst weitreichenden Ergebnisses werden wir allerdings die Menge $C(I)$, auf der der Operator T wirkt, nicht wie üblich mit der Maximumnorm, sondern mit einer in geeigneter Weise angepaßten Norm ausstatten.

Satz 4.1 (Fundamentaler Existenz- und Eindeutigkeitssatz) Sei $F : [a, b] \times \mathbb{R} \to \mathbb{R}$ stetig, und gelte für ein $L > 0$ die Bedingung

$$|F(x, y_2) - F(x, y_1)| \leq L\,|y_2 - y_1| \tag{4.6}$$

für alle $x \in [a, b]$ und $y_1, y_2 \in \mathbb{R}$. Dann hat das Anfangswertproblem

$$(4.3)\text{–}(4.4) \qquad y' = F(x, y) \qquad \text{mit der Anfangsbedingung} \qquad y(\xi) = \eta \in \mathbb{R}$$

genau eine Lösung $g : [a, b] \to \mathbb{R}$.

Beweis: Wie angekündigt, lösen wir das äquivalente Fixpunktproblem (4.5) $y = T(y)$ im normierten Raum der im abgeschlossenen Intervall $[a, b]$ stetigen Funktionen $C[a, b]$ mit der *gewichteten Maximumnorm*

$$\|g\| := \max_{x \in [a,b]} |g(x)|\, e^{-\alpha x}$$

für ein noch zu spezifizierendes $\alpha > 0$. Der Raum $C[a, b]$ versehen mit dieser Norm ist ein Banachraum, s. Übungsaufgabe 4.1. Offenbar bildet T den Raum $C[a, b]$ in sich ab, und es gilt für alle $x \in [a, b]$

$$
\begin{aligned}
\left| (T(y_2))(x) - (T(y_1))(x) \right| \; &= \; \left| \int_{\xi}^{x} \Big(F(t, y_2(t)) - F(t, y_1(t)) \Big)\, dt \right| \\[2mm]
&\leq \; \int_{\xi}^{x} |F(t, y_2(t)) - F(t, y_1(t))|\, dt \leq \int_{\xi}^{x} L\,|y_2(t) - y_1(t)|\, dt \\[2mm]
&\leq \; L \int_{\xi}^{x} e^{-\alpha t}\, |y_2(t) - y_1(t)|\, e^{\alpha t}\, dt \leq L\,\|y_2 - y_1\| \int_{\xi}^{x} e^{\alpha t}\, dt \\[2mm]
&\leq \; L\,\|y_2 - y_1\|\, \frac{e^{\alpha x} - e^{\alpha \xi}}{\alpha} \leq L\,\|y_2 - y_1\|\, \frac{e^{\alpha x}}{\alpha}\,,
\end{aligned}
$$

also

$$\left| (T(y_2))(x) - (T(y_1))(x) \right| e^{-\alpha x} \leq \frac{L}{\alpha}\,\|y_2 - y_1\|\,,$$

und folglich gilt für die Norm in Bildraum

$$\|T(y_2) - T(y_1)\| \leq \frac{L}{\alpha} \|y_2 - y_1\| \, .$$

Wählt man nun z. B. $\alpha := 2\,L$, so liegt eine Kontraktion vor, und eine Anwendung des Banachschen Fixpunktsatzes liefert die gesuchte Lösung $g \in C[a,b]$. $\qquad\square$

Bemerkung 4.1 In Bedingung (4.6) ist nicht $L < 1$ gefordert, so daß es sich nicht um eine Kontraktionsbedingung handeln muß. Eine derartige Bedingung wird *Lipschitzbedingung*[3] genannt.

Sitzung 4.2 Man kann die sukzessiven Approximationen

$$y_{n+1}(x) = \eta + \int_\xi^x F(t, y_n(t))\, dt \qquad \text{mit der Anfangsbedingung} \qquad y_0(x) \equiv \eta \, ,$$

die sich aus der Fixpunktgleichung (4.5) ergeben, mit der DERIVE Funktion

```
SUKZESSIVE_APPROXIMATION(f,x,y,x0,y0,n):=
ITERATES(y0+INT(LIM(f,y,g_),x,x0,x),g_,y0,n)
```

berechnen. Beispielsweise ergeben sich für die Exponentialfunktion die Näherungsfunktionen `SUKZESSIVE_APPROXIMATION(y,x,y,0,1,5)` (als Lösung des Anfangswertproblems $y' = y$, $y(0) = 1$) und mit $\boxed{\text{Simplify}}$

$$\left[1, x+1, \frac{x^2}{2} + x + 1, \frac{x^3}{6} + \frac{x^2}{2} + x + 1, \frac{x^4}{24} + \frac{x^3}{6} + \frac{x^2}{2} + x + 1, \dots \right] \, .$$

In diesem Fall liefert das Fixpunktverfahren also die Taylorpolynome. Kompliziertere Näherungsfunktionen haben wir bei `SUKZESSIVE_APPROXIMATION(y/x,x,y,1,1,5)` mit dem Ergebnis

$$\left[1, \text{LN}\,(x)+1, \frac{\text{LN}\,(x)^2}{2} + \text{LN}\,(x)+1, \frac{\text{LN}\,(x)^3}{6} + \frac{\text{LN}\,(x)^2}{2} + \text{LN}\,(x)+1, \dots \right] \, .$$

Man errate die Lösung des Anfangswertproblems auf Grund dieser Approximationen, zeige durch Einsetzen, daß es sich um eine Lösung handelt und stelle die Lösung zusammen mit den Näherungen graphisch dar!

Beispiel 4.2 (Taylorapproximation) Ist man lediglich an einer Taylorapproximation der Lösung eines Anfangswertproblems interessiert, kann man diese mit der Methode, die in Beispiel 3.1 behandelt wurde, finden. Es ist ja, wie in Gleichung (3.2), $g'(x)$ implizit als Funktion von x und $y = g(x)$ gegeben. Bei der Differentialgleichung $y' =: F_1(x,y)$ ergibt sich dann, falls F_1 genügend oft differenzierbar ist

$$g''(x) = \frac{\partial F_1}{\partial x}(x,y) + \frac{\partial F_1}{\partial y}(x,y)\, F_1(x,y) =: F_2(x,y) \Big|_{y=g(x)} \, ,$$

---

[3]RUDOLF LIPSCHITZ [1832–1903]

und allgemein

$$g^{(n+1)}(x) = \frac{\partial F_n}{\partial x}(x,y) + \frac{\partial F_n}{\partial y}(x,y)\, F_1(x,y) =: F_{n+1}(x,y)\Big|_{y=g(x)}\,.$$

Im Falle der Differentialgleichung $y' = y =: F_1(x,y)$ erhält man auf diese Weise durch Induktion $F_n(x,y) = y$ ($n \in \mathbb{N}$) und daher für die Lösung $g(x)$ mit dem Anfangswert $g(0) = 1$ die Taylorreihe

$$g(x) = \sum_{k=0}^{\infty} \frac{F_k(0,1)}{k!}\, x^k = \sum_{k=0}^{\infty} \frac{1}{k!}\, x^k \,,$$

die Exponentialreihe.

Sitzung 4.3 Lädt man die DERIVE Funktion `IMPLIZIT_TAYLOR(f,x,y,x0,y0,n)` aus DERIVE-Sitzung 3.1 zusammen mit ihren Hilfsfunktionen (wir brauchen hier nur die zugehörige Hilfsfunktion `IMPLIZIT_TAYLOR_AUX`), so können wir die DERIVE Funktion

```
DSOLVE1_TAYLOR(f,x,y,x0,y0,n):=IMPLIZIT_TAYLOR_AUX(f,x,y,x0,y0,n,
ITERATES(DIF(g_,y)*f+DIF(g_,x),g_,f,n-1)
                                        )
```

erklären, die das n. Taylorpolynom der Lösung des Anfangswertproblems $y' = F(x,y)$, $y(x_0) = y_0$ berechnet. Wir erhalten z. B.

DERIVE Eingabe	DERIVE Ausgabe mit $\boxed{\text{Expand}}$ bzgl. x
`DSOLVE1_TAYLOR(y/x,x,y,x0,y0,5)`	$\dfrac{y_0\, x}{x_0}\,,$
`DSOLVE1_TAYLOR(x/y,x,y,0,1,10)`	$\dfrac{7\,x^{10}}{256} - \dfrac{5\,x^8}{128} + \dfrac{x^6}{16} - \dfrac{x^4}{8} + \dfrac{x^2}{2} + 1\,,$
`DSOLVE1_TAYLOR(x^2+y^3,x,y,0,1,5)`	$\dfrac{337\,x^5}{40} + \dfrac{37\,x^4}{8} + \dfrac{17\,x^3}{6} + \dfrac{3\,x^2}{2} + x + 1\,,$
`DSOLVE1_TAYLOR(y,x,y,0,1,5)`	$\dfrac{x^5}{120} + \dfrac{x^4}{24} + \dfrac{x^3}{6} + \dfrac{x^2}{2} + x + 1\,,$
`DSOLVE1_TAYLOR(EXP(x)*y,x,y,0,1,5)`	$\dfrac{13\,x^5}{30} + \dfrac{5\,x^4}{8} + \dfrac{5\,x^3}{6} + x^2 + x + 1\,,$
`DSOLVE1_TAYLOR(EXP(x*y),x,y,0,1,5)`	$\dfrac{49\,x^5}{120} + \dfrac{5\,x^4}{12} + \dfrac{x^3}{2} + \dfrac{x^2}{2} + x + 1\,.$

ÜBUNGSAUFGABEN

$\star$ **4.1** *Zeige, daß die Menge der im abgeschlossenen Intervall $[a, b]$ stetigen Funktionen $C[a, b]$ mit der Norm ($\alpha > 0$)*

$$\|g\| := \max_{x \in [a,b]} |g(x)|\, e^{-\alpha x}$$

einen Banachraum bildet.

$\star$ **4.2** *Man zeige, daß die Menge der Lipschitz-stetigen Funktionen*

$$\{f : [a,b] \to \mathbb{R} \mid \|f\|_{\mathrm{Lip}} < \infty\}$$

mit der Norm

$$\|f\|_{\mathrm{Lip}} := \sup_{x,y\in[a,b]} \frac{|f(y) - f(x)|}{|y - x|}$$

einen Banachraum bilden.

4.3 *Man versuche, die Anfangswertprobleme aus* DERIVE-*Sitzung 4.3 durch Erraten der Lösungen explizit zu lösen. Man zeige, daß die Bedingungen des Existenz- und Eindeutigkeitssatzes (Satz 4.1) erfüllt und damit die erratenen Lösungen eindeutig sind.*

4.4 *Berechne die Lösung der folgenden Anfangswertprobleme durch induktive Bestimmung der Taylorreihe. Stelle die Lösungen zusammen mit dem Richtungsfeld graphisch dar.*

(a) $y' = -y$, $y(0) = 1$,   (b) $y' = y^2$, $y(0) = 1$,   (c) $y' = x^2 - y$, $y(0) = 1$.

$\diamond$ **4.5** *Man berechne Taylorapproximationen 5. Ordnung der Lösungen der Anfangswertprobleme* $(a, b \in \mathbb{R})$

(a) $y' = y^2 + a\,x + b$, $y(0) = 1$,   (b) $y' = \sin x \sin y$, $y(0) = 1$,

(c) $y' = \dfrac{1}{2\,y}$, $y(1) = 1$,   (d) $y' = x^3 \cdot y$, $y(0) = 1$,

(e) $y' = x - y$, $y(0) = 1$,   (f) $y' = y^3$, $y(0) = 1$.

Stelle die Approximationen zusammen mit den zugehörigen Richtungsfeldern graphisch dar.

$\diamond$ **4.6** *Man berechne Taylorapproximationen 5. Ordnung der Lösungen der Anfangswertprobleme*

(a) $y' = e^x + x \cos y$, $y(0) = 0$,   (b) $y' = x^2 + y^2$, $y(0) = 1$,

(c) $y' = x^3 + y^3$, $y(0) = 1$,   (d) $y' = x^4 + y^4$, $y(0) = 1$.

Stelle die Approximationen zusammen mit den zugehörigen Richtungsfeldern graphisch dar.

4.7 *Zeige, daß bei dem Anfangswertproblem* $(a \in \mathbb{R})$

$$y' = \sqrt[3]{y^2} \qquad \text{mit der Anfangsbedingung} \qquad y(a) = 0 \qquad\qquad (4.7)$$

die Bedingungen des Existenz- und Eindeutigkeitssatzes nicht erfüllt sind, mit dem Resultat, daß die Lösung nicht eindeutig ist: Für $b \leq a \leq c$ *sind alle Funktionen der Schar*

$$g(x) := \begin{cases} \frac{(x-b)^3}{27} & \text{falls } x \leq b \\ 0 & \text{falls } x \in (b,c) \\ \frac{(x-c)^3}{27} & \text{falls } x \geq c \end{cases} \quad .$$

Lösung von (4.7).

4.8 *Sei $F : [a,b] \times \mathbb{R} \to \mathbb{R}$ stetig differenzierbar, und gelte für ein $L > 0$ die Bedingung $F_y(x,y) \leq L$ für alle $(x,y) \in [a,b] \times \mathbb{R}$. Dann hat das Anfangswertproblem (4.3)–(4.4) genau eine Lösung $g : I \to \mathbb{R}$.*

⋆ **4.9 (Stetige Abhängigkeit der Lösung)** *Sei $F : [a,b] \times \mathbb{R} \to \mathbb{R}$ stetig und gelte für ein $L > 0$ die Lipschitzbedingung (4.6) für alle $x \in [a,b]$ und $y_1, y_2 \in \mathbb{R}$. Dann ist die Lösung $g : [a,b] \to \mathbb{R}$ des Anfangswertproblems (4.3)–(4.4) stetig in bezug auf den Anfangswert η als auch in bezug auf die rechte Seite F, d. h., für alle $\varepsilon > 0$ gibt es ein $\delta > 0$ derart, daß*

(a) *für die korrespondierende Lösung $h : [a,b] \to \mathbb{R}$ derselben Differentialgleichung mit dem verschobenen Anfangswert $h(\xi) = \vartheta$ gilt*

$$|\vartheta - \eta| \leq \delta \quad \Longrightarrow \quad \|h - g\|_{[a,b]} \leq \varepsilon \,,$$

bzw.

(b) *für die korrespondierende Lösung $h : [a,b] \to \mathbb{R}$ der modifizierten Differentialgleichung $y' = G(x,y)$ mit dem Anfangswert $h(\xi) = \eta$ gilt*

$$\|G - F\|_{[a,b] \times \mathbb{R}} \leq \delta \quad \Longrightarrow \quad \|h - g\|_{[a,b]} \leq \varepsilon \,.$$

4.2 Elementare Lösungstechniken

Wir wissen nun, daß ein gegebenes Anfangswertproblem erster Ordnung i. a. genau eine Lösung hat. Wir untersuchen in diesem Abschnitt einige spezielle Situationen, in denen man mit einfachen Mitteln diese Lösung bestimmen kann.

Die bekannteste Situation ist die, bei der man die rechte Seite der Differentialgleichung $F(x,y)$ als Produkt zweier Funktionen darstellen kann, die jeweils nur von einer der beiden Variablen abhängen

$$\frac{dy}{dx} = y'(x) = f(x)\, h(y) \,,$$

in welchem Fall man mit $dx/h(y)$ multipliziert und anschließend integriert:

$$\frac{dy}{h(y)} = f(x)\, dx \,, \quad \text{also} \quad \int \frac{dy}{h(y)} = \int f(x)\, dx + C \,.$$

Man erhält durch diese Vorgehensweise eine implizite Darstellung der Lösungsfunktion, die bis auf die Integrationskonstante C eindeutig ist. Die Integrationskonstante ist durch die Anfangsbedingung bestimmt. Diese Technik wird *Trennung der Variablen* genannt. Daß diese Vorgehensweise i. a. gerechtfertigt ist, zeigt der

Satz 4.2 (Trennung der Variablen) Sei $f : I \to \mathbb{R}$ im Intervall I und $h : J \to \mathbb{R}$ im Intervall J stetig, sei $(\xi, \eta) \in I \times J$ und sei schließlich $h(\eta) \neq 0$. Dann hat das Anfangswertproblem

$$y' = f(x)\,h(y) \qquad \text{mit der Anfangsbedingung} \qquad y(\xi) = \eta \qquad (4.8)$$

in einer Umgebung $U \subset I$ eine eindeutige Lösung $g : U \to \mathbb{R}$, die der impliziten Gleichung

$$\int_{\eta}^{g(x)} \frac{du}{h(u)} = \int_{\xi}^{x} f(t)\,dt \qquad (4.9)$$

genügt.

Beweis: Zunächst klären wir die Eindeutigkeitsfrage. Sei U eine Umgebung von ξ und $g : U \to \mathbb{R}$ irgendeine Lösung von (4.8). Wegen $h(\eta) \neq 0$ ist $h(y) \neq 0$ in einer Umgebung von ξ, und nach Division durch $h(y)$ bekommen wir dann durch Integration (in einer möglicherweise kleineren Umgebung von ξ, die wir wieder mit U bezeichnen)

$$\int_{\xi}^{x} \frac{g'(t)}{h(g(t))}\,dt = \int_{\xi}^{x} f(t)\,dt\ .$$

Wendet man die direkte Substitution $u = g(t)$ (s. Satz I.11.4, S. I.295) auf das linke Integral an, erhält man (4.9).

    Nun wollen wir zeigen, daß hierdurch auch wirklich eine Lösung gegeben ist. Mit den Bezeichnungen

$$F(x) := \int_{\xi}^{x} f(t)\,dt \qquad \text{sowie} \qquad H(y) := \int_{\eta}^{y} \frac{du}{h(u)}$$

ist (4.9) äquivalent zu

$$H(g(x)) = F(x)\ . \qquad (4.10)$$

Wegen $h(\eta) \neq 0$ ist $H' = 1/h$ in einer Umgebung von η stetig und ungleich 0, und folglich existiert in einer Umgebung V von η die Umkehrfunktion $H^{-1} : U \to \mathbb{R}$, wobei $U = H(V)$ ist. Wir erklären

$$g(x) := H^{-1}(F(x))\ ,$$

und wir werden zeigen, daß diese Funktion das Anfangswertproblem (4.8) in U löst. Mit F und H ist definitionsgemäß auch g differenzierbar, somit können wir die Identität (4.10) implizit ableiten und erhalten

$$H'(g(x))\,g'(x) = F'(x)$$

bzw.

$$g'(x) = \frac{F'(x)}{H'(g(x))} = f(x)\,h(g(x))\ ,$$

und somit ist die Differentialgleichung erfüllt. Wegen

$$g(\xi) = H^{-1}(F(\xi)) = H^{-1}(0) = \eta$$

gilt auch die Anfangsbedingung. $\square$

Sitzung 4.4 Die Methode der Trennung der Variablen ist in DERIVE verfügbar. Die DERIVE Funktion

```
SEPARABLE(f,h,x,y,x0,y0):=INT(1/h,y,y0,y)=INT(f,x,x0,x)
```

die mit $\boxed{\texttt{Transfer Load Utility}}$ ODE1.MTH geladen werden kann, erzeugt Gleichung (4.9). Gegebenenfalls kann diese dann nach y aufgelöst werden. Wir bekommen beispielsweise

DERIVE Eingabe $\qquad$ DERIVE Ausgabe $\quad \boxed{\texttt{soLve}}$

$\texttt{SEPARABLE(1,y,x,y,0,1)}$ $\quad$ $\mathrm{LN}\,(y) = x$ $\qquad$ $y = \hat{e}^x$,

$\texttt{SEPARABLE(x,y,x,y,0,1)}$ $\quad$ $\mathrm{LN}\,(y) = \dfrac{x^2}{2}$ $\qquad$ $y = \hat{e}^{x^2/2}$,

und

DERIVE Eingabe $\qquad\qquad\qquad\qquad$ Ausgabe nach $\boxed{\texttt{soLve}}$

$\texttt{SEPARABLE(1/SIN(x),y LN(y),x,y,}\pi\texttt{/2,}\hat{e}\texttt{)}$ $\quad$ $y = \hat{e}^{\mathrm{TAN}\,(x/2)}$.

Nicht in jedem Fall kann natürlich die Gleichung nach y aufgelöst werden.

DERIVE Eingabe $\qquad\qquad\qquad\qquad$ Ausgabe nach $\boxed{\texttt{soLve}}$

$\texttt{SEPARABLE(COS(x),1/COS(y)\^{}2,x,y,}\pi\texttt{,0)}$ $\quad$ $\dfrac{\mathrm{SIN}\,(y)\,\mathrm{COS}\,(y)}{2} + \dfrac{y}{2} = \mathrm{SIN}\,(x)$.

Sind die Bedingungen des Satzes nicht erfüllt, können mehrere Lösungen existieren, s. auch Übungsaufgabe 4.7. $\texttt{SEPARABLE(1/(2x+x\^{}2),}\hat{e}\texttt{\^{}(-y\^{}2)/y,x,y,2,0)}$ liefert beispielsweise nach $\boxed{\texttt{soLve}}$ die beiden Lösungen

$$y = -\sqrt{\mathrm{LN}\left[-\mathrm{LN}\left[\tfrac{x+2}{2}\right] + \mathrm{LN}\,(x) + 1\right]}$$
$$y = \sqrt{\mathrm{LN}\left[-\mathrm{LN}\left[\tfrac{x+2}{2}\right] + \mathrm{LN}\,(x) + 1\right]}$$

Man mache sich dieses Verhalten am Richtungsfeld klar!

Natürlich kann man die Methode mit der Funktion

```
SOLVE_SEPARABEL(f,h,x,y,xi,eta):=
ELEMENT(SOLVE(SEPARABLE(f,h,x,y,xi,eta),y),1)

SS(f,h,x,y,xi,eta):=SOLVE_SEPARABEL(f,h,x,y,xi,eta)
```

auch in einem Schritt anwenden. Ist die Lösung nicht eindeutig, verliert man dann allerdings gegebenenfalls Lösungen.[4]

Schließlich betrachten wir die zwei Beispiele

---

[4] Man kann auch $\texttt{SOLVE\_SEPARABEL(f,h,x,y,xi,eta):=SOLVE(SEPARABLE(f,h,x,y,xi,eta),y)}$ deklarieren und bekommt dann immer einen Lösungsvektor.

DERIVE Eingabe

DERIVE Ausgabe

`SS(SIN(x),EXP(y),x,y,0,-LN(2))`

$y = -\text{LN}\left(\text{COS}\left(x\right)+1\right),$

`SS(SIN(x),EXP(y),x,y,0,-LN(2)-1/100)`

$y = -\text{LN}\left(2\,\hat{e}^{1/100} + \text{COS}\left(x\right) - 1\right).$

Stellt man die beiden Lösungen zusammen mit dem Richtungsfeld graphisch dar,
erhält man Abbildung 4.2. Man sieht, daß die beiden Lösungen sich global völlig verschieden verhalten, obwohl die Anfangswerte sehr nahe beieinander liegen: Während
die erste Lösung nur im Intervall $(-\pi/2, \pi/2)$ erklärt ist und am Rand dieses Intervalls jeweils gegen ∞ strebt, ist die zweite Lösung in ganz $\mathbb{R}$ erklärt und beschränkt.
Solch ein Verhalten nennt man *unstabiles Lösungsverhalten*: Kleine Änderungen der
Eingabedaten haben große Änderungen der Lösung zur Folge. Man überlege sich,
woran dieses Verhalten bei unserem Beispiel liegt, vgl. Übungsaufgabe 4.9.

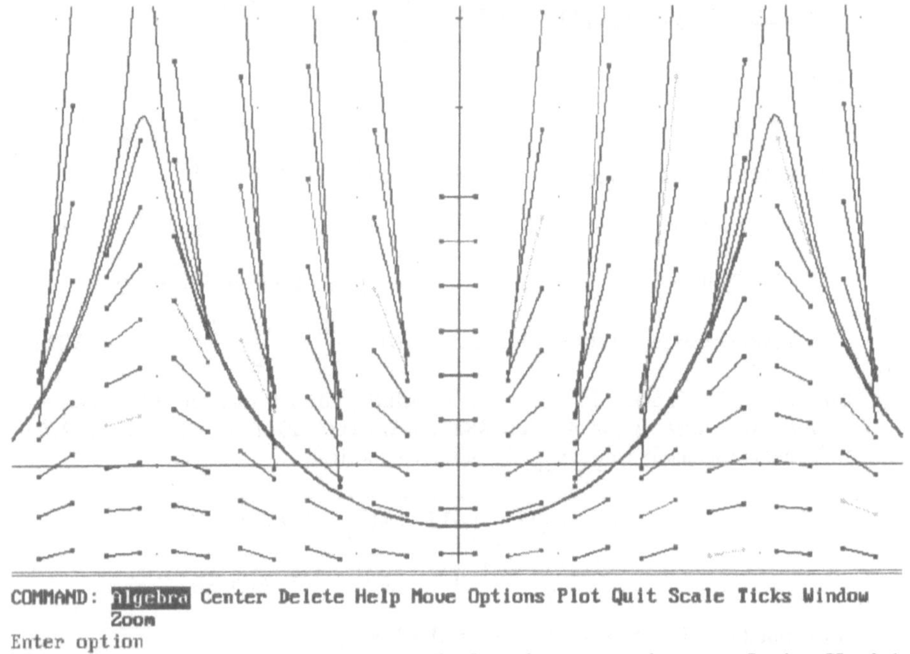

Abbildung 4.2 Unstabiles Lösungsverhalten

Beispiel 4.3 Das in Beispiel 4.1 erwähnte Anfangswertproblem

$$y' = \frac{\alpha}{1+x}\,y \qquad \text{mit der Anfangsbedingung} \qquad y(0) = 1$$

hatten wir in Satz I.12.12 (S. I.342) ad hoc gelöst. Wir können bei dieser Differentialgleichung die Variablen trennen und sie daher nun systematisch lösen. Wir
erhalten

$$\frac{dy}{y} = \frac{\alpha}{1+x}\,dx \qquad \text{und nach Integration} \qquad \int\limits_{1}^{g(x)} \frac{ds}{s} = \int\limits_{0}^{x} \frac{\alpha}{1+t}\,dt$$

bzw.

$$\ln g(x) = \alpha \ln (1+x)\,.$$

Auflösen nach $g(x)$ liefert wieder $g(x) = (1+x)^{\alpha}$. $\triangle$

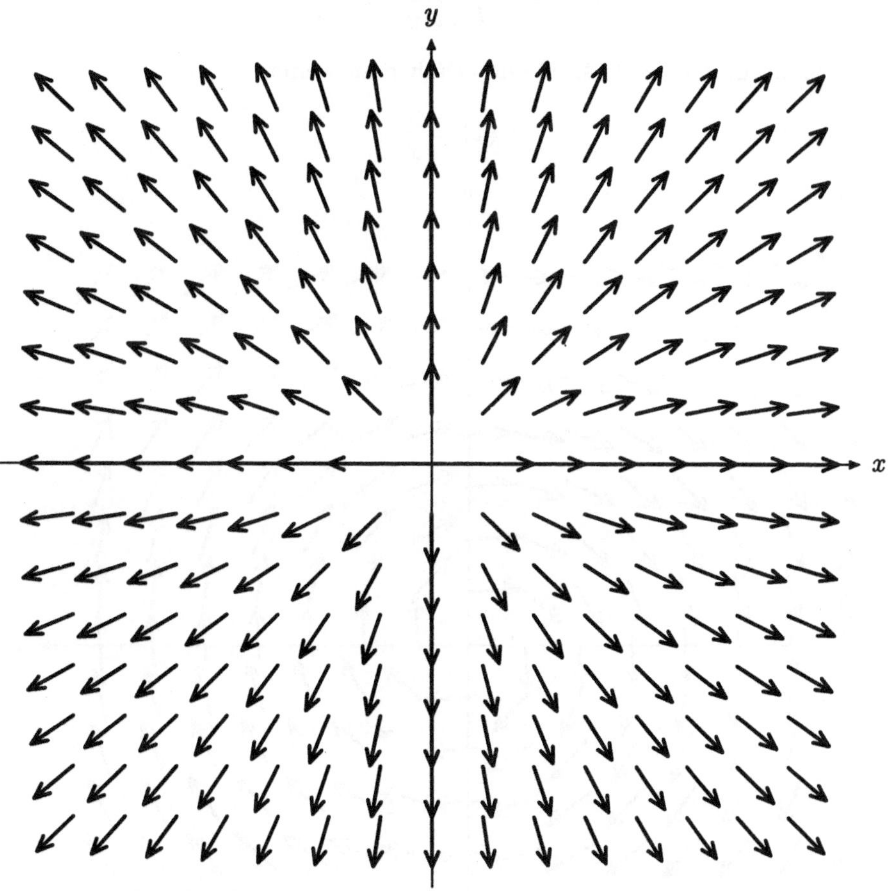

Abbildung 4.3 Richtungsfeld der Geradenschar

Als eine Anwendung der bislang behandelten Methoden betrachten wir das

Beispiel 4.4 (Orthogonaltrajektorien) Gegeben sei die implizite Geradenschar $\mathcal{G}$

$$F(x,y) = a\,x + b\,y = 0 \qquad (a,b \in \mathbb{R})\,. \tag{4.11}$$

von Geraden durch den Ursprung, deren Richtungsfeld in Abbildung 4.3 zu sehen ist. Wir suchen diejenigen reellen Funktionen, deren Graphen jede Gerade unserer Schar rechtwinklig schneiden. Diese heißen die *Orthogonaltrajektorien* der ursprünglichen Schar $\mathcal{G}$. Das Richtungsfeld der Orthogonaltrajektorien ist in Abbildung 4.4 abgebildet.

Zunächst bestimmen wir eine Differentialgleichung, die jedes Element $g \in \mathcal{G}$ erfüllt. Nach dem Satz über implizite Funktionen gilt

$$g'(x) = -\frac{F_x(x,y)}{F_y(x,y)} = -\frac{a}{b} \, ,$$

und setzt man nun b gemäß (4.11) ein, erhält man weiter

$$g'(x) = \frac{y}{x} \, .$$

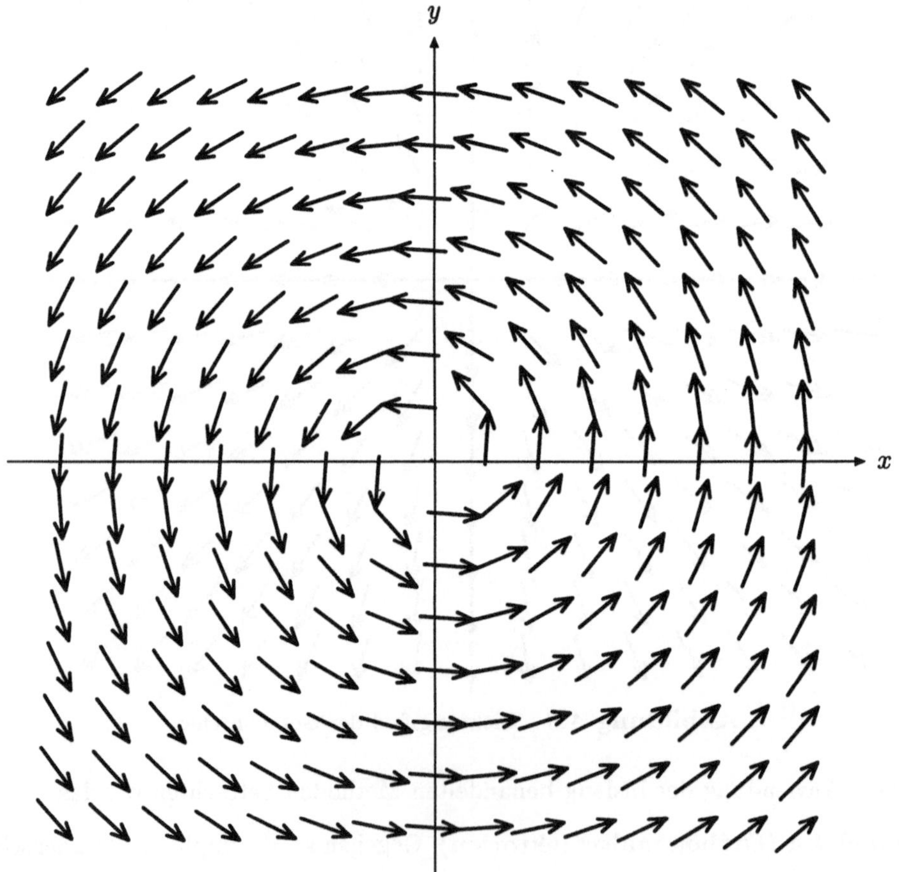

Abbildung 4.4 Richtungsfeld der Orthogonaltrajektorien der Geradenschar

Dies entspricht der Differentialgleichung $y' = y/x$, welche das Richtungsfeld aus Abbildung 4.3 besitzt und deren allgemeine Lösung in der Tat die Geradenschar $\mathcal{G}$ ist (man überprüfe dies!). Da wir aber wissen, daß die zur Steigung m orthogonale Steigung den Wert $-1/m$ hat, erfüllen die Orthogonaltrajektorien der Schar $\mathcal{G}$ die Differentialgleichung

$$y' = -\frac{x}{y}\,,$$

entsprechend dem Richtungsfeld aus Abbildung 4.4.

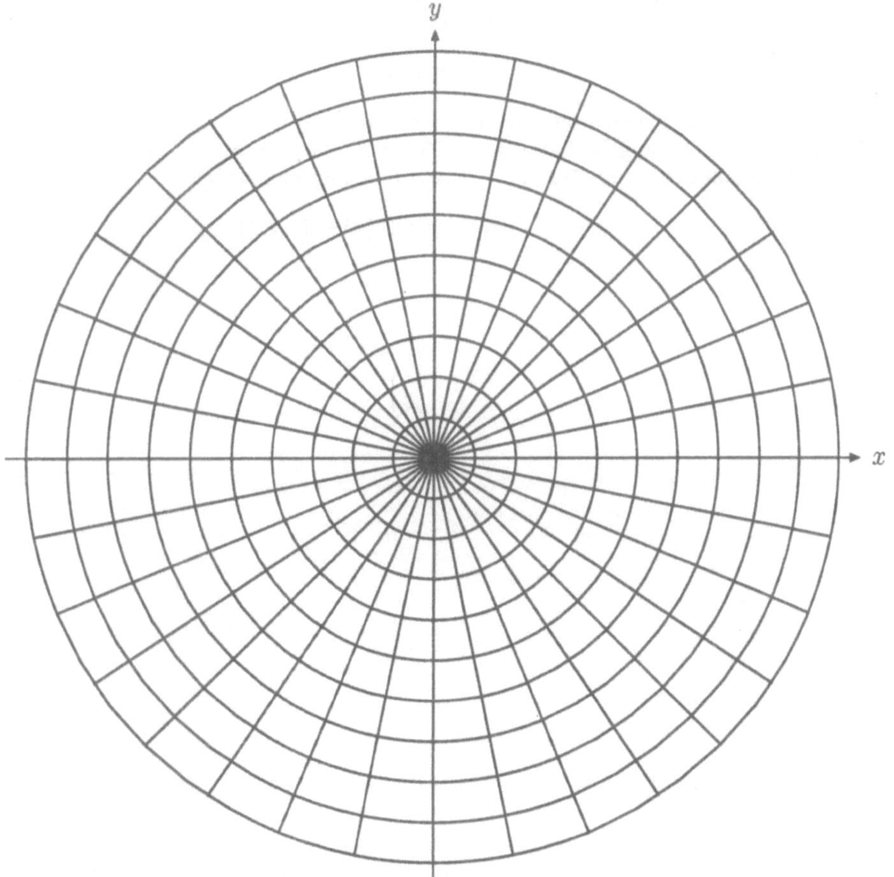

Abbildung 4.5   Geraden und Kreise als Orthogonaltrajektorien

Diese Differentialgleichung lösen wir nun. Wir bekommen durch Trennung der Variablen zunächst $y\,dy = -x\,dx$ und durch Integration

$$\int y\,dy = -\int x\,dx \qquad \text{bzw.} \qquad \frac{y^2}{2} = -\frac{x^2}{2} + C$$

mit einer Integrationskonstanten $C \in \mathbb{R}$. Also haben wir

$$x^2 + y^2 = -2C = r^2 \qquad (r \in \mathbb{R}) \, .$$

Hierbei kommt rechts nur eine positive Konstante r^2 in Frage, da $x^2 + y^2 \geq 0$ ist. Die Orthogonaltrajektorien von $\mathcal{G}$ sind also die konzentrischen Kreislinien um den Ursprung, s. Abbildung 4.5. Elementargeometrisch war dies natürlich von vornherein klar. $\triangle$

Sitzung 4.5 Wir wollen an das Beispiel aus Abbildung 4.2 anschließen und die Orthogonaltrajektorien der Lösungen von

$$y' = \sin x \, e^y$$

suchen. Zunächst betrachten wir die Schar der Lösungen dieser Differentialgleichung mit den Anfangsbedingungen $y(0) = t$, die wir durch Vereinfachung von `SOLVE_SEPARABEL(SIN(x),EXP(y),x,y,0,t)` bekommen, welches

$$y = t - \mathrm{LN}\left(\hat{e}^t \left(\mathrm{COS}\left(x\right) - 1\right) + 1\right)$$

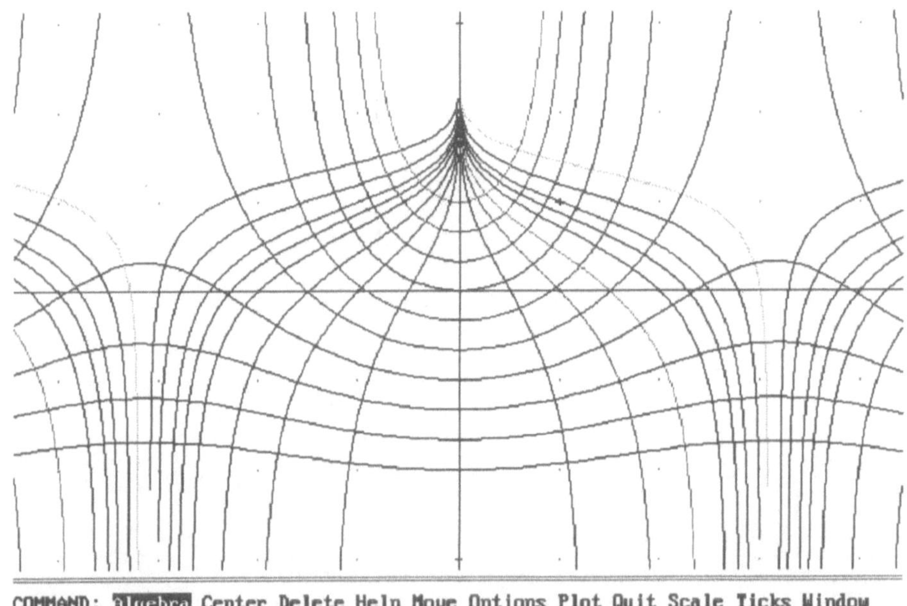

Abbildung 4.6   Orthogonaltrajektorien der Differentialgleichung $y' = \sin x \, e^y$

liefert. Die Orthogonaltrajektorienschar, die durch die Punkte $(t, 0)$ geht, finden wir durch Vereinfachung von `SOLVE_SEPARABEL(-1/SIN(x),EXP(-y),x,y,t,0)` mit dem Ergebnis

$$y = \mathrm{LN}\left[-\mathrm{LN}\left(1 - \mathrm{COS}\left(x\right)\right) - \mathrm{LN}\left[\frac{1}{\mathrm{SIN}\left(x\right)\left(1 - \mathrm{COS}\left(t\right)\right)}\right] + \mathrm{LN}\left[\frac{1}{\mathrm{SIN}\left(t\right)}\right] + 1\right].$$

Stellen wir eine geeignete Auswahl dieser Graphen dar, erhalten wir Abbildung 4.6.

Als weitere Beispielsklasse von Differentialgleichungen erster Ordnung, für die ein Lösungsalgorithmus[5] existiert, betrachten wir *lineare Differentialgleichungen* erster Ordnung

$$A(x)\,y' + B(x)\,y = C(x)\;,$$

die, nach y' aufgelöst, die Form

$$y' = f(x)\,y + h(x) \tag{4.12}$$

haben. Hierbei bezeichnen A, B, C, f und h im Intervall $[a, b]$ stetige Funktionen der Variablen x. Wir betrachten zunächst den Fall, daß die Funktion $h(x) \equiv 0$ die Nullfunktion ist. Wir nennen dies den *homogenen* Fall, in welchem eine Situation mit getrennten Variablen vorliegt

$$y' = f(x)\,y\;, \tag{4.13}$$

und wir erhalten mit der Anfangsbedingung $y(\xi) = \eta$ gemäß Satz 4.2 die implizite Lösung

$$\int\limits_{\eta}^{g(x)} \frac{du}{u} = \int\limits_{\xi}^{x} f(t)\,dt \qquad \text{bzw.} \qquad \ln g(x) - \ln \eta = \int\limits_{\xi}^{x} f(t)\,dt$$

und somit die explizite Lösung

$$g(x) = \eta \cdot \exp\left(\int\limits_{\xi}^{x} f(t)\,dt\right)\;. \tag{4.14}$$

Strenggenommen hätten wir eine Fallunterscheidung machen müssen, je nach Vorzeichen von η, aber Einsetzen von (4.14) in (4.13) zeigt die Gültigkeit der gegebenen Lösung. Da die rechte Seite der Differentialgleichung eine Lipschitzbedingung bzgl. y erfüllt

$$\left|f(x)\,y_2 - f(x)\,y_1\right| \leq \|f\|_{[a,b]} \left|y_2 - y_1\right|\;,$$

ist nach dem Existenz- und Eindeutigkeitssatz die Lösung eindeutig. Wir haben also das

---

[5]Dies heißt hier nur, daß wir eine generelle Strategie angeben können, um die Lösung durch Integrale auszudrücken. Natürlich führen nicht alle autretenden Integrationen wieder zu elementaren Lösungsfunktionen.

Lemma 4.1 Sei $f : [a, b] \to \mathbb{R}$ stetig, $\xi \in [a, b]$ und $\eta \in \mathbb{R}$. Dann gibt es genau eine Lösung $g : [a, b] \to \mathbb{R}$ der homogenen linearen Differentialgleichung

$$(4.13) \qquad\qquad y' = f(x)\, y$$

mit der Anfangsbedingung $y(\xi) = \eta$. Diese hat die Darstellung

$$(4.14) \qquad\qquad g(x) = \eta \cdot \exp\left(\int_{\xi}^{x} f(t)\, dt \right) . \qquad\qquad \square$$

Nun betrachten wir die *inhomogene* Differentialgleichung (4.12). Wieder sieht man sofort, daß eine Lipschitzbedingung bzgl. y erfüllt ist, daß also genau eine Lösung existiert. Diese wollen wir erraten. Dazu machen wir den *Ansatz*

$$g(x) = \varphi(x) \cdot \exp\left(\int_{\xi}^{x} f(t)\, dt \right) \quad \text{mit der Anfangsbedingung} \quad \varphi(\xi) = \eta\,, \qquad (4.15)$$

wir nehmen also die Lösung des zugehörigen homogenen Problems und ersetzen die dortige Konstante η durch eine von x abhängige Funktion φ, welche die Anfangsbedingung $\varphi(\xi) = \eta$ erfüllt. Dieses Verfahren, das im vorliegenden Fall erfolgreich ist, nennt man *Variation der Konstanten*. Für die auftretende Exponentialfunktion benutzen wir die Abkürzung

$$F(x) := \exp\left(\int_{\xi}^{x} f(t)\, dt \right) . \qquad\qquad (4.16)$$

Setzen wir nun die durch (4.15) gegebene Funktion g in die Differentialgleichung (4.12) ein, erhalten wir zunächst

$$\Big(\varphi'(x) + \varphi(x)\, f(x) \Big)\, F(x) = f(x)\, \varphi(x)\, F(x) + h(x)\,,$$

nach Division durch $F(x)$ erhalten wir weiter

$$\varphi'(x) = \frac{h(x)}{F(x)}$$

und schließlich durch Integration unter Berücksichtigung der Anfangsbedingung

$$\varphi(x) = \eta + \int_{\xi}^{x} \frac{h(u)}{F(u)}\, du\,.$$

Wir fassen dieses Resultat zusammen in dem

Satz 4.3 (Lineare Differentialgleichung erster Ordnung) Sei $f : [a, b] \to \mathbb{R}$ stetig, $\xi \in [a, b]$ und $\eta \in \mathbb{R}$. Dann gibt es genau eine Lösung $g : [a, b] \to \mathbb{R}$ der inhomogenen linearen Differentialgleichung (4.12) mit der Anfangsbedingung $y(\xi) = \eta$, die die Darstellung

$$g(x) = F(x) \left(\eta + \int_{\xi}^{x} \frac{h(u)}{F(u)} \, du \right)$$

hat, wobei F durch

$$(4.16) \qquad F(x) := \exp\left(\int_{\xi}^{x} f(t) \, dt \right)$$

gegeben ist. $\qquad\qquad\qquad\qquad\qquad\qquad\qquad\qquad\qquad\qquad\qquad\qquad\qquad\qquad$ $\square$

Sitzung 4.6 Da wir bei linearen Differentialgleichungen erster Ordnung eine explizite Lösungsformel erhalten haben, können wir diese ohne Mühe in DERIVE übertragen. Laden wir ODE1.MTH mit $\boxed{\texttt{Transfer Load Utility}}$, steht die Funktion

```
LINEAR1(p,q,x,y,x0,y0):=
y=(y0+INT(q*#e^INT(p,x,x0,x),x,x0,x))/#e^INT(p,x,x0,x)
```

zur Verfügung. Sie berechnet die Lösung der linearen Differentialgleichung

$$y' + p(x)\, y = q(x)$$

mit der Anfangsbedingung $y(x_0) = y_0$. Wir erhalten beispielsweise die Resultate

DERIVE Eingabe	DERIVE Ausgabe[6]
`LINEAR1(-1,0,x,y,0,1)`	$y = \hat{e}^x$,
`LINEAR1(-SIN(x),SIN(2 x),x,y,pi/2,2)`	$y = 2 - 2\operatorname{COS}(x)$,
`LINEAR1(1/TAN(x),1,x,y,pi/2,0)`	$y = -\operatorname{COT}(x)$,
`LINEAR1(SIN(x),(1+SIN(x)) EXP(x),x,y,0,1)`	$y = \hat{e}^x$.

ÜBUNGSAUFGABEN

4.10 *Man löse diejenigen Anfangswertprobleme aus* DERIVE-*Sitzung 4.3, bei denen die Variablen getrennt werden können, explizit.*

---

[6]Beim zweiten Ausdruck wird eines der auftretenden Integrale nur mit der Einstellung $\boxed{\texttt{Manage Trigonometry Expand}}$ gelöst.

◇ **4.11** Man *löse die folgenden Anfangswertprobleme durch Trennung der Variablen und stelle die Lösungen zusammen mit dem Richtungsfeld graphisch dar.*

(a) $y' = -y$, $y(0) = 1$,

(b) $y' = \sin x \sin y$, $y(0) = 1$,

(c) $y' = \dfrac{1}{2\,y}$, $y(1) = 1$,

(d) $y' = x^3 \cdot y$, $y(0) = 1$,

(e) $y' = \sqrt{1 - y^2}$, $y\left(\dfrac{2\,\pi}{3}\right) = \dfrac{1}{2}$,

(f) $y' = 1 + y^2$, $y(0) = 0$.

◇ **4.12** Man *löse die folgenden Anfangswertprobleme durch Trennung der Variablen.*

(a) $y' = y^2$, $y(0) = \eta$,

(b) $y' = y^3$, $y(0) = \eta$,

(c) $y' = \cos x \, e^y$, $y(\xi) = \eta$,

(d) $y' = \dfrac{\sqrt{1 - y^2}}{y}$, $y(\xi) = \eta$,

(e) $y' = 1 - y^2$, $y(0) = \eta$,

(f) $y' = (a^2 + x^2)\,(b^2 + y^2)$, $y(\xi) = \eta$.

4.13 Man *löse die Differentialgleichung der erzeugenden Funktion der Fibonacci-zahlen*

$$(1 - x - x^2)\,y' - (1 + 2x)\cdot y = 0 \ ,$$

s. Übungsaufgabe I.12.34 (S. I.355), mit der Anfangsbedingung $y(0) = 1$.

◇ **4.14** Man *bestimme die Orthogonaltrajektorien der Hyperbelschar*

$$y^2 - x^2 = r^2 \qquad (r \in \mathbb{R})$$

und stelle beide Scharen graphisch dar.

◇ **4.15** Man *bestimme die Lösung des Anfangswertproblems*

$$(1 - x^2)\,y' = x\,y - 1 \qquad \text{mit der Anfangsbedingung} \qquad y(\xi) = \eta \ .$$

Was ergibt sich mit der Anfangsbedingung $y(1) = \eta$? *Und was erhält man andererseits durch Grenzübergang* $\xi \to 1$ *aus dem allgemeinen Ergebnis? Erkläre, warum dieses Ergebnis von* η *unabhängig ist, überprüfe seine Korrektheit und erkläre dieses Lösungsverhalten.*

◇ **4.16** Man *löse die folgenden Anfangswertprobleme und stelle die Lösungen zusammen mit dem Richtungsfeld graphisch dar.*

(a) $y' = \sin x \, y + \sin (2x)$, $y(0) = 1$,

(b) $y' + n \tan x \, y = 1$, $y(0) = 0$ $(n = 1, \dots, 4)$.

4.17 (Homogene[7] Differentialgleichung) *Man löse das Anfangswertproblem*

$$y' = f(y/x) \qquad \text{mit der Anfangsbedingung} \qquad y(\xi) = \eta \,,$$

bei dem die rechte Seite also nur von dem Quotienten y/x abhängt, durch Trennung der Variablen unter Zuhilfenahme der Substitution $u := y/x$. Man begründe alle Schritte sorgfältig.

Mit der erhaltenen Lösungsformel löse man dann die Anfangswertprobleme

(a) $\quad y' = \dfrac{y}{x} - \dfrac{x^2}{y^2}, \quad y(1) = 1 \,,$ \qquad (b) $\quad y' = \dfrac{y-x}{y+x}, \quad y(1) = 0 \,.$

4.18 *Löse die folgenden Anfangswertprobleme mit Hilfe der Substitution $u := x+y$.*

(a) $\quad y' = (x + y)^2, \quad y(\xi) = \eta \,,$ \qquad (b) $\quad y' = (x + y)^3, \quad y(\xi) = \eta \,.$

$\star$ **4.19 (Bernoullische Differentialgleichung)** *Führe die Bernoullische Differentialgleichung $(\alpha \neq 1)$*

$$y' + f(x)\,y + h(x)\,y^\alpha = 0$$

durch die Substitution $u := y^{1-\alpha}$ auf eine lineare Differentialgleichung zurück und löse das Anfangswertproblem mit der Anfangsbedingung $y(\xi) = \eta$ allgemein.

Mit der erhaltenen Lösungsformel löse man dann die Anfangswertprobleme

(a) $\quad y' + \dfrac{y}{1+x} + (1+x)\,y^4 = 0, \quad y(0) = -1 \,,$

(b) $\quad y' = x^4\,y + x^4\,y^4 = 0, \quad y(0) = \eta \,,$

(c) $\quad y' + y + (\sin x + e^x)\,y^3 = 0 \,, \quad y(\xi) = \eta \,.$

4.3 Differentialgleichungen höherer Ordnung

Nachdem wir im letzten Abschnitt erfolgreich lineare Differentialgleichungen erster Ordnung behandelt haben, stellt sich nun die Frage, inwiefern wir diese Methoden auf Differentialgleichungen höherer Ordnung verallgemeinern können. Wir sind insbesondere interessiert an der Lösung linearer Differentialgleichungen n. Ordnung

$$\sum_{k=0}^{n} a_k(x)\,y^{(k)} = a_n(x)\,y^{(n)} + a_{n-1}(x)\,y^{(n-1)} + \cdots + a_1(x)\,y' + a_0(x)\,y = b(x) \quad (4.17)$$

mit stetigen Funktionen a_k $(k = 0, \dots, n)$ und b. Wir machen zunächst die folgende Feststellung: Setzen wir

$$\boldsymbol{y} = (y_1, y_2, \dots, y_n) := (y, y', y'', \dots, y^{(n-1)}) \,,$$

---

[7]Homogene Differentialgleichungen haben nichts mit homogenen linearen Differentialgleichungen zu tun!

so können wir die Differentialgleichung wegen der Beziehungen

$$y_1' = y_2 , \quad y_2' = y_3 , \quad \ldots , \quad y_{n-1}' = y_n , \quad y_n' = y_1^{(n)}$$

auch durch das *Differentialgleichungssystem*

$$\begin{pmatrix} y_1' \\ y_2' \\ \vdots \\ y_{n-1}' \\ y_n' \end{pmatrix} = \begin{pmatrix} y_2 \\ y_3 \\ \vdots \\ y_n \\ -\frac{a_0}{a_n}y_1 - \frac{a_1}{a_n}y_2 - \cdots - \frac{a_{n-1}}{a_n}y_n + \frac{b}{a_n} \end{pmatrix}$$

$$= \begin{pmatrix} 0 & 1 & 0 & \cdots & 0 \\ 0 & 0 & 1 & \cdots & 0 \\ \vdots & \vdots & \ddots & \ddots & \vdots \\ 0 & 0 & 0 & \cdots & 1 \\ -\frac{a_0}{a_n} & -\frac{a_1}{a_n} & -\frac{a_2}{a_n} & \cdots & -\frac{a_{n-1}}{a_n} \end{pmatrix} \begin{pmatrix} y_1 \\ y_2 \\ \vdots \\ y_{n-1} \\ y_n \end{pmatrix} + \begin{pmatrix} 0 \\ 0 \\ \vdots \\ 0 \\ \frac{b}{a_n} \end{pmatrix} ,$$

d. h. in Matrixform

$$y' = A \cdot y + b \tag{4.18}$$

mit der Matrix

$$A := \begin{pmatrix} 0 & 1 & 0 & \cdots & 0 \\ 0 & 0 & 1 & \cdots & 0 \\ \vdots & \vdots & \ddots & \ddots & \vdots \\ 0 & 0 & 0 & \cdots & 1 \\ -\frac{a_0}{a_n} & -\frac{a_1}{a_n} & -\frac{a_2}{a_n} & \cdots & -\frac{a_{n-1}}{a_n} \end{pmatrix}$$

und dem Vektor

$$b^T := (0, 0, \ldots, 0, b/a_n)$$

ausdrücken.

Das Differentialgleichungssystem (4.18) mit einer $n \times n$-Matrix A stetiger Funktionen $a_{jk} : [a, b] \to \mathbb{R}$ heißt wieder *homogen*, falls $b = 0$ ist, andernfalls *inhomogen*, und es sieht formal nicht anders aus als die explizite lineare Differentialgleichung erster Ordnung, die wir im letzten Abschnitt behandelt hatten. Das noch allgemeinere Differentialgleichungssystem

$$y' = F(x, y) , \tag{4.19}$$

bei dem $F : [a, b] \times \mathbb{R}^n \to \mathbb{R}$ eine stetige Funktion der $n + 1$ Variablen x und $y_1, y_2, \ldots, y_n$ ist, sieht formal genauso aus wie die Differentialgleichung (4.3), und es zeigt sich, daß sich der Existenz- und Eindeutigkeitssatz aus § 4.1 mühelos übertragen läßt.

Satz 4.4 (Existenz- und Eindeutigkeitssatz für Differentialgleichungssysteme) Sei $F : [a, b] \times \mathbb{R}^n \to \mathbb{R}^n$ stetig, und gelte für ein $L > 0$ eine Lipschitzbedingung bzgl. der y-Variablen

$$|F(x, y_2) - F(x, y_1)| \leq L\,|y_2 - y_1| \tag{4.20}$$

für alle $x \in [a, b]$ und $y_1, y_2 \in \mathbb{R}^n$. Sei ferner $\xi \in [a, b]$ und $\eta \in \mathbb{R}^n$. Dann hat das Anfangswertproblem

$$(4.19) \qquad\qquad y' = F(x, y)$$

mit der Anfangsbedingung $y(\xi) = \eta$ genau eine Lösung $g : [a, b] \to \mathbb{R}^n$.

Beweis: Der Beweis wird analog zum Beweis von Satz 4.1 geführt. Wieder wandelt man das Anfangswertproblem durch (zeilenweise) Integration in ein Fixpunktproblem

$$y(x) = \eta + \int_{\xi}^{x} F(t, y(t))\, dt =: T(y)(x)$$

mit dem Operator $T : C[a, b]^n \to C[a, b]^n$ um. Versieht man $C[a, b]^n$ mit der Norm

$$\|g\| := \max_{x \in [a,b]} e^{-2Lx}\,|g(x)| \, ,$$

läßt sich wiederum der Banachsche Fixpunktsatz mit der Kontraktionskonstanten $\lambda = 1/2$ anwenden, und das Resultat folgt. $\qquad\qquad\square$

Als sofortige Folgerung aus Satz 4.4 haben wir das

Korollar 4.1 (Existenz- und Eindeutigkeitssatz für lineare Systeme) Sei $A(x)$ eine $n \times n$-Matrix stetiger Funktionen $a_{jk} : [a, b] \to \mathbb{R}$, $b(x)$ ein n-Vektor stetiger Funktionen $b_k : [a, b] \to \mathbb{R}$, seien ferner $\xi \in [a, b]$ und $\eta \in \mathbb{R}^n$. Dann gibt es genau eine Lösung $g : [a, b] \to \mathbb{R}^n$ des linearen Differentialgleichungssystems

$$(4.18) \qquad\qquad y' = A \cdot y + b$$

mit der Anfangsbedingung $y(\xi) = \eta$.

Beweis: Mit $F(x, y) = A(x)\,y + b(x)$ sind alle Bedingungen von Satz 4.4 erfüllt, da wegen

$$|F(x, y_2) - F(x, y_1)| = |A(x)\,(y_2 - y_1)| \leq \|A\| \cdot |y_2 - y_1|$$

eine Lipschitzbedingung (4.20) mit der Lipschitzkonstanten $\|A\|$ gilt. $\qquad\qquad\square$

Beispiel 4.5 (Lineares Differentialgleichungssystem) Wir betrachten das Differentialgleichungssystem[8]

$$\begin{array}{rcl} y_1' &=& -\omega\,y_2 \\ y_2' &=& \omega\,y_1 \end{array} \quad \text{mit den Anfangsbedingungen} \quad \begin{array}{l} y_1(0) = 1 \\ y_2(0) = 0 \end{array} \;. \tag{4.21}$$

---

[8]Das Symbol ω ist der griechische Buchstabe „omega".

In Matrizenschreibweise entspricht diesem das Anfangswertproblem

$$y' = \begin{pmatrix} 0 & -\omega \\ \omega & 0 \end{pmatrix} y \quad \text{mit der Anfangsbedingung} \quad y(0) = \begin{pmatrix} 1 \\ 0 \end{pmatrix} .$$

Leitet man beide Differentialgleichungen (4.21) ein weiteres Mal ab und setzt man die gegebenen Gleichungen in die resultierenden ein, erhält man die Differentialgleichungen zweiter Ordnung

$$y_1'' = -\omega^2 \, y_1 \qquad \text{sowie} \qquad y_2'' = -\omega^2 \, y_2 \, ,$$

die *entkoppelt* sind, d. h., diese beiden Differentialgleichungen enthalten nun jeweils nur eine der beiden gesuchten Funktionen. Wir machen den Lösungsansatz $y_2(x) := A \cos(\omega x) + B \sin(\omega x)$. Die Anfangsbedingung für y_2 liefert dann zunächst

$$y_2(0) = A = 0 \, ,$$

also $y_2(x) = B \sin(\omega x)$. Weiter folgt aus der zweiten Differentialgleichung

$$y_2' = \omega \, B \cos(\omega x) = \omega \, y_1 \, ,$$

also $y_1(x) = B \cos(\omega x)$. Die Anfangsbedingung für y_1 liefert schließlich

$$y_1(0) = B = 1 \, ,$$

und die Lösung des gegebenen Anfangswertproblems ist also der Vektor

$$g(x) = (\cos(\omega x), \sin(\omega x)) \, .$$

Sitzung 4.7 Der Beweis von Satz 4.4 liefert – genau wie im Eindimensionalen – nicht nur die Existenz und Eindeutigkeit der Lösung eines gegebenen Anfangswertproblems, sondern auch ein Approximationsverfahren, um diese Lösung anzunähern. Da das Approximationsverfahren dem eindimensionalen völlig entspricht, können wir wieder die DERIVE Funktion `SUKZESSIVE_APPROXIMATION(f,x,y,x0,y0,n)` aus DERIVE-Sitzung 4.2 verwenden. Wir erhalten beispielsweise als Antwort auf die Eingabe `SUKZESSIVE_APPROXIMATION([[0,-1],[1,0]] . [x,y],t,[x,y],0,[1,0],5)` nach Expand den Approximationsvektor

$$\begin{bmatrix} 1 & 0 \\ 1 & t \\ 1 - \dfrac{t^2}{2} & t \\ 1 - \dfrac{t^2}{2} & t - \dfrac{t^3}{6} \\ \dfrac{t^4}{24} - \dfrac{t^2}{2} + 1 & t - \dfrac{t^3}{6} \\ \dfrac{t^4}{24} - \dfrac{t^2}{2} + 1 & \dfrac{t^5}{120} - \dfrac{t^3}{6} + t \end{bmatrix}$$

als Approximation des Lösungsvektors $(\cos t, \sin t)$, vgl. Beispiel 4.5.

Aber auch Approximationen der Lösungen nichtlinearer Differentialgleichungssysteme können angegeben werden. Beispielsweise liefert die Vereinfachung von `SUKZESSIVE_APPROXIMATION([x y,x+y],t,[x,y],0,[1,0],4)` die Approximationsliste

$$\begin{bmatrix} 1 & 0 \\[4pt] 1 & t \\[4pt] \frac{t^2}{2}+1 & \frac{t^2}{2}+t \\[4pt] \frac{t^5}{20}+\frac{t^4}{8}+\frac{t^3}{6}+\frac{t^2}{2}+1 & \frac{t^3}{3}+\frac{t^2}{2}+t \\[4pt] \frac{t^9}{540}+\frac{t^8}{120}+\frac{121\,t^7}{5040}+\frac{t^6}{16}+\frac{t^5}{12}+\frac{5\,t^4}{24}+\frac{t^3}{6}+\frac{t^2}{2}+1 & \frac{t^6}{120}+\frac{t^5}{40}+\frac{t^4}{8}+\frac{t^3}{3}+\frac{t^2}{2}+t \end{bmatrix},$$

welche zeigt, daß, falls die Näherungsfunktionen Polynome sind, deren Koeffizienten sich von Näherung zu Näherung ändern können und somit unsicher sind. Auf echte Taylorapproximationen kommen wir gleich zurück. Selbstverständlich sind die Näherungsfunktionen nicht notwendigerweise Polynome, wie die Vereinfachung von `SUKZESSIVE_APPROXIMATION([x/t,y],t,[x,y],1,[1,1],4)` zu

$$\begin{bmatrix} 1 & 1 \\[4pt] \mathrm{LN}\,(t)+1 & t \\[4pt] \frac{\mathrm{LN}\,(t)^2}{2}+\mathrm{LN}\,(t)+1 & \frac{t^2}{2}+\frac{1}{2} \\[4pt] \frac{\mathrm{LN}\,(t)^3}{6}+\frac{\mathrm{LN}\,(t)^2}{2}+\mathrm{LN}\,(t)+1 & \frac{t^3}{6}+\frac{t}{2}+\frac{1}{3} \\[4pt] \frac{\mathrm{LN}\,(t)^4}{24}+\frac{\mathrm{LN}\,(t)^3}{6}+\frac{\mathrm{LN}\,(t)^2}{2}+\mathrm{LN}\,(t)+1 & \frac{t^4}{24}+\frac{t^2}{4}+\frac{t}{3}+\frac{3}{8} \end{bmatrix}$$

zeigt.

Wie im Eindimensionalen können auch wieder Taylorapproximationen für die Komponenten der Lösung berechnet werden.

Dabei kann im Prinzip wieder derselbe Algorithmus wie in DERIVE-Sitzung 4.3 verwendet werden, nur daß das dort auftretende Produkt `DIF(g_,y)*f` nun als Anwendung der mehrdimensionalen Kettenregel interpretiert und folglich durch das Skalarproukt `JACOBIMATRIX(g_,y) . f` ersetzt werden muß.

Wir laden also die DERIVE Funktion `JACOBIMATRIX(f,x)` aus DERIVE-Sitzung 2.1 sowie `IMPLIZIT_TAYLOR_AUX` aus DERIVE-Sitzung 3.1 und erklären

```
DSOLVE1_SYSTEM_TAYLOR(f,t,y,t0,y0,n):=
IMPLIZIT_TAYLOR_AUX(f,t,y,t0,y0,n,
ITERATES(JACOBIMATRIX(g_,y) . f+DIF(g_,t),g_,f,n-1))

DST(f,t,y,t0,y0,n):=DSOLVE1_SYSTEM_TAYLOR(f,t,y,t0,y0,n)

v:=[x,y]
```

Dann erhalten wir z. B. die Ergebnisse

DERIVE Eingabe   DERIVE Ausgabe mit $\boxed{\text{Expand}}$

$$\texttt{DST([[0,-1],[1,0]].v,t,[x,y],0,[1,0],6)} \quad \left[-\frac{t^6}{720}+\frac{t^4}{24}-\frac{t^2}{2}+1,\frac{t^5}{120}-\frac{t^3}{6}+t\right],$$

$$\texttt{DST([[0,-w],[w,0]].v,t,[x,y],0,[1,0],5)} \quad \left[\frac{t^4 w^4}{24}-\frac{t^2 w^2}{2}+1,\frac{t^5 w^5}{120}-\frac{t^3 w^3}{6}+tw\right],$$

$$\texttt{DST([[1,0],[0,1]].v,t,[x,y],0,[1,0],5)} \quad \left[\frac{t^5}{120}+\frac{t^4}{24}+\frac{t^3}{6}+\frac{t^2}{2}+t+1,0\right],$$

$$\texttt{DST([[0,1],[1,1]].v,t,[x,y],0,[1,0],4)} \quad \left[\frac{t^4}{12}+\frac{t^3}{6}+\frac{t^2}{2}+1,\frac{t^4}{8}+\frac{t^3}{3}+\frac{t^2}{2}+t\right].$$

Ebenso bekommen wir für das inhomgene System
$$\texttt{DST([[0,-1],[1,0]].v+[SIN(t),COS(t)],t,[x,y],0,[1,0],5)}$$
das Ergebnis

$$\left[\frac{t^4}{24}-\frac{t^2}{2}+1,\frac{t^5}{60}-\frac{t^3}{3}+2\,t\right]$$

als Approximation des Lösungsvektors $(\cos t, 2\,\sin t)$.

Für die folgenden nichtlinearen Systeme erhalten wir

DERIVE Eingabe   DERIVE Ausgabe

$$\texttt{DST([[t,1],[SIN(t),0]].v,t,[x,y],0,[0,1],4)} \quad \left[\frac{t^4}{12}+\frac{t^3}{3}+t,\frac{t^3}{3}+1\right],$$

$$\texttt{DST([tSIN(x)+COS(t)y,t\^{}2ê\^{}(x+y)],t,[x,y],0,[0,0],4)} \quad \left[\frac{t^4}{12},\frac{t^3}{3}\right],$$

$$\texttt{DST([ê\^{}(t+x)-SIN(y),COS(x+y+t)],t,[x,y],0,[0,0],3)} \quad \left[\frac{5t^3}{6}+\frac{t^2}{2}+t,t-\frac{3t^3}{2}\right].$$

Wir kommen nun zu unserem Ausgangspunkt zurück. Für lineare Differentialgleichungen n. Ordnung erhalten wir den Existenz- und Eindeutigkeitssatz

**Korollar 4.2 (Existenz- und Eindeutigkeitssatz linearer Differentialglei-
chungen n. Ordnung)** Seien $a_k : [a,b] \to \mathbb{R}$ $(k = 0,\ldots,n)$ stetige Funktionen
mit $a_n(x) \neq 0$ für $x \in [a,b]$, sei $\xi \in [a,b]$ und $(\eta_0,\eta_1,\ldots,\eta_{n-1}) \in \mathbb{R}^n$. Dann gibt es
genau eine Lösung $g : [a,b] \to \mathbb{R}$ der linearen Differentialgleichung

$$(4.17) \qquad a_n(x)y^{(n)}+a_{n-1}(x)y^{(n-1)}+\cdots+a_1(x)y'+a_0(x)y = b(x) \,,$$

die die Anfangsbedingungen

$$y(\xi) = \eta_0 \,, \quad y'(\xi) = \eta_1 \,, \quad \ldots \,, \quad y^{(n-1)}(\xi) = \eta_{n-1}$$

erfüllt.

Beweis: Da $a_n(x) \neq 0$ für $x \in [a,b]$ ist, sind die Funktionen $-\frac{a_1}{a_n}, -\frac{a_2}{a_n}, \ldots, -\frac{a_{n-1}}{a_n}$ in $[a,b]$ stetig, und eine Anwendung von Korollar 4.1 liefert das Resultat. $\square$

Die folgenden Resultate formulieren wir alle für lineare Differentialgleichungen n. Ordnung. Sie können aber ohne Schwierigkeiten auch für Differentialgleichungssysteme bewiesen werden.

Auf Grund ihrer linearen Struktur haben lineare Differentialgleichungen ähnliche Eigenschaften wie lineare Gleichungssysteme. Als erstes stellen wir fest:

Lemma 4.2 (Lösungsvektorraum) Die Gesamtheit aller Lösungen[9] der homogenen Differentialgleichung

$$a_n(x)\,y^{(n)} + a_{n-1}(x)\,y^{(n-1)} + \cdots + a_1(x)\,y' + a_0(x)\,y = 0 \qquad (4.22)$$

bildet unter den Voraussetzungen von Korollar 4.2 einen n-dimensionalen Untervektorraum des Vektorraums $C[a,b]$.

Beweis: Wegen des Existenz- und Eindeutigkeitssatzes gibt es zu jedem vorgegebenen Anfangswertvektor $\eta := (\eta_0, \eta_1, \ldots, \eta_{n-1}) \in \mathbb{R}^n$ eine Lösung g_η, und weitere Lösungen gibt es offenbar nicht. Es besteht also zwischen der Gesamtheit aller Lösungen und $\mathbb{R}^n$ die genannte bijektive Zuordnung, die zudem die lineare Struktur des $\mathbb{R}^n$ auf die Lösungsgesamtheit überträgt. Dies folgt, weil für beliebige $\mu_1, \mu_2 \in \mathbb{R}$ und beliebige Lösungen g_1 und g_2 der homogenen Differentialgleichung die Linearkombination $\mu_1 g_1 + \mu_2 g_2$ ebenfalls die homogene Differentialgleichung löst. Gehört weiter g_1 zum Anfangswertvektor $\eta_1 \in \mathbb{R}^n$ und g_2 zum Anfangswertvektor $\eta_2 \in \mathbb{R}^n$, so hat offenbar $\mu_1 g_1 + \mu_2 g_2$ die Anfangswerte $\mu_1 \eta_1 + \mu_2 \eta_2$ (Linearität der Ableitung!), womit der Beweis erbracht ist. $\square$

Der Inhalt des Satzes ermöglicht folgende

Definition 4.2 Unter einem *Fundamentalsystem* von Lösungen der homogenen Differentialgleichung (4.22) verstehen wir eine Basis des Lösungsvektorraums.

Definitionsgemäß ist dann also die allgemeine Lösung der homogenen linearen Differentialgleichung (4.22) eine beliebige Linearkombination eines Fundamentalsystems. $\triangle$

Für die allgemeine Lösung der inhomogenen Differentialgleichung folgt nun

Korollar 4.3 (Lösung der inhomogenen linearen Differentialgleichung) Die allgemeine Lösung der inhomogenen linearen Differentialgleichung

$$(4.17) \qquad a_n(x)\,y^{(n)} + a_{n-1}(x)\,y^{(n-1)} + \cdots + a_1(x)\,y' + a_0(x)\,y = b(x)$$

ergibt sich als Summe der allgemeinen Lösung der homogenen linearen Differentialgleichung und einer speziellen Lösung der inhomogenen linearen Differentialgleichung.

---

[9]Man spricht auch von der „allgemeinen Lösung" der Differentialgleichung.

Beweis: Ist $g(x)$ die allgemeine Lösung der homogenen linearen Differentialgleichung und $\psi_1(x)$ eine spezielle Lösung der inhomogenen linearen Differentialgleichung, dann folgt zunächst für die Summe

$$\sum_{k=0}^{n} a_k \left(g + \psi_1 \right)^{(k)} = \sum_{k=0}^{n} a_k\, g^{(k)} + \sum_{k=0}^{n} a_k\, \psi_1^{(k)} = 0 + b = b\,,$$

also ist sie eine Lösung der inhomogenen Gleichung. Ist andererseits $\psi(x)$ irgendeine Lösung der inhomogenen linearen Differentialgleichung und $\psi_1(x)$ eine vorgegebene spezielle Lösung, so folgt für die Differenz

$$\sum_{k=0}^{n} a_k \left(\psi - \psi_1 \right)^{(k)} = \sum_{k=0}^{n} a_k\, \psi^{(k)} - \sum_{k=0}^{n} a_k\, \psi_1^{(k)} = b - b = 0\,,$$

sie ist also Lösung des homogenen Problems, also ist $\psi = g + \psi_1$, wobei g irgendeine Lösung des homogenen Problems darstellt. Dies war aber zu zeigen. $\qquad\square$

Wir wollen uns in der Folge hauptsächlich auf konstante Koeffizientenfunktionen beschränken. In diesem Fall läßt sich das Problem wieder algorithmisch lösen. Sei zunächst die homogene lineare Differentialgleichung

$$\sum_{k=0}^{n} a_k\, y^{(k)} = a_n\, y^{(n)} + a_{n-1}\, y^{(n-1)} + \cdots + a_1\, y' + a_0\, y = 0 \qquad (4.23)$$

mit konstanten Koeffizienten $a_k \in \mathbb{R}\ (k = 0, \ldots, n)$ gegeben. Das von der Differentialgleichung erzeugte Polynom

$$P(\lambda) := \sum_{k=0}^{n} a_k\, \lambda^k = 0$$

nennen wir das *charakteristische Polynom* der Differentialgleichung.

Es gilt nun der folgende

Satz 4.5 Seien $\lambda_j\ (j = 1, \ldots, J)$ die Nullstellen des charakteristischen Polynoms, und habe λ_j die Vielfachheit μ_j. Dann ist ein (komplexes) Fundamentalsystem der Differentialgleichung

$$(4.23) \qquad\qquad a_n y^{(n)} + a_{n-1}\, y^{(n-1)} + \cdots + a_1\, y' + a_0\, y = 0$$

gegeben durch die n Funktionen

$$\begin{array}{cccc}
e^{\lambda_1 x}, & x\,e^{\lambda_1 x}, & \ldots, & x^{\mu_1 - 1}e^{\lambda_1 x}, \\
e^{\lambda_2 x}, & x\,e^{\lambda_2 x}, & \ldots, & x^{\mu_2 - 1}e^{\lambda_2 x}, \\
\vdots & \vdots & \ddots & \vdots \\
e^{\lambda_J x}, & x\,e^{\lambda_J x}, & \ldots, & x^{\mu_J - 1}e^{\lambda_J x}\,.
\end{array}$$

Geht man bei den komplexen Nullstellen λ zu Real- und Imaginärteil der entsprechenden Exponentialfunktionen über, bekommt man ein reelles Fundamentalsystem der Differentialgleichung (4.23).

Beweis: Zunächst untersuchen wir den Fall komplexer Nullstellen. Gibt es eine komplexe Nullstelle $\lambda = \alpha + i\beta$ $(\alpha, \beta \in \mathbb{R}, \beta \neq 0)$, so ist auch die konjugiert komplexe Zahl eine Nullstelle (s. §I.3.6), und wir erhalten die Funktionen

$$x^q \, e^{\lambda x} = x^q \, e^{\alpha x} \left(\cos\left(\beta x\right) + i \sin\left(\beta x\right)\right)$$

sowie

$$x^q \, e^{\overline{\lambda} x} = x^q \, e^{\alpha x} \left(\cos\left(\beta x\right) - i \sin\left(\beta x\right)\right),$$

deren Real- und Imaginärteile gerade die Linearkombinationen

$$\frac{1}{2} \left(x^q \, e^{\lambda x} + x^q \, e^{\overline{\lambda} x}\right) = x^q \, e^{\alpha x} \cos\left(\beta x\right)$$

bzw.

$$\frac{1}{2i} \left(x^q \, e^{\lambda x} - x^q \, e^{\overline{\lambda} x}\right) = x^q \, e^{\alpha x} \sin\left(\beta x\right)$$

sind. Da andererseits die betrachteten komplexen Funktionen ebenfalls Linearkombinationen dieser reellen Funktionen darstellen, können wir formal mit den komplexen Funktionen arbeiten und sie am Ende durch die entsprechenden reellen ersetzen.

Nun wollen wir zeigen, daß alle angegebenen Funktionen wirklich Lösungen der Differentialgleichung sind. Sei also λ eine Nullstelle des charakteristischen Polynoms der Vielfachheit μ.

Wir wollen zeigen, daß dann die Funktionen $x^q \, e^{\lambda x}$ für $q = 0, 1, \ldots, \mu - 1$ die Differentialgleichung erfüllen. Wegen der Identität $(q \in \mathbb{N}_0)$[10]

$$x^q \, e^{\lambda x} = \frac{\partial^q}{\partial \lambda^q} e^{\lambda x},$$

die leicht mit Induktion folgt, bekommen wir

$$\sum_{k=0}^{n} a_k \left(x^q \, e^{\lambda x}\right)^{(k)} = \sum_{k=0}^{n} a_k \left(\frac{\partial^q}{\partial \lambda^q} e^{\lambda x}\right)^{(k)} = \frac{\partial^q}{\partial \lambda^q} \sum_{k=0}^{n} a_k \left(e^{\lambda x}\right)^{(k)}$$

$$= \frac{\partial^q}{\partial \lambda^q} \sum_{k=0}^{n} a_k \, \lambda^k \, e^{\lambda x} = \frac{\partial^q}{\partial \lambda^q} \left(e^{\lambda x} \, P(\lambda)\right),$$

da die Reihenfolge der Differentiationen wegen der Stetigkeit aller auftretenden Ableitungen vertauscht werden darf. Da nach Voraussetzung P an der Stelle λ eine Nullstelle der Ordnung μ hat, verschwinden alle Ableitungen von P bis zur Ordnung $\mu - 1$ an der Stelle λ, welches dann wegen der Produktregel auch für die Funktion $e^{\lambda x} P(\lambda)$ gilt. Daraus folgt die Behauptung.

Es bleibt zu zeigen, daß die angegebenen Lösungen linear unabhängig sind und somit eine Basis des Lösungsraums darstellen. Jede Linearkombination der gegebenen Lösungen hat die Gestalt $(m \leq J)$[11]

$$\Psi(x) := \sum_{j=1}^{m} p_j(x) \, e^{\lambda_j x}$$

---

[10]Man beachte, daß wir hier komplexe Argumente haben, für die wir partielle Ableitungen eigentlich gar nicht erklärt haben. Man kann diese Vorgehensweise aber rechtfertigen.

[11]Das Symbol Ψ ist der griechische Buchstabe „Psi".

mit Polynomen p_j, wobei die Zahlen λ_j $(j = 1, \ldots, J)$ alle verschieden sind. Wir müssen zeigen, daß Ψ nur dann die Nullfunktion ist, wenn alle $p_j \equiv 0$ sind. Wir beweisen dies durch Induktion nach m. Für $m = 1$ ist alles klar. Sei die Aussage für m bewiesen, dann folgt für eine Linearkombination mit $m + 1$ Termen

$$\Psi(x) + p(x)\, e^{\lambda x} \qquad (\lambda \neq \lambda_1, \lambda_2, \ldots, \lambda_m)\,,$$

wobei p ein Polynom ist, durch Multiplikation mit $e^{-\lambda x}$

$$\sum_{j=1}^{m} p_j(x)\, e^{(\lambda_j - \lambda)x} + p(x)\,.$$

Ist dies nun identisch 0

$$\sum_{j=1}^{m} p_j(x)\, e^{(\lambda_j - \lambda)x} + p(x) \equiv 0\,,$$

so differenziert man $\deg p + 1$ Mal (bzgl. x) und erhält

$$\sum_{j=1}^{m} q_j(x)\, e^{(\lambda_j - \lambda)x} \equiv 0$$

mit irgendwelchen Polynomen q_j $(j = 1, \ldots, m)$, und aus der Induktionsvoraussetzung folgt dann, daß $q_j \equiv 0$ $(j = 1, \ldots, m)$. Dann muß aber auch $p_j \equiv 0$ $(j = 1, \ldots, m)$ gelten, da durch Differentiation eines Ausdrucks $r(x)\, e^{sx}$ mit $s \neq 0$ der Ausdruck $(r'(x) + s\, r(x))\, e^{sx}$ erzeugt wird, und $r'(x) + s\, r(x)$ ein Polynom vom selben Grad wie r ist. $\qquad\square$

Sitzung 4.8 Sei die Differentialgleichung

$$y^{(5)} - 3\, y^{(4)} + 4\, y''' - 4\, y'' + 3\, y' - y = 0$$

gegeben. Faktorisieren wir die linke Seite des charakteristischen Polynoms
`y^5-3y^4+4y^3-4y^2+3y-1` mit $\boxed{\texttt{Factor Complex}}$, erhalten wir

2: $\qquad (-y + i)\,(y + i)\,(1 - y)^3$

und somit die dreifache Nullstelle $\lambda_1 = 1$ sowie die beiden einfachen konjugiert komplexen Nullstellen $\lambda_2 = i$ und $\lambda_3 = -i$. Ein reelles Fundamentalsystem ist also gegeben durch die 5 Funktionen $e^x, x\, e^x, x^2\, e^x, \cos x$ und $\sin x$. Setzen wir in die linke Seite der Differentialgleichung

`DIF(y,x,5)-3 DIF(y,x,4)+4 DIF(y,x,3)-4 DIF(y,x,2)+3 DIF(y,x)-y`

mit $\boxed{\texttt{Manage Substitute}}$ die Linearkombination

`f:=a ê^x+b x ê^x+c x^2 ê^x+d COS(x)+e SIN(x)`

ein, erhalten wir durch $\boxed{\texttt{Simplify}}$ 0, wie erwartet.

Wir suchen nun diejenige Lösung, die die Anfangsbedingungen

$$y(0) = 0, \quad y'(0) = 0, \quad y''(0) = 0, \quad y'''(0) = 0, \quad y^{(4)}(0) = 1$$

erfüllt. Dazu vereinfachen wir

`SOLVE(VECTOR(LIM(DIF(f,x,k),x,0),k,0,4)=[0,0,0,0,1],[a,b,c,d,e])`

und erhalten

$$8: \qquad \left[a = \frac{1}{4} \ b = -\frac{1}{2} \ c = \frac{1}{4} \ d = -\frac{1}{4} \ e = \frac{1}{4}\right] \ .$$

Das Anfangwertproblem wird also gelöst von der Funktion

$$\frac{1}{4}\left(e^x - 2\,x\,e^x + x^2\,e^x - \cos x + \sin x\right) \ .$$

Schließlich interessiert uns die allgemeine Lösung einer inhomogenen linearen Differentialgleichung mit konstanten Koeffizienten. Gemäß Korollar 4.3 reicht es, eine einzige solche Lösung zu finden. Hierfür verwenden wir wieder die Technik der Variation der Konstanten, angewandt auf das zugehörige lineare Differentialgleichungssystem. Die Details des Beweises überlassen wir als Übungsaufgabe 4.21. Wir möchten an dieser Stelle auf eine direkte Methode (ohne den Umweg über das Mehrdimensionale) verweisen, die in Übungsaufgabe 4.28 behandelt wird.

Lemma 4.3 (Lösung eines inhomogenen linearen Differentialgleichungssystems) Sei $A(x)$ eine $n \times n$-Matrix stetiger Funktionen $a_{jk} : [a,b] \to \mathbb{R}$, $b(x)$ ein n-Vektor stetiger Funktionen $b_k : [a,b] \to \mathbb{R}$, sei ferner $W := (g_1, g_2, \dots, g_n)$ die aus den Spaltenvektoren eines Fundamentalsystems von Lösungen des homogenen Differentialgleichungssystems

$$\boldsymbol{y}' = A \cdot \boldsymbol{y}$$

gebildete *Wronski-Matrix*[12] W. Dann erhält man eine Lösung $\boldsymbol{g} : [a,b] \to \mathbb{R}^n$ des inhomogenen Differentialgleichungssystems

$$(4.18) \qquad\qquad \boldsymbol{y}' = A \cdot \boldsymbol{y} + \boldsymbol{b}$$

durch den Ansatz

$$\boldsymbol{g}(x) = W(x) \cdot \boldsymbol{\varphi}(x) \ ,$$

wobei $\boldsymbol{\varphi} : [a,b] \to \mathbb{R}^n$ die durch

$$\boldsymbol{\varphi}(x) := \int\limits_{\xi}^{x} W(t)^{-1}\,\boldsymbol{b}(t)\,dt$$

gegebene differenzierbare Funktion ist. $\qquad\qquad\qquad\qquad\qquad\square$

Sitzung 4.9 Wir wollen die inhomogene lineare Differentialgleichung

$$y^{(5)} - 3\,y^{(4)} + 4\,y''' - 4\,y'' + 3\,y' - y = e^x$$

mit den Anfangsbedingungen

$$y(0) = 0, \quad y'(0) = 0, \quad y''(0) = 0, \quad y'''(0) = 0, \quad y^{(4)}(0) = 1$$

lösen. Die zugehörige homogene Differentialgleichung hatte gemäß DERIVE-Sitzung 4.8 das Fundamentalsystem

$$e^x, \quad x\,e^x, \quad x^2\,e^x, \quad \cos x, \quad \sin x \ .$$

Die DERIVE-Funktion

---

[12] JOSEF-MARIA WRONSKI [1778–1853]

```
WRONSKIMATRIX(g,x):=VECTOR(VECTOR(
DIF(ELEMENT(g,k_),x,j_),k_,1,DIMENSION(g)),j_,0,DIMENSION(g)-1
                                                              )
```

berechnet die zu einem Fundamentalsystem **g** gehörige Wronskimatrix. Im gegebenen Fall erhalten wir durch die Zuweisung

```
W(t):=LIM(WRONSKIMATRIX([ê^x,x ê^x,x^2 ê^x,COS(x),SIN(x)],x),x,t)
```

die Wronskimatrix $W(t)$, und nach Vereinfachung ergibt sich

$$3: \quad \begin{bmatrix} \hat{e}^t & t\,\hat{e}^t & t^2\,\hat{e}^t & \mathrm{COS}\,(t) & \mathrm{SIN}\,(t) \\ \hat{e}^t & \hat{e}^t\,(t+1) & \hat{e}^t\,(t^2+2\,t) & -\mathrm{SIN}\,(t) & \mathrm{COS}\,(t) \\ \hat{e}^t & \hat{e}^t\,(t+2) & \hat{e}^t\,(t^2+4\,t+2) & -\mathrm{COS}\,(t) & -\mathrm{SIN}\,(t) \\ \hat{e}^t & \hat{e}^t\,(t+3) & \hat{e}^t\,(t^2+6\,t+6) & \mathrm{SIN}\,(t) & -\mathrm{COS}\,(t) \\ \hat{e}^t & \hat{e}^t\,(t+4) & \hat{e}^t\,(t^2+8\,t+12) & \mathrm{COS}\,(t) & \mathrm{SIN}\,(t) \end{bmatrix}.$$

Für ihre Inverse `W(t)^(-1)` erhalten wir

$$5: \quad \left[\left[\frac{\hat{e}^{-t}\,(t^2+4\,t+5)}{4},\,-\frac{\hat{e}^{-t}\,(t^2+3\,t+2)}{2},\,\frac{\hat{e}^{-t}\,(t^2+3\,t+3)}{2},\ldots\right],\ldots\right].$$

Nun multiplizieren wir diese mit dem Vektor b, d. h. mit `[0,0,0,0,ê^t]` und erhalten nach $\boxed{\texttt{Simplify}}$ das Resultat

$$8: \quad \left[\frac{t^2+2\,t+1}{4},\,-\frac{t+1}{2},\,\frac{1}{4},\,-\hat{e}^t\left[\frac{\mathrm{COS}\,(t)}{4}+\frac{\mathrm{SIN}\,(t)}{4}\right],\,\hat{e}^t\left[\frac{\mathrm{COS}\,(t)}{4}-\frac{\mathrm{SIN}\,(t)}{4}\right]\right].$$

Nun können wir $\varphi\,(t)$ berechnen

$$9: \quad \int\limits_0^x \ \langle\, \mathrm{F4}\,\rangle \ dt\,,$$

und $\boxed{\texttt{Simplify}}$ liefert

$$10: \quad \left[\frac{x\,(x^2+3\,x+3)}{12},\,-\frac{x\,(x+2)}{4},\,\frac{x}{4},\,-\frac{\hat{e}^x\,\mathrm{SIN}\,(x)}{4},\,\frac{\hat{e}^x\,\mathrm{COS}\,(x)}{4}-\frac{1}{4}\right],$$

so daß sich schließlich die spezielle Lösung

$$11: \quad W(x)\cdot\ \langle\, \mathrm{F4}\,\rangle$$

bzw.

$$12: \quad \left[\frac{x\,\hat{e}^x\,(x^2-3\,x+3)}{12}-\frac{\mathrm{SIN}\,(x)}{4},\ldots\right]$$

ergibt. Die erste Komponente ist die spezielle Lösung des gegebenen Problems, welches wir durch Einsetzen mit $\boxed{\texttt{Manage Substitute}}$ in die linke Seite der Differentialgleichung

```
DIF(y,x,5)-3 DIF(y,x,4)+4 DIF(y,x,3)-4 DIF(y,x,2)+3 DIF(y,x)-y,
```

welche zu e^x vereinfacht, verifizieren.

Wir suchen nun diejenige Lösung, die die Anfangsbedingungen

$$y(0) = 0, \quad y'(0) = 0, \quad y''(0) = 0, \quad y'''(0) = 0, \quad y^{(4)}(0) = 1$$

erfüllt. Dazu erklären wir den Ausdruck

```
a ê^x+b x ê^x+c x^2 ê^x+d COS(x)+e SIN(x)+(x ê^x(x^2-3x+3)/12-SIN(x)/4),
```

vereinfachen

```
SOLVE(VECTOR(LIM(DIF(<F4>,x,k),x,0),k,0,4)=[0,0,0,0,1],[a,b,c,d,e]),
```

und erhalten schließlich (wieder)

$$17: \qquad \left[a = \frac{1}{4} \ \ b = -\frac{1}{2} \ \ c = \frac{1}{4} \ \ d = -\frac{1}{4} \ \ e = \frac{1}{4} \right] .$$

Das Anfangwertproblem wird also gelöst von der Funktion

$$\frac{e^x \, (x^3 - 3\,x + 3)}{12} - \frac{\cos x}{4} \, .$$

Am Schluß dieses Kapitels wollen wir uns noch mit Taylorapproximationen der Lösungen nicht notwendig linearer Differentialgleichungen höherer Ordnung beschäftigen. Wir behandeln speziell den Fall einer expliziten Differentialgleichung zweiter Ordnung

$$y'' = F(x, y, y') \tag{4.24}$$

mit Anfangswerten

$$y(\xi) = y_0 \qquad \text{sowie} \qquad y'(\xi) = y_1 \, . \tag{4.25}$$

Die Taylorapproximation n. Ordnung der Lösung g des Anfangswertproblems (4.24)–(4.25) hat die allgemeine Form

$$T_n(g, x, \xi) = y_0 + y_1 \, (x - \xi) + \sum_{k=2}^{n} \frac{g^{(k)}(\xi)}{k!} \, (x - \xi)^k \, ,$$

und wir können wieder die Methode aus Beispiel 3.1 zur Berechnung der Werte $g^{(k)}(\xi)$ anwenden.

Sei die rechte Seite $F(x, y, u)$ von (4.24) eine genügend oft differenzierbare Funktion der drei Variablen x, y und u. Wir differenzieren dann die definierende Gleichung für g

$$g''(x) = F(x, g(x), g'(x))$$

mit der Kettenregel und bekommen

$$g'''(x) = \frac{\partial F}{\partial x}(x,y,u) + \frac{\partial F}{\partial y}(x,y,u)\, g'(x) + \frac{\partial F}{\partial u}(x,y,u)\, g''(x)$$

$$= \frac{\partial F}{\partial x}(x,y,u) + \frac{\partial F}{\partial y}(x,y,u)\, u + \frac{\partial F}{\partial u}(x,y,u)\, F(x,y,u) =: F_3(x,y,u)\bigg|_{\substack{y=g(x) \\ u=g'(x)}},$$

und allgemein

$$g^{(k)}(x) = \frac{\partial F_{k-1}}{\partial x}(x,y,u) + \frac{\partial F_{k-1}}{\partial y}(x,y,u)\, u + \frac{\partial F_{k-1}}{\partial u}(x,y,u)\, F(x,y,u)\bigg|_{\substack{y=g(x) \\ u=g'(x)}}.$$

Um nun $g^{(k)}(\xi)$ $(k \geq 2)$ zu bestimmen, müssen wir $g^{(k)}(x)$ an der Stelle $x = \xi$ auswerten, d. h., wir nehmen den Grenzwert für $u \to y_1$, $y \to y_0$ und $x \to \xi$.

Sitzung 4.10 Diese Prozedur wird von der folgenden DERIVE Funktion DSOLVE2_TAYLOR(f,x,y,u,x0,y0,y1,n) durchgeführt, welche durch [13]

```
DSOLVE2_TAYLOR_AUX(f,x,y,u,x0,y0,y1,n,aux):=y0+y1*(x-x0)+SUM(
LIM(LIM(LIM(ELEMENT(aux,k_-1),u,y1),y,y0),x,x0)/k_!*(x-x0)^k_,k_,2,n)

DSOLVE2_TAYLOR(f,x,y,u,x0,y0,y1,n):=
DSOLVE2_TAYLOR_AUX(f,x,y,u,x0,y0,y1,n,
ITERATES(DIF(g_,u)*f+DIF(g_,y)*u+DIF(g_,x),g_,f,n-2))
```

erklärt ist. Wir erhalten beispielsweise die Ergebnisse

DERIVE Eingabe   DERIVE Ausgabe nach $\boxed{\textbf{Expand}}$

DSOLVE2_TAYLOR(y^3,x,y,u,0,1,0,10) $\dfrac{61\,x^{10}}{19200} + \dfrac{7\,x^8}{640} + \dfrac{3\,x^6}{80} + \dfrac{x^4}{8} + \dfrac{x^2}{2} + 1\,,$

DSOLVE2_TAYLOR(-y,x,y,u,0,0,1,10) $\dfrac{x^9}{362880} - \dfrac{x^7}{5040} + \dfrac{x^5}{120} - \dfrac{x^3}{6} + x\,,$

DSOLVE2_TAYLOR(-y,x,y,u,0,1,0,8) $\dfrac{x^8}{40320} - \dfrac{x^6}{720} + \dfrac{x^4}{24} - \dfrac{x^2}{2} + 1\,.$

Die Komplexität der rechten Seite kann durchaus auch höher sein: Für das Anfangswertproblem

$$y'' = \sin(y\,y') + \cos(y' + x) \quad \text{mit den Anfangsbedingungen} \quad y(0) = 1 \text{ und } y'(0) = 0$$

bekommen wir z. B. die Taylorapproximation

```
DSOLVE2_TAYLOR(SIN(y u)+COS(u+x),x,y,u,0,1,0,5),
```

---

[13] Diese Funktionen wurden von Soft Warehouse, Inc. übernommem und stehen ab Version 2.59 in leicht abgewandelter Form in der Datei TAYLOR.MTH zur Verfügung.

und nach $\boxed{\text{Expand}}$ das Resultat

$$-\frac{7x^5}{120} - \frac{x^4}{8} + \frac{x^3}{6} + \frac{x^2}{2} + 1 \ .$$

Wir bemerken, daß sich diese Methode auf offensichtliche Weise ausdehnen läßt auf den Fall expliziter Differentialgleichungen höherer Ordnung ($n \in \mathbb{N}$)

$$y^{(n)} = F(x, y, y', \ldots, y^{(n-1)})$$

mit Anfangswerten

$$y(\xi) = y_0 \ , \quad y'(\xi) = y_1 \ , \quad \ldots \ , \quad y^{(n-1)}(\xi) = y_{n-1} \ .$$

ÜBUNGSAUFGABEN

$\diamond$ **4.20** *Man berechne Taylorapproximationen 5. Ordnung der Lösungen $(x(t), y(t))$ folgender Differentialgleichungssysteme:*

(a) $\quad \begin{pmatrix} x' \\ y' \end{pmatrix} = \begin{pmatrix} \cos(x+y) \\ \sin(x+y) \end{pmatrix} \ , \quad \begin{pmatrix} x(0) \\ y(0) \end{pmatrix} = \begin{pmatrix} 0 \\ 0 \end{pmatrix} \ ,$

(b) $\quad \begin{pmatrix} x' \\ y' \end{pmatrix} = \begin{pmatrix} x \cdot y \\ x+y \end{pmatrix} \ , \quad \begin{pmatrix} x(0) \\ y(0) \end{pmatrix} = \begin{pmatrix} 1 \\ 0 \end{pmatrix} \ .$

4.21 (Homogene Differentialgleichungssysteme mit konstanten Koeffizienten) *Zeige: Die Lösungen des homogenen Differentialgleichungssystems*

$$y' = A \, y \tag{4.26}$$

n. Ordnung bilden einen Vektorraum der Dimension n. Ist

$$A := (a_{jk}) = \begin{pmatrix} a_{11} & a_{12} & \cdots & a_{1n} \\ a_{21} & a_{22} & \cdots & a_{2n} \\ \vdots & \vdots & \ddots & \vdots \\ a_{n1} & a_{n2} & \cdots & a_{nn} \end{pmatrix}$$

eine Matrix mit konstanten Koeffizienten und macht man den Ansatz $y = c\, e^{\lambda x}$ ($c \in \mathbb{R}^n$) für eine Lösung von (4.26), folgt, daß λ ein Eigenwert von A ist. Folglich muß die Eigenwert-Determinantenbedingung

$$\begin{vmatrix} a_{11} - \lambda & a_{12} & \cdots & a_{1n} \\ a_{21} & a_{22} - \lambda & \cdots & a_{2n} \\ \vdots & \vdots & \ddots & \vdots \\ a_{n1} & a_{n2} & \cdots & a_{nn} - \lambda \end{vmatrix} = 0$$

für λ erfüllt sein. Wie sieht diese Bedingung aus, wenn das gegebene System das zu einer homogenen linearen Differentialgleichung n. Ordnung gehörige System ist?

Man bestimme ein (reelles) Fundamentalsystem der Differentialgleichungssysteme

(a) $\quad y' = \begin{pmatrix} 1 & 2 & 3 & 0 \\ 0 & 1 & 2 & 3 \\ 0 & 0 & 1 & 2 \\ 0 & 0 & 0 & 1 \end{pmatrix} \cdot y\,,$ \qquad (b) $\quad y' = \begin{pmatrix} \lambda & 1 & 0 \\ 0 & \lambda & 1 \\ 0 & 0 & \lambda \end{pmatrix} \cdot y \quad (\lambda \in \mathbb{R})\,.$

$\Diamond$ **4.22** DERIVE *hat die Systemfunktionen* EIGENVALUES(A) *zur Berechnung der Eigenwerte der Matrix A sowie* CHARPOLY(A,w) *zur Berechnung des charakteristischen Polynoms einer Matrix A, ausgedrückt mit der Variablen w. Man berechne die Eigenwerte und ihre Ordnungen der Matrizen aus Übungsaufgabe 4.21. Man berechne ferner die Eigenwerte der Matrix* $(a \in \mathbb{R})$

$$A_n := \begin{pmatrix} 1 & a & \cdots & a^{n-1} \\ a & a^2 & \cdots & a^n \\ \vdots & \vdots & \ddots & \vdots \\ a^{n-1} & a^n & \cdots & a^{2n-2} \end{pmatrix}$$

für $n = 2, \ldots, 6$, *vermute die allgemeine faktorisierte Form des charakteristischen Polynoms für symbolisches* n *und beweise diese. Welche Eigenwerte hat* A_n *also?*

4.23 (Eulersche Differentialgleichung) *Man zeige, daß die Eulersche Differentialgleichung*

$$a_n\, x^n\, y^{(n)} + a_{n-1}\, x^{n-1}\, y^{(n-1)} + \cdots + a_1\, x^1\, y' + a_0\, y = 0 \qquad (a_k \in \mathbb{R}\ (k = 0, \ldots, n))$$

mit der Substitution $t := \ln x$ *in eine lineare Differentialgleichung mit konstanten Koeffizienten für* $u(t) := y(e^t)$ *übergeführt wird. Man gebe ein Fundamentalsystem der Differentialgleichung*

(a) $\quad x^2\, y'' - 3x\, y' + 7y = 0$

an und löse das Anfangswertproblem

(b) $\quad x^2\, y'' = y \qquad$ *mit den Anfangsbedingungen* $\qquad y(1) = 0\,,\ y'(1) = \sqrt{5}\,.$

4.24 (Schwingungen) *Man untersuche die Lösungen des Anfangswertproblems* $(a, b \in \mathbb{R})$

$$y'' + 2a\, y' + by = 0 \qquad \text{mit den Anfangsbedingungen} \qquad y(0) = 0\,,\quad y'(0) = 1\,.$$

Bei welcher Parameterkonstellation

(a) *treten Schwingungen auf? Wie hängt die Frequenz von den Parametern* a *und* b *ab? Dabei heißt eine Funktion Schwingung der Frequenz* $\omega \in \mathbb{R}$, *wenn es ein* $t_0 \in \mathbb{R}$ *gibt, so daß für alle* $k \in \mathbb{N}_0$ *die Relation* $f(t_0 + k\omega) = 0$ *gilt.*

(b) *tritt exponentielles Fallen der Lösung auf?*

(c) *tritt exponentielles Wachsen der Lösung auf?*

4.25 *Man beweise Lemma 4.3.*

$\star$ **4.26 (Wronski-Determinante)** *Man zeige: Die n Lösungen $g_1, \ldots, g_n : [a, b] \to \mathbb{R}$ der homogenen linearen Differentialgleichung (4.22) bilden genau dann ein Fundamentalsystem, wenn die Wronski-Determinante*

$$\begin{vmatrix} g_1(x) & g_2(x) & \cdots & g_n(x) \\ g_1'(x) & g_2'(x) & \cdots & g_n'(x) \\ \vdots & \vdots & \ddots & \vdots \\ g_1^{(n-1)}(x) & g_2^{(n-1)}(x) & \cdots & g_n^{(n-1)}(x) \end{vmatrix} \neq 0$$

ist, d. h. die Determinante der Wronski-Matrix, für alle x (oder gleichbedeutend: für ein x) nicht verschwindet.

4.27 *Die* DERIVE *Funktionen*

```
WRONSKIMATRIX(g,x):=
VECTOR(VECTOR(DIF(ELEMENT(g,k_),x,j_),k_,1,DIMENSION(g)),j_,0,DIMENSION(g)-1)

W_AUX(g,t):=LIM(WRONSKIMATRIX(g,x),x,t)

B_AUX(g,b,t):=LIM(VECTOR(IF(k_<DIMENSION(g),0,b),k_,1,DIMENSION(g)),x,t)

PH_AUX(g,b,x):=INT(W_AUX(g,t)^(-1) . B_AUX(g,b,t),t,0,x)

SPEZIELL_INHOMOGEN(g,b,x):=ELEMENT(W_AUX(g,x) . PH_AUX(g,b,x),1)
```

automatisieren die Suche nach einer speziellen Lösung der inhomogenen Differentialgleichung (4.17) mit rechter Seite b *und dem Fundamentalsystem* g *der zugehörigen homogenen Differentialgleichung.*

Man löse damit die Anfangswertprobleme

(a) $y'' + 4y' + 4y = e^x,\ \ y(0) = 1,\ \ y'(0) = 0$,

(b) $y'' - 2y' + 5y = e^x,\ \ y(0) = 1,\ \ y'(0) = 0$,

(c) $y^{(4)} + 5y'' + 4 = \sin x$

     $y(0) = 0,\ \ y'(0) = 1,\ \ y''(0) = 2,\ \ y'''(0) = 3$.

4.28 *Sei*

$$a_n\, y^{(n)} + a_{n-1}\, y^{(n-1)} + \cdots + a_1\, y' + a_0\, y = b(x) \qquad (a_k \in \mathbb{R}\ (k = 0, \ldots, n))$$

eine inhomogene lineare Differentialgleichung mit konstanten Koeffizienten und f *die Lösung der zugehörigen homogenen Differentialgleichung, die die Anfangsbedingungen*

$$f(0) = f'(0) = \cdots = f^{(n-2)}(0) = 0 \ \ \text{und} \ \ f^{(n-1)}(0) = \frac{1}{a_n}$$

erfüllt. Dann ist

$$\int\limits_{0}^{x} f(x-t)\, b(t)\, dt$$

eine Lösung der inhomogenen Differentialgleichung. Hinweis: Verwende Übungs-aufgabe 2.13. Löse mit diesem Verfahren das Anfangswertproblem aus DERIVE-*Sitzung 4.9 sowie die Beispiele aus Übungsaufgabe 4.27.*

$\diamond$ **4.29** *Man berechne Taylorappoximationen 5. Ordnung für die Anfangswertproble-me*

(a) $y'' = 2\,x\,y' + x^2\,y + 3\,x\,,\quad (y(0) = 0\,, y'(0) = 1)\,,$

(b) $y'' = e^{y'}\,y^2 - \sin x\,,\quad (y(0) = 0\,, y'(0) = 1)\,.$

5 Kurven im $\mathbb{R}^n$

5.1 Parameterdarstellungen von Kurven

In diesem Kapitel untersuchen wir Kurven im $\mathbb{R}^n$ und ihre Parameterdarstellungen. Wir erklären die Kurvenlänge und führen ihre Berechnung im differenzierbaren Fall auf eine Integration zurück. Schließlich werden wir Kurvenintegrale betrachten.

Zunächst stellen wir fest, daß der Begriff einer Kurve im umgangssprachlichen Gebrauch zwei voneinander verschiedene Sachverhalte bezeichnet:

1. zum einen meint man eine „eindimensionale" Teilmenge des 2- oder 3-dimensionalen Raums, z. B. eine Kreislinie oder einen Großkreis auf einer Kugel,

2. zum anderen meint man das Durchlaufen einer derartigen Teilmenge des 2- oder 3-dimensionalen Raums, z. B. eine bei einer Drehung durchlaufene Kreislinie.

Die zweite Charakterisierung enthält außer der statischen Orts- auch dynamische Bewegungsinformation. Dies stellt einerseits einen Vorteil dar, bedeutet aber andererseits, daß bei der Betrachtung von Eigenschaften, die von der Dynamik unabhängig sind – welches man z. B. vom Begriff der Kurvenlänge erwartet –, diese Unabhängigkeit erst nachgewiesen werden muß.

Eine Präzisierung des Kurvenbegriffs werden wir daher in zwei Schritten vornehmen. Im ersten Schritt betrachten wir die dynamische Variante, welche in der Praxis erhebliche Vorteile bietet, und im zweiten Schritt gehen wir zur statischen über. Um diesen Unterschied auch sprachlich hervorzuheben, werden wir die dynamische Variante eine *Parameterdarstellung einer Kurve*[1] nennen.

Definition 5.1 (Parameterdarstellung einer Kurve im $\mathbb{R}^n$) Eine stetige Funktion $\gamma : [a, b] \to \mathbb{R}^n$ eines abgeschlossenen Intervalls[2] nach $\mathbb{R}^n$ nennen wir eine Parameterdarstellung einer Kurve. Durch sie wird die Teilmenge $\gamma([a, b]) \subset \mathbb{R}^n$ dargestellt, die wir die *Spur* von γ nennen und mit spur (γ) bezeichnen. Die Punkte $\gamma(a)$ und $\gamma(b)$ heißen *Anfangs-* bzw. *Endpunkt* von γ. Sind sie gleich, gilt also $\gamma(a) = \gamma(b)$, so nennen wir γ *geschlossen*. Die Variable t wird der *Parameter* der Parameterdarstellung genannt.

---

[1]Manchmal spricht man auch von einem *Weg*.
[2]Man kann auch offene und unbeschränkte Intervalle als Definitionsbereiche zulassen.

Beispiel 5.1 (Kreislinie) Durch die stetige Funktion $\gamma_1 : [0, 2\pi] \to \mathbb{R}^2$ mit $t \mapsto (\cos t, \sin t)$ ist offenbar die Parameterdarstellung einer Kurve gegeben, deren Spur die Einheitskreislinie ist. Wegen $\gamma_1(0) = \gamma_1(2\pi) = (1, 0)$ ist γ_1 geschlossen. Durchläuft der Parameter t das Intervall $[0, 2\pi]$ gleichförmig, so wird die Einheitskreislinie unter γ_1 mit konstanter Winkelgeschwindigkeit genau einmal durchlaufen.[3]

Die stetige Funktion $\gamma_2 : [0, 2\pi] \to \mathbb{R}^2$ mit $t \mapsto (\cos (2t), \sin (2t))$ erzeugt dieselbe Spur, aber nun wird die Einheitskreislinie mit doppelter Geschwindigkeit und insgesamt zweimal durchlaufen.

Setzt man aber andererseits $\gamma_3 := \gamma_2\big|_{[0,\pi]}$, so wird die Einheitskreislinie wieder nur einmal durchlaufen, aber doppelt so schnell wie bei γ_1.

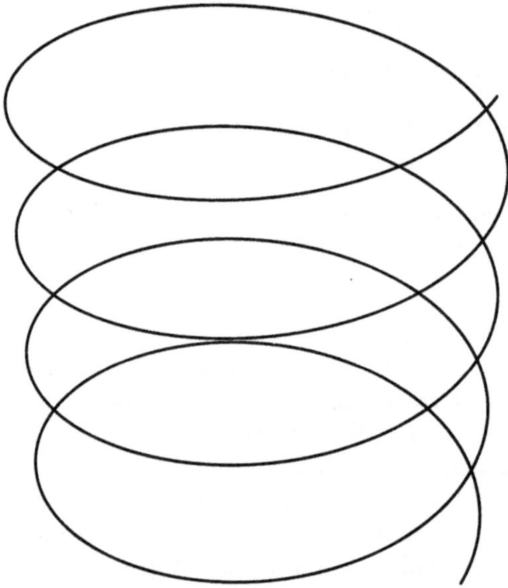

Abbildung 5.1   Eine Schraubenlinie

Beispiel 5.2 (Schraubenlinie) Durch die stetige Funktion $\gamma_4 : [0, 8\pi] \to \mathbb{R}^3$ mit $t \mapsto (\cos t, \sin t, t)$ wird eine *Schraubenlinie* erklärt, s. Abbildung 5.1. Sie ist nicht geschlossen.

Beispiel 5.3 (Graphen reeller Funktionen) Jeder Graph einer stetigen reellen Funktion $f : [a, b] \to \mathbb{R}$ eines abgeschlossenen Intervalls ist die Spur der Parameterdarstellung einer Kurve. Setzen wir nämlich $t := x$, so ist offenbar $\gamma : [a, b] \to \mathbb{R}^2$ mit $t \mapsto (t, f(t))$ eine Parameterdarstellung, deren Spur der Graph von f ist.

---

[3]Die Bezeichnung t für den Parameter einer Parameterdarstellung soll an den Begriff Zeit (englisch: time) erinnern. Eine Parameterdarstellung bildet also ein Zeitintervall stetig in den $\mathbb{R}^n$ ab.

Die obere Einheitskreishälfte kann also auch durch die Parameterdarstellung γ_5 : $[-1,1] \to \mathbb{R}^2$ mit $t \mapsto (t, \sqrt{1-t^2})$ beschrieben werden. Diesmal ist allerdings nicht die Winkelgeschwindigkeit, sondern die Projektion der Geschwindigkeit auf die x-Achse konstant. $\triangle$

Wir haben nun Parameterdarstellungen von Kurven erklärt, und wir stellen uns vor, daß diese das stetige „Zeichnen" einer Kurve beschreiben, wobei der Parameter t eine endliches Zeitintervall durchläuft. Wir haben – mit den Mathematikern des letzten Jahrhunderts – die Erwartung, daß dann etwas „Eindimensionales" dabei herauskommt. PEANO[4] gelang 1890 die Konstruktion einer Parameterdarstellung einer Kurve $\gamma : [0,1] \to [0,1]^2$, die surjektiv ist. Man mache sich klar, was dies bedeutet![5] Um solche Fälle auszuschließen, betrachten wir in der Regel injektive oder zumindest „fast" injektive Parameterdarstellungen, nämlich solche mit nur endlich vielen Doppelpunkten.

Definition 5.2 (Doppelpunkt, Jordansche Parameterdarstellung) Ist γ : $[a,b] \to \mathbb{R}^n$ eine Parameterdarstellung einer Kurve und gilt $\gamma(t_1) = \gamma(t_2)$ für $t_1 \neq t_2$, dann heißt der Punkt $\gamma(t_1)$ *Doppelpunkt* von γ. Hat γ keinen Doppelpunkt oder ist γ geschlossen und der Anfangs- = Endpunkt ist der einzige Doppelpunkt, so nennen wir γ eine *Jordansche[6] Parameterdarstellung*.

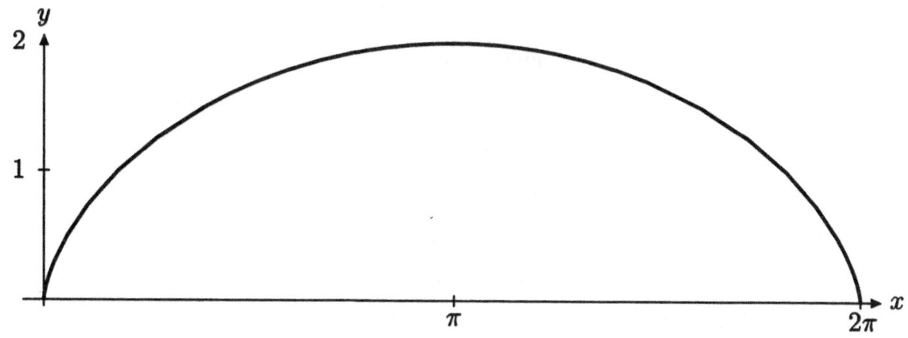

Abbildung 5.2 Eine Zykloide

Sitzung 5.1 (Graphische Darstellung von Parameterdarstellungen) Eine *Zykloide* wird durch die Parameterdarstellung $\gamma : I \to \mathbb{R}^2$ mit $t \mapsto (t-\sin t, 1-\cos t)$ gegeben, wobei I ein reelles Intervall darstellt. Wählt man $I = [0, 2\pi]$, so beschreibt die gegebene Zykloide die Bahn eines Punkts P der Peripherie eines Kreises mit Radius 1 beim Abrollen auf der x-Achse um eine Umdrehung. Dabei ist der Mittelpunkt

---

[4]GIUSEPPE PEANO [1858–1932]

[5]Diese Parameterdarstellung ist nicht injektiv. Sie zeigt, daß das Intervall $[0,1]$ „etwas mehr Punkte enthält" als das Quadrat $[0,1]^2$...

[6]CAMILLE JORDAN [1839–1922]

des Kreises zu Beginn an der Stelle $(0,1)$ und P liegt am Ursprung, s. Abbildung 5.2. Man beweise dies!

Wir können die Spur einer ebenen Parameterdarstellung $\gamma : [a, b] \to \mathbb{R}$ mit DERIVE graphisch darstellen. Dazu gibt man die Parameterdarstellung als Vektor ein und ruft das $\boxed{\texttt{Plot}}$ Menü auf. DERIVE fragt dann nach dem t-Intervall [Min :, Max :], das auf $[-\pi, \pi]$ voreingestellt ist.

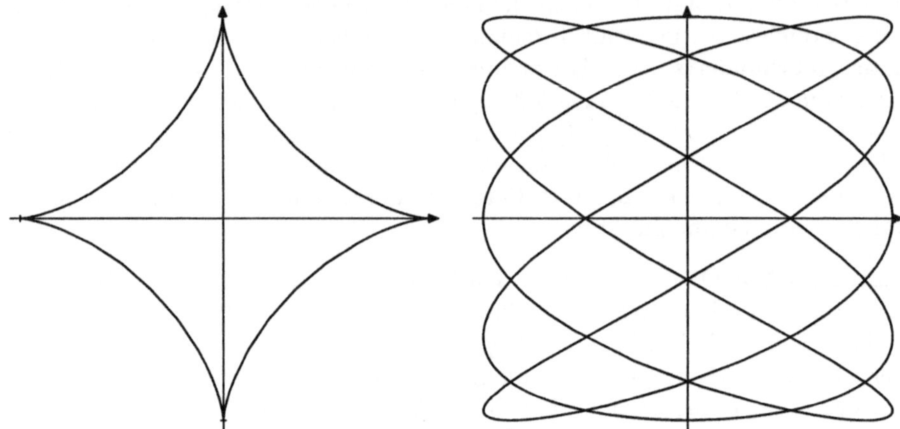

Abbildung 5.3 Die Astroide und eine Lissajous-Kurve

Bezeichnung	Parameterdarstellung	Intervall
Zykloide	$(t - \sin t, 1 - \cos t)$	$[0, 2\pi]$,
Kreislinie	$(\cos t, \sin t)$	$[0, 2\pi]$,
Ellipse	$(3 \cos t, \sin t)$	$[0, 2\pi]$,
Astroide	$(\cos^3 t, \sin^3 t)$	$[0, 2\pi]$,
Hypozykloide	$(\cos t + \cos (2t), \sin t - \sin (2t))$	$[0, 2\pi]$,
Lissajous-Kurve[7]	$(\cos (5t), \sin (3t))$	$[0, 2\pi]$,
archimedische Spirale	$(t \cos t/10, t \sin t/10)$	$[0, 10\pi]$,
Kurve mit Doppelpunkt	$(t^2 - 1, t^3 - t)$	$[-2, 2]$,
Neilsche[8] Parabel	(t^2, t^3)	$[-2, 2]$,
Hyperbel	$(3 \cosh t, \sinh t)$	$[-2, 2]$.

Die Parameterdarstellung $\gamma(t) = (t^2 - 1, t^3 - t)$ hat dabei an den Stellen $t = -1$ und $t = 1$ denselben Wert $\gamma(-1) = \gamma(1) = (0, 0)$, und somit ist der Ursprung ein Doppelpunkt. Bei der Hypozykloide ist der Ursprung sogar ein dreifacher Punkt. Die Lissajous-Kurve besitzt insgesamt 22 Doppelpunkte, s. Abbildung 5.3.

---

[7] J. A. LISSAJOUS [1822–1880]
[8] WILLIAM NEIL [1637–1670]

ÜBUNGSAUFGABEN

◇ **5.1 (Ellipsen und Hyperbeln)** *Die durch die impliziten Gleichungen*

$$\frac{x^2}{a^2} \pm \frac{y^2}{b^2} = \pm 1$$

gegebenen Ellipsen und Hyperbeln lassen sich durch $x := \cos t$, $x := \cosh t$ *bzw.* $x := \sinh t$ *parametrisieren. Daher kommt die Bezeichnung „hyperbolische Funktionen". Man stelle einige Ellipsen und Hyperbeln mit* DERIVE *dar.*

◇ **5.2 (Zykloiden)** *Man betrachte die allgemeine Zykloide, die durch die Parameterdarstellung* $t \mapsto (r\,t - a\,\sin t, r - a\,\cos t)$ *mit geeigneten Werten* a *und* r *gegeben ist. Stelle die Zykloide für Werte* $a < r$ *als auch für* $a > r$ *graphisch dar.*

◇ **5.3** *Man stelle die logarithmische Spirale für* $c = 1/100, 1/10$ *sowie die Kardioide graphisch mit* DERIVE *dar:*

(a) **(logarithmische Spirale)** $(e^{ct} \cos t, e^{ct} \sin t)$ $\qquad\qquad (t \in [0, 10\pi])$,

(b) **(Kardioide)** $\qquad\qquad ((1 + \cos t) \cos t, (1 + \cos t) \sin t)$ $\quad (t \in [0, 2\pi])$.

◇ **5.4** *Man gebe geeignete Parameterdarstellungen folgender durch algebraische Gleichungen gegebener Kurven und stelle sie mit* DERIVE *für* $a = p = s = 1$ *graphisch dar.*

(a) **(Kartesisches Blatt)** $\quad x^3 + y^3 - a\,x\,y = 0$,

(b) **(Konchoide)** $\quad (x^2 + y^2)(x - p)^2 - s^2\,x^2 = 0$,

(c) **(Lemniskate)** $\quad (x^2 + y^2)^2 - 2\,a^2\,(x^2 - y^2) = 0$,

(d) **(Zissoide)** $\quad y^2\,(a - x) = x^3$.

Hinweis: Man mache jeweils einen Ansatz $(x, y) = (r\,\cos t, r\,\sin t)$ und löse nach der gesuchten Funktion r auf.

5.2   Kurven und Tangenten

Zunächst erklären wir den Begriff des Tangentialvektors einer Parameterdarstellung.

Definition 5.3 (Tangentialvektor) Ist $\gamma : [a, b] \to \mathbb{R}^n$ eine differenzierbare Parameterdarstellung einer Kurve und ist $t \in [a, b]$ gegeben, dann heißt der Vektor[9] $\dot{\gamma}(t)$ der *Tangentialvektor* von γ an der Stelle t (bzw. am Punkt $\gamma(t)$). Er bestimmt die Richtung der Tangente von γ an der Stelle $\gamma(t)$, und sein Betrag ist ein Maß für die Geschwindigkeit beim Durchlaufen der Kurve. Ist $\dot{\gamma}(t) \neq 0$, so heißt der Punkt t *regulär*, und $\dot{\gamma}(t)/|\dot{\gamma}(t)|$ ist der *Tangenteneinheitsvektor*. Andernfalls heißt γ *singulär* an der Stelle t. △

---

[9]Wir verwenden für die Differentiation bzgl t wieder den Ableitungspunkt.

Die Tangente an Kurven wird also wie die Tangente an Graphen als Grenzlage von Sekanten erklärt.

Beispiel 5.4 (Tangente an die Kreislinie) Die Parameterdarstellung der Einheitskreislinie $\gamma_1 : [0, 2\pi] \to \mathbb{R}^2$ mit $t \mapsto (\cos t, \sin t)$ ist differenzierbar mit $\dot{\gamma}_1(t) = (-\sin t, \cos t)$. Dieser Vektor ist für alle $t \in [0, 2\pi]$ vom Betrag 1 und somit der Tangenteneinheitsvektor. Dies ist gleichbedeutend mit der gleichförmigen Geschwindigkeit beim Durchlaufen der Kreislinie. Alle Punkte sind also regulär.

Beispiel 5.5 Hat eine Parameterdarstellung einen Doppelpunkt, so kann also die Spur dort durchaus mehrere Tangenten besitzen. Dies ist z. B. bei der doppelt durchlaufenen Einheitskreislinie γ_2 bzw. γ_3 der Fall, aber auch bei der Parameterdarstellung $\gamma(t) = (t^2 - 1, t^3 - t)$ aus DERIVE-Sitzung 5.1. Für diese gilt $\dot{\gamma}(t) = (2t, 3t^2 - 1)$, und somit hat γ an den Punkten $t = -1$ und $t = 1$, die beide dem Spurpunkt $(0, 0)$ entsprechen, die Tangentialvektoren $\dot{\gamma}(-1) = (-2, 2)$ bzw. $\dot{\gamma}(1) = (2, 2)$, s. Abbildung 5.4.

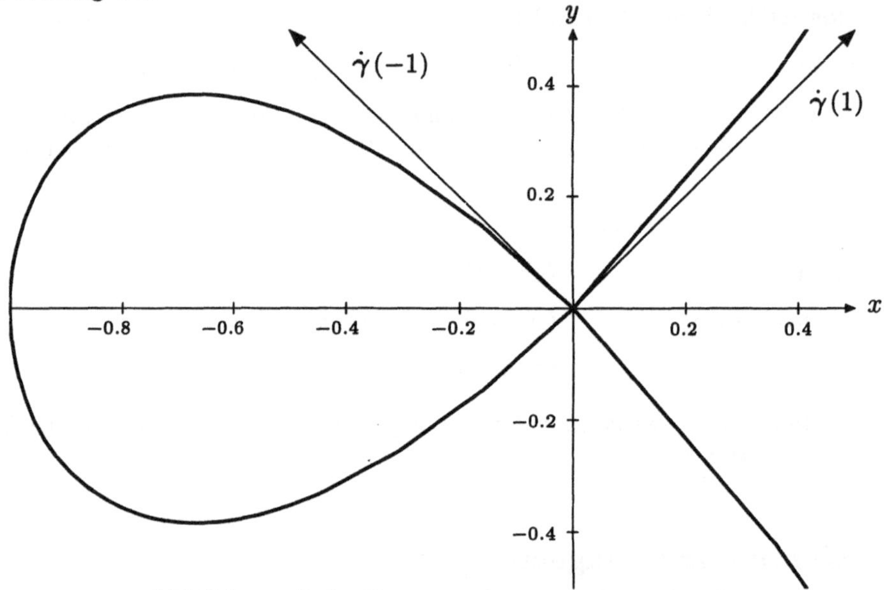

Abbildung 5.4   Tangenten bei einem Doppelpunkt

Beispiel 5.6 Nicht jede irreguläre Stelle[10] $\tau \in [a, b]$ hat zur Folge, daß die Spur dort keine Tangente besitzt. Während bei der Astroide $\gamma(t) = (\cos^3 t, \sin^3 t)$ der Tangentialvektor an der Stelle t den Wert $\dot{\gamma}(t) = (-3 \sin t \cos^2 t, 3 \cos t \sin^2 t)$ hat und somit für $t = 0, \pi/2, \pi, 3\pi/2, 2\pi$ singulär ist und die Spur dort in der Tat keine Tangente besitzt, s. Abbildung 5.3, ist bei der Parameterdarstellung $\gamma(t) = (t^3, t^3)$ der Ursprung ebenfalls singulär, die Spur von γ ist aber eine Gerade und

---

[10]Das Symbol τ ist der griechische Buchstabe „tau".

hat überall eine Tangente. Der Sachverhalt $\dot{\gamma}\,(\tau)\,=\,0$ drückt nur aus, daß die Momentangeschwindigkeit der Bewegung $t \mapsto \gamma(t)$ für $t = \tau$ verschwindet. An einer solchen Stelle *kann* sich dann die Bewegungsrichtung ändern. $\triangle$

Wir betrachten nun Parameterdarstellungen ebener Kurven $\gamma : [a,b] \to \mathbb{R}^2$. Hat eine solche überall einen nicht vertikalen Tangentialvektor, so ist es plausibel, daß ihre Spur Graph einer differenzierbaren Funktion ist. Dies besagt der

Satz 5.1 Sei $\gamma : [a,b] \to \mathbb{R}^2$ stetig differenzierbar mit $\gamma(t) = (x(t), y(t))$ und ist $\dot{x}(t) \neq 0$ $(t \in (a,b))$. Dann gibt es eine stetig differenzierbare Funktion[11] $f :$ $x([a,b]) \to \mathbb{R}$, deren Graph die Spur von γ ist

$$y(t) = f(x(t)) \qquad (t \in [a,b]) \tag{5.1}$$

und deren Ableitung durch $(x = x(t))$

$$f'(x) = \frac{\dot{y}}{\dot{x}}(t) \tag{5.2}$$

gegeben ist. Ist γ zweimal differenzierbar, gilt ferner

$$f''(x) = \frac{\dot{x}\ddot{y} - \ddot{x}\dot{y}}{\dot{x}^3}(t) \ .$$

Beweis: Wegen der Stetigkeit und Nullstellenfreiheit hat $\dot{x}$ einheitliches Vorzeichen, ist also x streng monoton. Daher gibt es eine stetig differenzierbare Umkehrfunktion $\varphi = x^{-1} :$ $x([a,b]) \to \mathbb{R}$. Durch

$$f := y \circ \varphi : x([a,b]) \to \mathbb{R}$$

wird wegen $f(x(t)) = y(\varphi(x(t))) = y(t)$ die gesuchte Funktion erklärt. Für ihre Ableitung bekommen wir durch implizite Differentiation von (5.1)

$$\dot{y}(t) = f'(x(t)) \cdot \dot{x}(t) \ , \tag{5.3}$$

also

$$f'(x(t)) = \frac{\dot{y}}{\dot{x}}(t) \ ,$$

sowie durch nochmaliges Differenzieren von (5.3)

$$\ddot{y}(t) = f''(x(t)) \cdot \dot{x}^2(t) + f'(x(t)) \cdot \ddot{x}(t)$$

bzw.

$$f''(x(t)) = \frac{\ddot{y}(t) - f'(x(t))\,\ddot{x}(t)}{\dot{x}^2(t)} = \frac{\ddot{y}(t) - \frac{\dot{y}}{\dot{x}}(t)\,\ddot{x}(t)}{\dot{x}^2(t)} = \frac{\dot{x}\ddot{y} - \ddot{x}\dot{y}}{\dot{x}^3}(t) \ . \qquad \square$$

Bemerkung 5.1 Wir bemerken, daß die Ableitungsregel 5.2 wieder als Kürzungsregel von Differentialen aufgefaßt werden kann:

$$\frac{dy}{dx} = \frac{\frac{dy}{dt}}{\frac{dx}{dt}} \ .$$

---

[11]Man beachte, daß $x([a,b])$ auf Grund der Stetigkeit von $x(t)$ ein Intervall ist.

Beispiel 5.7 (Zykloide als Graph) Die Zykloide $\gamma(t) = (t - \sin t, 1 - \cos t)$ kann wegen $x([0, 2\pi]) = [0, 2\pi]$ im Intervall $[0, 2\pi]$ als Graph einer Funktion $f : [0, 2\pi] \to \mathbb{R}$ aufgefaßt werden, s. Abbildung 5.2. Für f gibt es keine elementare Darstellung, da eine solche für $\varphi = x^{-1}$ nicht existiert. Wegen $\dot{x}(t) = 1 - \cos t \neq 0$ $(t \in (0, 2\pi))$ gilt aber

$$f'(x) = \frac{\dot{y}}{\dot{x}}(t) = \left. \frac{\sin t}{1 - \cos t} \right|_{t = \varphi(x)}$$

und

$$f''(x) = \frac{(1 - \cos t) \cos t - \sin^2 t}{(1 - \cos t)^2} = \left. - \frac{1}{(1 - \cos t)^2} \right|_{t = \varphi(x)} ,$$

und insbesondere genügt f wegen $\left. f(x) = y(t) \right|_{t = \varphi(x)}$ der Differentialgleichung

$$f''(x) = - \frac{1}{f^2(x)}$$

mit den Anfangswerten $f(\pi) = y(\pi) = 2$ sowie

$$f'(\pi) = \left. \frac{\sin t}{1 - \cos t} \right|_{t = \pi} = 0 .$$

Man kann unseren Rechnungen nun z. B. ansehen, daß f in $(0, \pi)$ streng wächst $(f' > 0)$ und daß ferner f streng konkav ist $(f'' < 0)$. $\triangle$

Wir betrachten in der Folge wieder n-dimensionale Kurven, und wir wollen jetzt alle diejenigen Parameterdarstellungen zu einem neuen Objekt zusammenfassen, die wir als dieselbe Kurve empfinden. Dabei kommt es, wie man aus Beispiel 5.1 sieht, nicht nur auf die Spur der Parameterdarstellung an (der Parameterdarstellung γ_3 wird man ja z. B. eine andere Kurvenlänge zuordnen als der Parameterdarstellung γ_1). Offenbar liegt dieselbe Kurve vor, wenn lediglich die Geschwindigkeit der Bewegung $t \mapsto \gamma(t)$ verschieden ist. Dies führt zu folgender

Definition 5.4 (Äquivalenz von Parameterdarstellungen) Wir nennen zwei Parameterdarstellungen $\gamma_1 : [a, b] \to \mathbb{R}^n$ und $\gamma_2 : [c, d] \to \mathbb{R}^n$ *äquivalent*, falls es eine streng wachsende stetige Funktion $\varphi : [a, b] \to [c, d]$ mit $\varphi(a) = c$ und $\varphi(b) = d$ gibt derart, daß $\gamma_1 = \gamma_2 \circ \varphi$ ist. Eine solche Funktion φ heißt *Parametertransformation*. Sie transformiert die Parameterdarstellung γ_2 in die Parameterdarstellung γ_1.

Bemerkung 5.2 Da φ streng wachsend und stetig ist, ist φ bijektiv und φ^{-1} ist ebenfalls stetig und streng wachsend. Man sieht leicht ein, daß durch

$$\gamma_1 \sim \gamma_2 \quad \Longleftrightarrow \quad \gamma_1 \text{ ist äquivalent zu } \gamma_2 \tag{5.4}$$

eine *Äquivalenzrelation* erklärt wird:

Lemma 5.1 Durch (5.4) wird auf der Menge der Parameterdarstellungen eine Äquivalenzrelation erklärt.

Beweis:

1. **(Reflexitivität)** Die identische Funktion $\varphi = \mathrm{id}_{[a,b]}$ erzeugt $\gamma \sim \gamma$.

2. **(Symmetrie)** Da durch Rechts-Komposition mit φ^{-1} aus $\gamma_1 = \gamma_2 \circ \varphi$ die Beziehung $\gamma_2 = \gamma_1 \circ \varphi^{-1}$ folgt, gilt also $\gamma_1 \sim \gamma_2 \Rightarrow \gamma_2 \sim \gamma_1$.

3. **(Transitivität)** Aus $\gamma_1 \sim \gamma_2$ und $\gamma_2 \sim \gamma_3$ folgt $\gamma_1 \sim \gamma_3$, da die Beziehungen $\gamma_1 = \gamma_2 \circ \varphi_1$ und $\gamma_2 = \gamma_3 \circ \varphi_2$ die Beziehung $\gamma_1 = \gamma_3 \circ (\varphi_2 \circ \varphi_1)$ implizieren. $\quad\square$

Dies führt zu folgender Definition.

Definition 5.5 (Kurve) Unter einer *Kurve* $\overline{\gamma}$ in $\mathbb{R}^n$ verstehen wir die zu der Parameterdarstellung $\gamma : [a, b] \to \mathbb{R}$ einer Kurve gehörige Äquivalenzklasse, d. h. die Menge aller zu γ äquivalenten Parameterdarstellungen. Wo Verwechslungen nicht zu befürchten sind, nennen wir eine eine Kurve charakterisierende Parameterdarstellung manchmal selbst Kurve. $\triangle$

Wir stellen als erstes fest, daß der Begriff des Tangenteneinheitsvektors invariant ist unter einer Parametertransformation. Ist nämlich $\gamma_1 = \gamma_2 \circ \varphi$, so ist wegen $\dot{\varphi}(t) > 0$

$$\frac{\dot{\gamma}_1(t)}{|\dot{\gamma}_1(t)|} = \frac{\dot{\gamma}_2(\varphi(t))}{|\dot{\gamma}_2(\varphi(t))|} \cdot \frac{\dot{\varphi}(t)}{|\dot{\varphi}(t)|} = \frac{\dot{\gamma}_2(\varphi(t))}{|\dot{\gamma}_2(\varphi(t))|} \,,$$

m. a. W.: Der Tangenteneinheitsvektor ist eine Eigenschaft der Kurve, welche unabhängig von der gegebenen Parameterdarstellung ist. Das heißt aber insbesondere: Zur Bestimmung des Tangenteneinheitsvektors genügt es, eine *beliebige* Parameterdarstellung der betrachteten Kurve zu kennen, mit welcher dann der Tangenteneinheitsvektor berechnet werden kann.

Dies werden wir auch in Zukunft im Auge haben: In den folgenden Abschnitten erklären wir weitere Eigenschaften von Kurven, zur konkreten Berechnung ziehen wir uns aber immer wieder auf konkrete Parameterdarstellungen zurück.

Doppelpunktfreie Kurven sind besonders interessant. Daher definieren wir nun

Definition 5.6 (Jordankurve) Unter einer *Jordankurve* verstehen wir eine von einer Jordanschen Parameterdarstellung erzeugte Kurve. $\triangle$

Da eine Kurve eine Äquivalenzklasse ist, macht diese Definition nur Sinn, falls sie invariant unter einer Parametertransformation ist. Dies ist aber der Fall: Die Injektivität von γ_2 hat die Injektivität von $\gamma_1 = \gamma_2 \circ \varphi$ zur Folge, da φ ebenfalls injektiv ist.

Die erwähnte Peanokurve war ein Beispiel einer „mehrdimensionalen" Kurve. Bei Jordankurven tritt ein solches Verhalten nicht auf. Dennoch können Jordankurven noch ausgesprochen kompliziert sein. In Übungsaufgabe I.12.10 (S. I.335) hatten wir z. B. die *Takagi-Funktion* behandelt, die Graph einer Jordankurve ist, die nirgends eine Tangente hat.

ÜBUNGSAUFGABEN

o **5.5** *Man zeige, daß der Graph der Zykloidenfunktion f aus Beispiel 5.7 symmetrisch bzgl. der Geraden $x = \pi$ ist, d. h., daß $f(\pi - x) = f(x)$ gilt. Man gebe weiter eine explizite Darstellung der Umkehrfunktion $f^{-1} : [0, 2] \to [0, \pi]$ an und zeige mit ihrer Hilfe, daß der Flächeninhalt $\int_0^{2\pi} f(x)\,dx$ unter dem Zykloidenbogen den Wert 3π hat.*

Man berechne ferner den Tangentialvektor der Zykloide am Punkt (x, y) ihrer Spur in Abhängigkeit von der Ordinate y. Schließlich gebe man das 5. Taylorpolynom von f an der Stelle $x = \pi$ an.

5.3   Rektifizierbarkeit und Kurvenlänge

In diesem Abschnitt erklären wir, wie wir die Länge einer Kurve bestimmen. Sei eine Parameterdarstellung $\gamma : [a, b] \to \mathbb{R}^n$ gegeben. Wie beim Riemann-Integral betrachten wir eine Zerlegung $a = t_0 < t_1 < \ldots < t_m = b$ des Intervalls $[a, b]$ und stellen fest, daß die Summe

$$\sum_{j=1}^{m} |\gamma(t_j) - \gamma(t_{j-1})|$$

die Länge des durch die Punkte $\gamma(a), \gamma(t_1), \ldots, \gamma(b)$ gegebenen Polygons ist. Offenbar ist die Länge der gegebenen Kurve generell größer (höchstens gleich) als die Länge einer derartigen Approximation, so daß die folgende Definition sinnvoll ist.

Definition 5.7 (Rektifizierbarkeit und Länge einer Kurve) Ist die Größe

$$\sup \sum_{j=1}^{m} |\gamma(t_j) - \gamma(t_{j-1})| =: L(\gamma) < \infty$$

endlich, wobei das Supremum über alle Zerlegungen von $[a, b]$ zu bilden ist, so nennen wir γ *rektifizierbar* und $L(\gamma)$ die *Länge* der durch γ gegebenen Kurve.

Bemerkung 5.3 Diese Definition ist unabhängig von der gegebenen Parameterdarstellung der Kurve: Ist $\gamma_2 : [c, d] \to \mathbb{R}^n$ eine weitere Parameterdarstellung der Kurve, so ist $\gamma = \gamma_2 \circ \varphi$, und es gilt

$$\sum_{j=1}^{m} |\gamma(t_j) - \gamma(t_{j-1})| = \sum_{j=1}^{m} |\gamma_2(\varphi(t_j)) - \gamma_2(\varphi(t_{j-1}))| \ .$$

Da nun die Menge der Zerlegungen $a = t_0 < t_1 < \ldots < t_m = b$ von $[a, b]$ unter φ wegen des strengen Wachstums von φ genau auf die Menge der Zerlegungen $\varphi(a) = \varphi(t_0) < \varphi(t_1) < \ldots < \varphi(t_m) = \varphi(b)$ des Intervalls $[\varphi(a), \varphi(b)] = [c, d]$ abgebildet wird, stimmen insbesondere die betrachteten Suprema überein.

Beispiel 5.8 (Eine nicht rektifizierbare Kurve) Die als Graph der Funktion
$f : [0,1] \to \mathbb{R}$ mit

$$f(x) := \begin{cases} x \cos \frac{\pi}{2x} & \text{falls } x \neq 0 \\ 0 & \text{falls } x = 0 \end{cases}$$

gegebene Kurve $\gamma : [0,1] \to \mathbb{R}^2$, $\gamma(t) = (t, f(t))$, ist nicht rektifizierbar. Für die
Zerlegung $0 < \frac{1}{4m} < \frac{1}{4m-1} < \ldots < \frac{1}{2} < 1$ ist wegen

$$f\left(\tfrac{1}{j}\right) = \begin{cases} \frac{(-1)^{j/2}}{j} & \text{falls } j \text{ gerade} \\ 0 & \text{falls } j \text{ ungerade} \end{cases}$$

nämlich

$$\sum_{j=1}^{4m} |\gamma(t_j) - \gamma(t_{j-1})| > \sum_{j=1}^{4m} |f(t_j) - f(t_{j-1})| = 2 \sum_{l=1}^{2m} \frac{1}{2l} = \sum_{l=1}^{2m} \frac{1}{l},$$

und dies strebt für $m \to \infty$ gegen ∞. $\triangle$

Die gegebene Definition der Kurvenlänge ist natürlich so angelegt, daß sie für Poly-
gone (unabhängig von möglichen Kreuzungspunkten) die Summe der Kantenlängen
ergibt. Andererseits ist sie zur direkten Berechnung der Kurvenlänge – wie schon
die Definition des Riemann-Integrals zur Flächenberechnung – wenig geeignet. Wie
immer in einer derartigen Situation, versuchen wir, den neuen Begriff auf einen alten
zurückzuführen. Falls γ stetig differenzierbar ist, geht dies auch.

Satz 5.2 (Länge einer differenzierbaren Kurve) Eine Kurve mit stetig differenzierbarer Parameterdarstellung $\gamma : [a,b] \to \mathbb{R}^n$ ist rektifizierbar, und es gilt

$$L(\gamma) = \int_a^b |\dot\gamma(t)| \, dt \,.$$

Beweis: Wir benutzen die Abkürzung

$$v(t) := |\dot\gamma(t)| = \sqrt{\dot\gamma_1^2(t) + \dot\gamma_2^2(t) + \cdots + \dot\gamma_n^2(t)}$$

für die „Geschwindigkeitsfunktion" $|\dot\gamma(t)|$. Auf Grund der Stetigkeit von $\dot\gamma$ sind die Ko-
ordinatenfunktionen $\dot\gamma_k$ $(k = 1, \ldots, n)$ gleichmäßig stetig in $[a,b]$. Zu jedem $\varepsilon > 0$ gibt es
also ein $\delta > 0$ derart, daß für $t, \tau \in [a,b]$ mit $|t - \tau| \leq \delta$ die Beziehungen

$$\left| \dot\gamma_k(t) - \dot\gamma_k(\tau) \right| \leq \frac{\varepsilon}{n(b-a)} \quad (k = 1, \ldots, n) \tag{5.5}$$

gelten. Sei nun weiter die Zerlegung $a = t_0 < t_1 < \ldots < t_m = b$ der Feinheit $\leq \delta$ gegeben.
Wir betrachten zunächst das Teilintervall $I_j := [t_{j-1}, t_j]$. Aus dem Mittelwertsatz der
Differentialrechnung folgt einerseits die Existenz von Punkten $\tau_k \in I_j$ $(k = 1, \ldots, n)$ mit

$$\gamma(t_j) - \gamma(t_{j-1}) = (\dot\gamma_1(\tau_1), \dot\gamma_2(\tau_2), \ldots \dot\gamma_n(\tau_n)) \cdot (t_j - t_{j-1})$$

(man betrachte die Situation koordinatenweise!). Andererseits gibt es wegen des Mittelwertsatzes der Integralrechnung ein $\tau \in I_j$ mit

$$\int_{t_{j-1}}^{t_j} v(t)\,dt = v(\tau)\,(t_j - t_{j-1}) = |\dot{\gamma}(\tau)|\,(t_j - t_{j-1})\,,$$

und daher folgt

$$\left| |\gamma(t_j) - \gamma(t_{j-1})| - \int_{t_{j-1}}^{t_j} v(t)\,dt \right| = \Big| |(\dot{\gamma}_1(\tau_1), \dot{\gamma}_2(\tau_2), \ldots, \dot{\gamma}_n(\tau_n))| -$$

$$|(\dot{\gamma}_1(\tau), \dot{\gamma}_2(\tau), \ldots, \dot{\gamma}_n(\tau))| \Big| (t_j - t_{j-1})$$

$$\leq \sum_{k=1}^{n} |\dot{\gamma}_k(\tau_k) - \dot{\gamma}_k(\tau)|\,(t_j - t_{j-1})\,.$$

Es liegen nun alle τ_k $(k = 1, \ldots, n)$ sowie τ in dem Intervall I_j, welches eine Länge $\leq \delta$ hat, und somit folgt mit (5.5) durch Summation über alle Teilintervalle

$$\left| \sum_{j=1}^{m} |\gamma(t_j) - \gamma(t_{j-1})| - \int_{a}^{b} v(t)\,dt \right| \leq \sum_{j=1}^{m} \sum_{k=1}^{n} \frac{\varepsilon}{n\,(b-a)}(t_j - t_{j-1}) = \frac{\varepsilon}{b-a} \sum_{j=1}^{m}(t_j - t_{j-1}) = \varepsilon.$$

Durch Übergang zum Supremum über alle Zerlegungen der Feinheit $\leq \delta$ gilt also auch

$$\left| L(\gamma) - \int_{a}^{b} v(t)\,dt \right| \leq \varepsilon\,,$$

und mit $\varepsilon \to 0$ folgt das Resultat. $\square$

Bemerkung 5.4 Das Ergebnis läßt sich (unter Anwendung des Hauptsatzes) auf folgende Weise interpretieren: Die Momentangeschwindigkeit auf einer stetig differenzierbaren Kurve ergibt sich wie in der Physik üblich als Zeitableitung der Wegfunktion. $\triangle$

Wir sind jetzt endlich in der Lage, ein altes offenes Problem zu lösen: Die Interpretation des Arguments $\arg x$ als Winkel.

Beispiel 5.9 (Länge eines Kreisbogens) Wir können nun die Länge des durch die Parameterdarstellung $\gamma : [0, x] \to \mathbb{R}^2$ mit $t \mapsto (\cos t, \sin t)$ gegebenen Kreisbogens bestimmen. Mit Satz 5.2 folgt

$$L(\gamma) = \int_{0}^{x} \sqrt{(-\sin t)^2 + \cos^2 t}\,dt = \int_{0}^{x} dt = x\,,$$

es ist also – wie wir bereits aus der Elementargeometrie wußten – $x = \arg\left(e^{ix}\right)$ der im Bogenmaß gemessene Winkel des den Kreisbogen erzeugenden Dreiecks $\overline{APB}$, s. Abbildung 5.5.

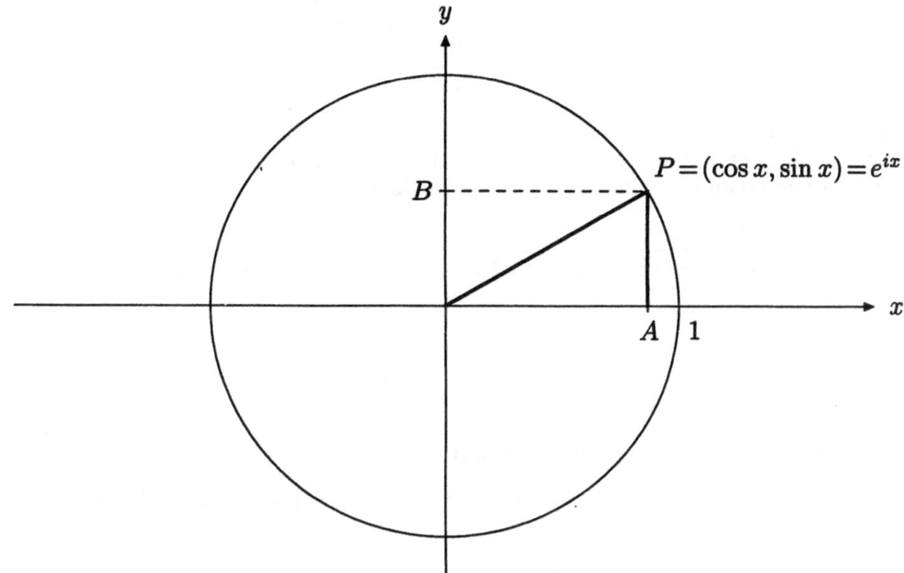

Abbildung 5.5 Kosinus und Sinus als Projektionen der Einheitskreislinie

Sitzung 5.2 Mit Hilfe von Satz 5.2 lassen sich nun die Kurvenlängen vieler Kurven berechnen. Häufig ergeben sich allerdings nicht elementar integrierbare Integrale. Wir erklären

```
LÄNGEPARAMETER(g,t,a,b):=INT(ABS(DIF(g,t)),t,a,b)
```

```
LP(g,t,a,b):=LÄNGEPARAMETER(g,t,a,b)
```

und betrachten die Beispielkurven aus DERIVE-Sitzung 5.1:

DERIVE Eingabe	Ausgabe nach $\boxed{\texttt{Simplify}}$
`LP([t-SIN(t),1-COS(t)],t,0,`2π`)`	8 ,
`LP([COS(t),SIN(t)],t,0,x)`	x ,
`LP([a COS(t),b SIN(t)],t,0,`2π`)`	$\displaystyle\int_0^{2\pi} \sqrt{(b^2-a^2)\,\mathrm{COS}\,(t)^2 + a^2}\,dt$,
`LP([COS(t)^3,SIN(t)^3],t,0,`2π`)`	6 ,
`LP([t COS(t),t SIN(t)],t,0,`2π`)`	$\dfrac{\mathrm{LN}\sqrt{4\pi^2+1}+2\pi}{2}+\pi\sqrt{4\pi^2+1}$

$$\texttt{LP([t\^{}2-1,t\^{}3-t],t,-1,1)} \qquad \int\limits_{-1}^{1} \sqrt{9\,t^4 - 2\,t^2 + 1}\,dt\;,$$

$$\texttt{LP([t\^{}2,t\^{}3],t,0,x)} \qquad \left[\frac{(9\,x^2 + 4)^{3/2}}{27} - \frac{8}{27}\right]\,\mathrm{SIGN}\,(x)\;,$$

$$\texttt{LP([COS(t),SIN(t),t],t,0,x)} \qquad \sqrt{2}\,x\;.$$

Es ist höchst erstaunlich, daß die Kurvenlängen der Zykloide und der Astroide ganze Zahlen sind! Dagegen ergibt sich bei der Berechnung des Umfangs einer Ellipse ein aus diesem Grund so genanntes *elliptisches Integral* ($m \leq 1$)

$$\int\limits_{0}^{2\pi} \sqrt{(b^2 - a^2)\,\cos^2 t + a^2}\,dt \;=\; 4\,|a|\int\limits_{0}^{\pi/2}\sqrt{1 - m\,\cos^2 t}\,dt$$

$$=\; 4\,|a|\int\limits_{0}^{\pi/2}\sqrt{1 - m\,\sin^2 t}\,dt\;,$$

das keine elementare Darstellung besitzt.

Als direkte Folge von Satz 5.2 haben wir für die Länge eines stetig differenzierbaren Graphen das

Korollar 5.1 Sei $f : [a, b] \to \mathbb{R}$ stetig differenzierbar. Dann gilt für die Länge des Graphen $L(f, [a, b])$ von f im Intervall $[a, b]$

$$L(f, [a, b]) = \int\limits_{a}^{b} \sqrt{1 + f'(x)^2}\,dx\;.$$

Beweis: Dies folgt sofort aus der stetig differenzierbaren Parameterdarstellung des Graphen $\gamma\,(t) = (t, f(t))$ und Satz 5.2. $\square$

Wir erwähnen an dieser Stelle, daß es, ähnlich wie bei Satz 5.2 auch möglich ist, den überstrichenen Flächeninhalt einer differenzierbaren ebenen Kurve aus einer Parameterdarstellung zu berechnen. Dies soll in Übungsaufgabe 5.12 getan werden.

ÜBUNGSAUFGABEN

5.6 *Man untersuche den Graphen der Takagi-Funktion auf Rektifizierbarkeit.*

5.7 *Man benutze die Binomialreihe sowie eine Darstellung des Integrals $\int\limits_{0}^{\pi/2}\sin^{2k} t\,dt$ durch Fakultäten, vgl. I.(11.16) auf S. I.309, zur Berechnung der Taylorentwicklung des in* DERIVE-*Sitzung 5.2 betrachteten elliptischen Integrals*

$$E(m) = \int\limits_{0}^{\pi/2}\sqrt{1 - m\,\sin^2 t}\,dt =: \sum_{k=0}^{\infty} a_k\,m^k\;.$$

5.8 *Man berechne die Kurvenlänge der Graphen von*

(a) e^x ,   (b) $\ln x$,   (c) $\cosh x$,   _ (d) $\sinh x$

im Intervall $[a, b]$.

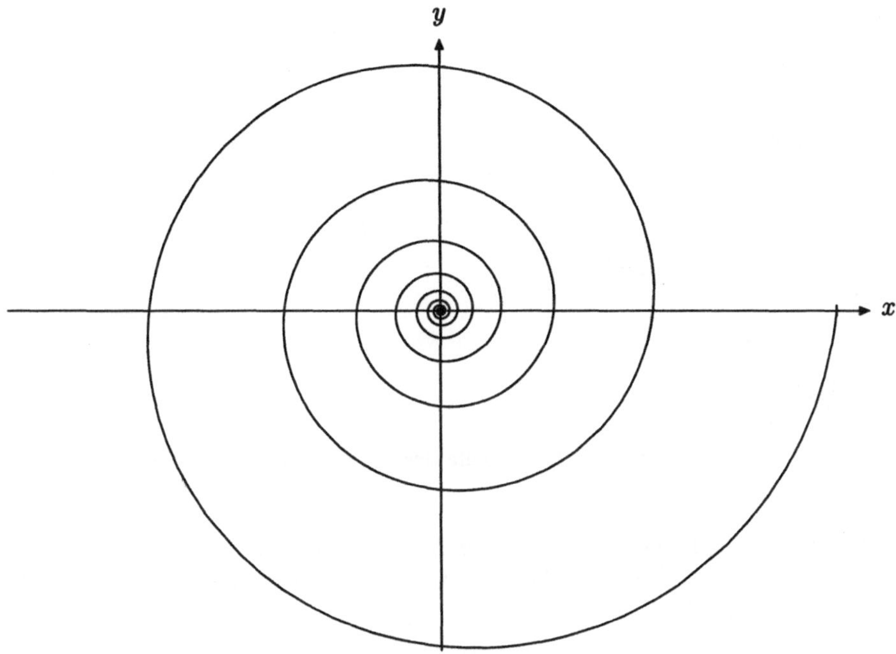

Abbildung 5.6   Log. Spirale: unendlich viele Umdrehungen bei endlicher Länge

$\diamond$ **5.9** *Man berechne die Kurvenlänge der logarithmischen Spirale* $(e^{ct} \cos t, e^{ct} \sin t)$
für $t \in [a, b]$ *und betrachte* $a \to -\infty$. *Berechne ferner die Kurvenlänge der Kardioide*
$((1 + \cos t) \cos t, (1 + \cos t) \sin t)$ *für* $t \in [0, 2\pi]$.

$\circ$ **5.10 (Bogenlänge)**   *Man zeige, daß für eine rektifizierbare Kurve* $\overline{\gamma}$ *die Bogen-*
längenfunktion $s : [a, b] \to \mathbb{R}$, *erklärt durch*

$$s(t) := L(\gamma, [a, t]) \, ,$$

stetig und streng wachsend ist.

$\circ$ **5.11 (Bogenlänge als Parameter)** *Man zeige, daß eine rektifizierbare Kurve* $\overline{\gamma}$
der Länge L *mit der Bogenlänge* s *parametrisiert werden kann, m. a. W., es gibt*
eine Parameterdarstellung $\gamma : [0, L] \to \mathbb{R}^n$ *mit*

$$L \left(\gamma \big|_{[0, s]} \right) = s \qquad (s \in [0, L]) \, .$$

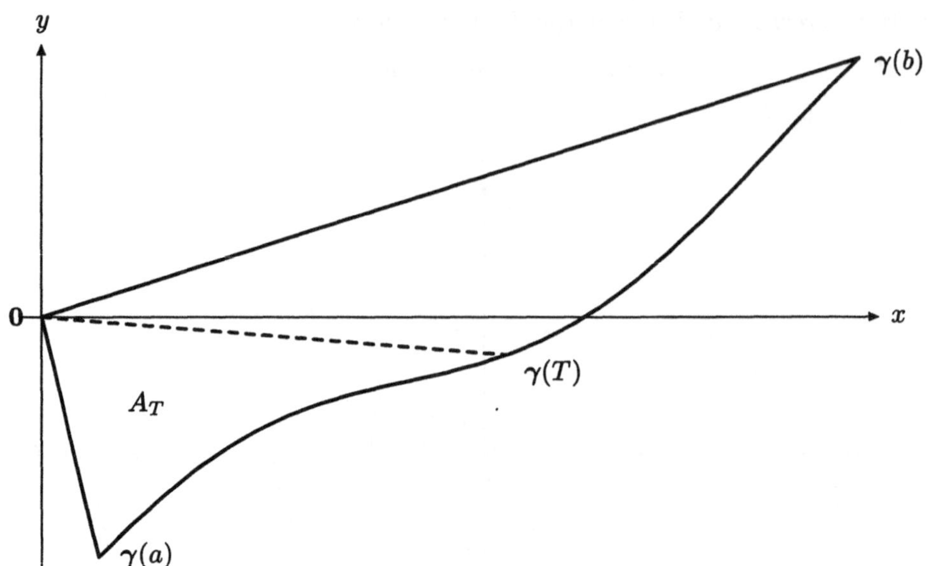

Abbildung 5.7   Die Fläche des Fahrstrahls einer Kurve

5.12 (Sektorfläche) *Man zeige auf ähnliche Art wie in Satz 5.2, daß für eine differenzierbare ebene Kurve $\gamma : [a, b] \to \mathbb{R}^2$ der (gerichtete) Flächeninhalt A des Fahrstrahls $\gamma(t)$ durch*

$$A_T = \frac{1}{2} \int\limits_a^T (x\,\dot{y} - y\,\dot{x})\,dt$$

gegeben ist, s. Abbildung 5.7. Man nennt dies die Sektorformel von Leibniz. Hinweis: Der gerichtete Flächeninhalt des durch die Punkte $(0,0)$, (x, y) sowie $(x + \Delta x, y + \Delta y)$ gegebenen Dreiecks hat den Wert $\frac{1}{2}(x\,\Delta y + y\,\Delta x)$.

Man berechne die Sektorfläche der Zykloide und vergleiche mit dem Ergebnis von Übungsaufgabe 5.5.

5.13 *Zeige, daß sich der Flächeninhalt A des Inneren[12] einer differenzierbaren geschlossenen Kurve $\gamma : [a, b] \to \mathbb{R}^2$ durch*

$$A = \int\limits_a^b x\,\dot{y}\,dt$$

berechnen läßt. Man berechne den von Ellipse, Astroide, Kardioide und Hypozykloide eingeschlossenen Flächeninhalt.

---

[12]Es ist der Inhalt des durchaus nicht trivialen *Jordanschen Kurvensatzes*, daß jede ebene geschlossene Jordankurve die Ebene in einen inneren und einen äußeren Teil zerlegt.

5.14 *Manchmal sind ebene Kurven in Polarkoordinaten dargestellt, d. h., sie stellen den Graphen einer Funktion $\varphi \mapsto r$ dar, wobei r und φ die zu den kartesischen Koordinaten x und y gehörigen Polarkoordinaten seien:*

$$x(\varphi) = r(\varphi) \cos\varphi \quad und \quad y(\varphi) = r(\varphi) \sin\varphi .$$

Man zeige, daß für eine differenzierbare Funktion die Länge des kartesischen Graphen γ der in Polarkoordinaten gegebenen Funktion $r : [\varphi_1, \varphi_2] \to \mathbb{R}$ durch

$$L(\gamma) = \int\limits_{\varphi_1}^{\varphi_2} \sqrt{r^2(\varphi) + (r'(\varphi))^2}\, d\varphi$$

gegeben ist. Man berechne hiermit den Umfang einer Kreislinie vom Radius R.

◇ **5.15** *Man schreibe die* DERIVE *Funktionen* LÄNGEKARTESISCH(f,x,a,b) *und* LÄNGEPOLAR(f,x,a,b)*, die die Länge eines kartesisch bzw. polar gegebenen differenzierbaren Graphen gemäß Korollar 5.1 bzw. Übungsaufgabe 5.14 bestimmt und kontrolliere die Berechnungen dieses Abschnitts.*

Genauso schreibe man DERIVE *Funktionen* SEKTORFLÄCHE(x,y,t,a,b) *und* INNENFLÄCHE(x,y,t,a,b)*, die die Sektorfläche gemäß Übungsaufgabe 5.12 bzw. die Innenfläche gemäß Übungsaufgabe 5.13 bestimmt, und wende sie auf die Beispiele dieses Abschnitts an.*

Ferner berechne man die von der Lemniskate (s. Übungsaufgabe 5.4) in einem ihrer zwei symmetrischen Teilstücke eingeschlossenen Flächeninhalt.

5.4 Funktionen mit beschränkter Variation

Im letzten Abschnitt waren Funktionen $\gamma : [a, b] \to \mathbb{R}^n$ von Bedeutung, für die

$$\sup \sum_{j=1}^{m} |\gamma(x_j) - \gamma(x_{j-1})| < \infty$$

endlich ist, wobei das Supremum über alle Zerlegungen von $[a, b]$ gebildet wird. Offenbar ist dies genau dann der Fall, wenn für alle Koordinatenfunktionen f_k $(k = 1, \ldots, n)$

$$\sup \sum_{j=1}^{m} |f_k(x_j) - f_k(x_{j-1})| =: \mathrm{var}\,(f_k, [a, b]) < \infty$$

ist. Dies gilt, da offenbar für jedes $k = 1, \ldots, n$

$$\text{var}\,(f_k, [a, b]) \;\; = \;\; \sup \sum_{j=1}^{m} |f_k(x_j) - f_k(x_{j-1})|$$

$$\leq \;\; \sup \sum_{j=1}^{m} |\gamma(x_j) - \gamma(x_{j-1})| = L(\gamma, [a, b]) \qquad (5.6)$$

$$\leq \;\; \sum_{k=1}^{n} \sum_{j=1}^{m} |f_k(x_j) - f_k(x_{j-1})| \leq \sum_{k=1}^{n} \text{var}\,(f_k, [a, b])$$

gilt. Wir nennen var $(f, [a, b])$ die *Variation* oder *Totalvariation* von f über $[a, b]$. Dies führt zu der Einführung der folgenden wichtigen Funktionenklasse.

Definition 5.8 (Funktionen mit beschränkter Variation) Eine Funktion f : $[a, b] \to \mathbb{R}$, deren Variation var $(f, [a, b])$ beschränkt ist, heißt *Funktion mit beschränkter Variation*.[13]

Beispiel 5.10 (Monotone Funktionen) Wir bemerken, daß – anders als im Fall von Kurven – Funktionen mit beschränkter Variation nicht stetig sein müssen. Beispielsweise ist jede monotone Funktion f : $[a, b] \to \mathbb{R}$ von beschränkter Variation. Ist nämlich f z. B. wachsend, so gilt für jede Zerlegung $a = x_0 < x_1 < \ldots < x_m = b$

$$\sum_{j=1}^{m} |f(x_j) - f(x_{j-1})| = \sum_{j=1}^{m} f(x_j) - f(x_{j-1}) = f(b) - f(a)$$

und somit var $(f, [a, b]) = f(b) - f(a) < \infty$. Da die Menge der Funktionen f : $[a, b] \to \mathbb{R}$ mit beschränkter Variation über $[a, b]$ einen Vektorraum bildet (Beweis!), ist auch die Differenz zweier wachsender Funktionen von beschränkter Variation. Es ist eine fundamentale Eigenschaft der Funktionen mit beschränkter Variation, daß hiervon auch die Umkehrung gilt. Die zugehörige Zerlegung einer Funktion f mit beschränkter Variation heißt *Jordanzerlegung* von f.

Satz 5.3 (Darstellungssatz für Funktionen mit beschränkter Variation) Jede Funktion f : $[a, b] \to \mathbb{R}$ mit beschränkter Variation hat eine Darstellung $f = g - h$ als die Differenz zweier wachsender Funktionen g und h.

Beweis: Wir halten zunächst fest, daß für eine Funktion f : $[a, b] \to \mathbb{R}$ mit beschränkter Variation und jedes $x \in [a, b]$ die Beziehung

$$\text{var}\,(f, [a, b]) = \text{var}\,(f, [a, x]) + \text{var}\,(f, [x, b]) \qquad (5.7)$$

gilt, d. h. insbesondere, daß f auch in jedem Teilintervall von $[a, b]$ von beschränkter Variation ist. Gleichung (5.7) folgt, da man durch Verfeinerung immer auch den Punkt $x \in [a, b]$ mit in die Zerlegung aufnehmen kann.

Wir erklären nun die Funktion g : $[a, b] \to \mathbb{R}$ durch

$$g(x) := \text{var}\,(f, [a, x])\,,$$

---

[13]Manchmal werden solche Funktionen auch *Funktionen mit beschränkter Schwankung* genannt.

welche nach dem eben gesagten wohldefiniert ist. Sei nun $a \le c < d \le b$. Dann folgt

$$0 \le \mathrm{var}\,(f, [c, d]) = \mathrm{var}\,(f, [a, d]) - \mathrm{var}\,(f, [a, c]) = g(d) - g(c)$$

gemäß (5.7), also ist g wachsend. Weiter ist

$$f(d) - f(c) \le \mathrm{var}\,(f, [c, d]) = g(d) - g(c)\,,$$

also folgt für $h := g - f$ die Beziehung $h(c) \le h(d)$, folglich ist h wachsend, und die gesuchte Zerlegung $f = g - h$ ist gefunden. $\qquad\square$

Eine Anwendung dieses Satzes auf Kurven liefert folgendes Kriterium für die Rektifizierbarkeit:

Korollar 5.2 (Rektifizierbarkeitskriterium) Die durch $\gamma : [a, b] \to \mathbb{R}^n$ dargestellte Kurve $\overline{\gamma}$ ist genau dann rektifizierbar, wenn alle Komponentenfunktionen γ_j $(j = 1 \ldots, m)$ von beschränkter Variation sind, m. a. W., wenn jede Komponentenfunktion γ_j eine Darstellung als die Differenz zweier monotoner Funktionen hat.

Beweis: Dies folgt direkt aus (5.6). $\qquad\square$

ÜBUNGSAUFGABEN

$\star$ **5.16** *Man zeige, daß die Menge der Funktionen $f : [a, b] \to \mathbb{R}$ mit beschränkter Variation bzgl. der Norm $\|f\| := |f(a)| + \mathrm{var}\,(f, [a, b])$ einen Banachraum bilden.*

$\Diamond$ **5.17** *Man bestimme, welche der folgenden Funktionen f im Intervall I von beschränkter Variation sind, gebe ihre Jordanzerlegung an und berechne die Totalvariation.*

(a) $f(x) = \sin x$ $(I = [0, 2\pi])$,   (b) $f(x) = x^2 - x^3$ $(I = [-1, 1])$,

(c) $f(x) = \dfrac{1}{2 - x^2}$ $(I = [-1, 1])$,   (d) $f(x) = \cosh x$ $(I = [-a, a])$,

(e) $f(x) = x \cos \dfrac{\pi}{2x}$ $(I = [0, 1])$,   (f) $f(x) = x^2 \cos \dfrac{\pi}{2x}$ $(I = [0, 1])$.

5.18 *Man zeige, daß jede in $[a, b]$ erklärte Funktion $f : [a, b] \to \mathbb{R}$ mit beschränkter Variation*

(a) *für alle $x \in (a, b)$ die einseitigen Grenzwerte $\displaystyle\lim_{\xi \to x-} f(\xi)$ sowie $\displaystyle\lim_{\xi \to x+} f(\xi)$ besitzt,*

(b) *höchstens abzählbar viele Unstetigkeitsstellen in $[a, b]$ hat, die alle Sprungstellen sind.*

5.5 Riemann-Stieltjes-Integrale

Man kann die Integration über einem reellen Intervall auffassen als Integration bzgl. derjenigen Kurve, deren Spur gerade das gegebene Intervall ist. Dies bringt die Frage mit sich, Integrale längs anderer Kurven zu erklären. Das reelle Intervall $[a, b]$ (aufgefaßt als Kurve) hat die Parameterdarstellung $\gamma : [a, b] \to \mathbb{R}$ mit $\gamma(x) = x$.

Das Ersetzen der Riemannschen Zwischensumme

$$\sum_{j=1}^{m} f(\xi_j)\,(x_j - x_{j-1})$$

bei der Integraldefinition durch die analoge Zwischensumme

$$\sum_{j=1}^{m} f(\xi_j)\,(\gamma(x_j) - \gamma(x_{j-1}))\,, \tag{5.8}$$

führt zu einem von STIELTJES[14] geprägten Integralbegriff, welcher im Fall $\gamma(x) = x$ dem Riemannschen entspricht und welcher uns im mehrdimensionalen Fall auf den Begriff des *Kurvenintegrals* führen wird.

Definition 5.9 (Riemann-Stieltjes-Integral) Seien $\gamma : [a, b] \to \mathbb{R}$ und $f : [a, b] \to \mathbb{R}$ reelle Funktionen des Intervalls $[a, b]$, dann nennen wir

$$(5.8) \qquad \sum_{j=1}^{m} f(\xi_j)\,(\gamma(x_j) - \gamma(x_{j-1}))$$

eine *Riemann-Stieltjes-Summe* von f bzgl. der Zerlegung $\mathcal{P}$

$$a = x_0 < x_1 < \cdots < x_{m-1} < x_m = b\,.$$

Den entsprechenden Grenzwert

$$\int_a^b f(x)\,d\gamma(x) := \lim_{\|\mathcal{P}\| \to 0} \sum_{j=1}^{m} f(\xi_j)\,(\gamma(x_j) - \gamma(x_{j-1}))$$

nennen wir, falls er existiert, das *Riemann-Stieltjes-Integral* von f bzgl. der *Verteilungsfunktion* γ, und f heißt *Riemann-Stieltjes-integrierbar* bzgl. γ.

Bemerkung 5.5 Wie das Riemann-Integral ist das Riemann-Stieltjes-Integral $\int_a^b f(x)\,d\gamma(x)$ definitionsgemäß linear bzgl. f. Es ist aber auch linear bzgl. γ, wie man sich leicht überzeugt.

---

[14]THOMAS JAN STIELTJES [1856–1894]

Bemerkung 5.6 Genau wie beim gewöhnlichen Riemann-Integral kann man beim Riemann-Stieltjes-Integral *untere Riemann-Stieltjes-Summen*

$$S_*(f,\gamma,\mathcal{P}) := \sum_{j=1}^{m} \inf_{\xi \in [x_{j-1},x_j]} f(\xi)\,(\gamma(x_j) - \gamma(x_{j-1}))$$

und *obere Riemann-Stieltjes-Summen*

$$S^*(f,\gamma,\mathcal{P}) := \sum_{j=1}^{m} \sup_{\xi \in [x_{j-1},x_j]} f(\xi)\,(\gamma(x_j) - \gamma(x_{j-1}))$$

sowie ein *unteres*

$$\int_{*\,a}^{b} f(x)\,d\gamma(x) := \lim_{\|\mathcal{P}\| \to 0} S_*(f,\gamma,\mathcal{P})$$

bzw. *oberes Riemann-Stieltjes-Integral*

$$\int_{a}^{b*} f(x)\,d\gamma(x) := \lim_{\|\mathcal{P}\| \to 0} S^*(f,\gamma,\mathcal{P})$$

erklären, und f ist Riemann-Stieltjes-integrierbar bzgl. γ genau dann, wenn

$$\int_{*\,a}^{b} f(x)\,d\gamma(x) = \int_{a}^{b*} f(x)\,d\gamma(x)$$

ist, m. a. W., wenn zu jedem $\varepsilon > 0$ eine Zerlegung $\mathcal{P}$ existiert, so daß der Fehlerterm

$$E(f,\gamma,\mathcal{P}) := S^*(f,\gamma,\mathcal{P}) - S_*(f,\gamma,\mathcal{P}) \leq \varepsilon$$

ist. $\triangle$

Wir zeigen zunächst, daß stetige Funktionen Riemann-Stieltjes integrierbar sind, sofern die Verteilungsfunktion von beschränkter Variation ist.

Satz 5.4 Sei $f : [a,b] \to \mathbb{R}$ stetig und $\gamma : [a,b] \to \mathbb{R}$ von beschränkter Variation. Dann ist f Riemann-Stieltjes-integrierbar bzgl. der Verteilungsfunktion γ, und es gilt die Abschätzung

$$\left| \int_{a}^{b} f(x)\,d\gamma(x) \right| \leq \|f\|_{[a,b]}\ \mathrm{var}(\gamma,[a,b])\,.$$

Beweis: Wir verwenden wieder die gleichmäßige Stetigkeit von f in $[a, b]$ Also gibt es zu jedem $\varepsilon > 0$ ein $\delta > 0$ so, daß $|x - \xi| \leq \delta$ die Ungleichung $|f(x) - f(\xi)| \leq \varepsilon$ nach sich zieht. Sei nun zu gegebenem $\varepsilon > 0$ irgendeine Zerlegung $\mathcal{P}$ der Feinheit $\|\mathcal{P}\| \leq \delta$ gegeben. Dann gilt

$$|E(f, \gamma, \mathcal{P})| = \left| \sum_{j=1}^{m} \left(\max_{\xi \in [x_{j-1}, x_j]} f(\xi) - \min_{\xi \in [x_{j-1}, x_j]} f(\xi) \right) (\gamma(x_j) - \gamma(x_{j-1})) \right|$$

$$\leq \varepsilon \sum_{j=1}^{m} |\gamma(x_j) - \gamma(x_{j-1})| \leq \varepsilon \, \text{var}(\gamma, [a, b]),$$

und mit $\varepsilon \to 0$ folgt die Existenz des Integrals. Die angegebene Abschätzung erhält man wegen

$$|S^*(f, \gamma, \mathcal{P})| = \left| \sum_{j=1}^{m} \max_{\xi \in [x_{j-1}, x_j]} f(\xi) \, (\gamma(x_j) - \gamma(x_{j-1})) \right| \leq \|f\|_{[a,b]} \, \text{var}(\gamma, [a, b]) \, . \qquad \square$$

Der nächste Satz zeigt, wie man das Riemann-Stieltjes-Integral von f bzgl. der Verteilungsfunktion γ in ein Riemann-Stieltjes-Integral bzgl. der Verteilungsfunktion f transformieren kann. Aus Symmetriegründen schreiben wir diesmal g für γ.

Satz 5.5 (Partielle Integration) Seien $f, g : [a, b] \to \mathbb{R}$ und existiere das Integral $\int_a^b f(x) \, dg(x)$. Dann existiert auch $\int_a^b g(x) \, df(x)$, und es gilt

$$\int_a^b g(x) \, df(x) = - \int_a^b f(x) \, dg(x) + f(x) \, g(x) \Big|_a^b \, . \tag{5.9}$$

Beweis: Für alle x_j, ξ_j $(j = 0, \ldots, m+1)$ gilt die Identität

$$\sum_{j=1}^{m} g(\xi_j) \, (f(x_j) - f(x_{j-1})) = - \sum_{j=0}^{m} f(x_j) \, (g(\xi_{j+1}) - g(\xi_j)) + f(b) \, g(b) - f(a) \, g(a) \, , \tag{5.10}$$

wie man leicht durch Induktion bestätigt. Gilt nun

$$a = \xi_0 = x_0 < \xi_1 < x_1 < \xi_2 < x_2 < \cdots < \xi_{m-1} < x_{m-1} < \xi_m < x_m = \xi_{m+1} = b \, ,$$

so ist die Summe auf der linken Seite von (5.10) eine Riemann-Stieltjes-Summe des Integrals $\int_a^b g(x) \, df(x)$, während die Summe auf der rechten Seite von (5.10) eine Riemann-Stieltjes-Summe des Integrals $\int_a^b f(x) \, dg(x)$ darstellt. Grenzübergang liefert (5.9). $\qquad \square$

Warum wir den eben bewiesenen Satz mit der partiellen Integration in Verbindung gebracht haben, zeigt der folgende Satz, welcher – einmal mehr – eine Möglichkeit zur Berechnung des Riemann-Stieltjes-Integrals durch Zurückführung auf ein gewöhnliches Riemann-Integral bietet.

Satz 5.6 (Berechnung von Riemann-Stieltjes-Integralen) Ist $f : [a,b] \to \mathbb{R}$ Riemann-integrierbar und ist $\gamma : [a,b] \to \mathbb{R}$ stetig differenzierbar. Dann existiert das Riemann-Stieltjes-Integral $\int_a^b f(x)\, d\gamma(x)$, und es gilt

$$\int\limits_a^b f(x)\, d\gamma(x) = \int\limits_a^b f(x)\, \gamma'(x)\, dx \ . \tag{5.11}$$

Beweis: Die Funktion f ist definitionsgemäß beschränkt, sagen wir $|f(x)| \le M$. Wegen der stetigen Differenzierbarkeit von γ können wir zu gegebenem $\varepsilon > 0$ ein $\delta > 0$ derart wählen, daß $|\gamma'(x) - \gamma'(\xi)| \le \varepsilon$ für alle $|x - \xi| \le \delta$ ist. Sei nun wieder $\mathcal{P}$ eine Zerlegung der Feinheit $\|\mathcal{P}\| \le \delta$, dann erhalten wir aus dem Mittelwertsatz für die Riemann-Stieltjes-Summe die Darstellung

$$\sum_{j=1}^m f(\xi_j)\, (\gamma(x_j) - \gamma(x_{j-1})) = \sum_{j=1}^m f(\xi_j)\, \gamma'(\widetilde{\xi_j})\, (x_j - x_{j-1})$$

mit Zahlen $\widetilde{\xi_j} \in (x_{j-1}, x_j)$. Die Differenz zu der entsprechenden Zwischensumme des Riemann-Integrals

$$\left| \sum_{j=1}^m f(\xi_j)\, \gamma'(\widetilde{\xi_j})\, (x_j - x_{j-1}) - \sum_{j=1}^m f(\xi_j)\, \gamma'(\xi_j)\, (x_j - x_{j-1}) \right| \le M\, \varepsilon\, (b - a)$$

strebt mit $\varepsilon \to 0$ gegen 0, was unsere Behauptung beweist. $\qquad\Box$

Sitzung 5.3 Mit Satz 5.6 in der Hand können wir DERIVE zur Berechnung von Riemann-Stieltjes-Integralen heranziehen. Die DERIVE Funktion

```
STIELTJES(f,g,x,a,b):=INT(f*DIF(g,x),x,a,b)
```

berechnet $\int_a^b f(x)\, dg(x)$ gemäß Formel 5.11. Wir erhalten z. B.:

DERIVE Eingabe	Ausgabe nach Simplify
`STIELTJES(x^n,x^m,x,a,b)`	$\dfrac{m\, b^{m+n}}{m+n} - \dfrac{m\, a^{m+n}}{m+n}$,
`STIELTJES(ê^x,SIN(x),x,a,b)`	$\hat{e}^b \left[\dfrac{\text{COS}\,(b)}{2} + \dfrac{\text{SIN}\,(b)}{2} \right] - \hat{e}^a \left[\dfrac{\text{COS}\,(a)}{2} + \dfrac{\text{SIN}\,(a)}{2} \right]$,
`STIELTJES(x^n,LN(x),x,a,b)`	$\dfrac{b^n}{n} - \dfrac{a^n}{n}$,
`STIELTJES(ê^x,ERF(x),x,a,b)`	$\hat{e}^{1/4} \left[\text{ERF} \left[b - \dfrac{1}{2} \right] - \text{ERF} \left[a - \dfrac{1}{2} \right] \right].$

Wir wollen es an dieser Stelle bei den angeführten Resultaten über Riemann-Stieltjes-Integrale belassen. Wir erwähnen jedoch, daß man in ganzer Analogie zum gewöhnlichen Integral wieder Mittelwertsätze formulieren kann, die wir als Übungsaufgaben stellen und deren Beweis wir den Leserinnen und Lesern überlassen.

ÜBUNGSAUFGABEN

5.19 *Man zeige, daß man jedes Riemann-Integral $\int_a^b f(x)\,h(x)\,dx$ mit Riemann-integrierbarem f und stetigem h als Riemann-Stieltjes-Integral $\int_a^b f(x)\,d\gamma(x)$ schreiben kann. Man bestimme γ.*

$\star$ **5.20** *Existiert $\int_a^b f(x)\,d\gamma(x)$ und ist γ in $[a,b]$ wachsend, so ist*

$$\int_a^b f(x)\,d\gamma(x) = \mu\,(\gamma(b) - \gamma(a))$$

für einen Zwischenwert

$$\mu \in \left[\inf_{\xi \in [a,b]} f(\xi),\ \sup_{\xi \in [a,b]} f(\xi)\right].$$

Ist f ferner stetig in $[a,b]$, so gibt es ein $\xi \in [a,b]$ mit $f(\xi) = \mu$.

$\star$ **5.21** *Sei $f : [a,b] \to \mathbb{R}$ monoton und $\gamma : [a,b] \to \mathbb{R}$ sei stetig. Dann existiert das Integral $\int_a^b f(x)\,d\gamma(x)$, und es gibt ein $\xi \in [a,b]$ derart, daß*

$$\int_a^b f(x)\,d\gamma(x) = f(a)\int_a^\xi d\gamma(x) + f(b)\int_\xi^b d\gamma(x) = f(a)\,(\gamma(\xi) - \gamma(a)) + f(b)\,(\gamma(b) - \gamma(\xi)).$$

$\star$ **5.22 (Mittelwertsatz für Riemann-Integrale)** *Sei $f : [a,b] \to \mathbb{R}$ monoton und $h : [a,b] \to \mathbb{R}$ sei stetig. Dann existiert ein $\xi \in [a,b]$ derart, daß*

$$\int_a^b f(x)\,h(x)\,dx = f(a)\int_a^\xi h(x)\,dx + f(b)\int_\xi^b h(x)\,dx\,.$$

$\circ$ **5.23 (Riemann-Stieltjes-Integral für Stufenfunktionen)** *Man zeige, daß für*
$$\gamma(x) := \sum_{k=1}^n a_k\,\mathrm{STEP}\,(x - x_k)\ (x_k \in [a,b]\ (k=1,\dots,n))\ gilt:$$

$$\int\limits_{a}^{b} f(x)\, d\gamma(x) = \sum_{k=1}^{n} a_k\, f(x_k)\,,$$

wobei

$$\mathrm{STEP}\,(x) = \frac{1}{2}\,(1 + \mathrm{sign}(x))$$

die Stufenfunktion bezeichne.

5.24 (Eulersche Summenformel) *Man zeige folgende Version der Eulerschen Summenformel für eine stetig differenzierbare Funktion* $f : [k_0, n] \to \mathbb{R}$:

$$\sum_{k=k_0}^{n} f(k) = \int\limits_{k_0}^{n} f(x)\, dx + \int\limits_{k_0}^{n} (x - [x])\, f'(x)\, dx\,,$$

wobei

$$[x] := \max\{n \in \mathbb{Z} \mid n \le x\}$$

die Funktion des ganzzahligen Anteils bezeichne. Hinweis: *Man verwende die Darstellung* $\sum_{k=k_0}^{n} f(k) = \int_{k_0}^{n} f(x)\, d[x]$.

5.6 Kurvenintegrale

Wir sind nun in der Lage, Integrale längs Kurven im $\mathbb{R}^n$ zu erklären. Wie immer, nehmen wir uns dazu eine die Kurve repräsentierende Parameterdarstellung her und erklären den neuen Begriff in bezug auf diese.

Definition 5.10 (Kurvenintegral) Sei $\gamma : [a, b] \to \mathbb{R}^n$ eine Parameterdarstellung einer Kurve im $\mathbb{R}^n$ und sei $f : \gamma([a,b]) \to \mathbb{R}^n$ eine auf der Spur von γ definierte Vektorfunktion. Dann erklären wir durch

$$\int\limits_{\gamma} f(x)\, dx := \int\limits_{a}^{b} f(\gamma(t)) \cdot d\gamma(t) = \sum_{k=1}^{n} \int\limits_{a}^{b} f_k(\gamma(t)) \cdot d\gamma_k(t) \tag{5.12}$$

das *Kurvenintegral* von f längs γ.

Bemerkung 5.7 Wir bemerken, daß in (5.12) außer dem Kurvenintegral auch die Bedeutung des formalen Skalarprodukts $f(\gamma(t)) \cdot d\gamma(t)$ erklärt wird.

Bemerkung 5.8 Ist γ stetig differenzierbar, so können wir das Kurvenintegral gemäß Satz 5.6 auch durch

$$\int_\gamma f(x)\,dx := \sum_{k=1}^{n} \int_a^b f_k(\gamma(t))\,\dot{\gamma}_k(t)\,dt \tag{5.13}$$

berechnen. Durch endliche Summation kann man auch noch Kurvenintegrale für stückweise stetig differenzierbare Kurven analog berechnen.

Bemerkung 5.9 Ist f stetig und γ rektifizierbar, so existiert nach Satz 5.4 das Kurvenintegral von f längs γ, da dann die Komponentenfunktionen γ_k ($k = 1, \ldots, n$) von beschränkter Variation sind.

Bemerkung 5.10 Die wichtigste Bemerkung ist wieder die, daß das Kurvenintegral eine Eigenschaft der Kurve ist und nicht von der gewählten Parameterdarstellung abhängt. Dies folgt wie in Bemerkung 5.3 zur Definition der Kurvenlänge daraus, daß die Menge der Zerlegungen des Intervalls $[a, b]$ unter einer stetigen wachsenden Funktion $\varphi : [a, b] \to [c, d]$ auf die Menge der Zerlegungen des Intervalls $[c, d]$ abgebildet wird. $\triangle$

Für Kurvenintegrale gilt die folgende Standardabschätzung.

Satz 5.7 (Standardabschätzung für Kurvenintegrale) Existiert für eine rektifizierbare Kurve γ im $\mathbb{R}^n$ und für eine beschränkte Funktion $f : \gamma([a, b]) \to \mathbb{R}^n$ das Kurvenintegral $\int_\gamma f(x)\,dx$, so gilt

$$\left| \int_\gamma f(x)\,dx \right| \leq \|f\|_{\mathrm{spur}\,(\gamma)}\, L(\gamma) \; .$$

Beweis: Sei $a = x_0 < x_1 < \cdots < x_m = b$ eine Zerlegung $\mathcal{P}$ des Intervalls $[a, b]$. Dann folgt durch Anwendung der Cauchy-Schwarzschen Ungleichung die Abschätzung

$$\left| \sum_{j=1}^{m} f(\gamma(\tau_j)) \cdot (\gamma(t_j) - \gamma(t_{j-1})) \right| \leq \sum_{j=1}^{m} |f(\gamma(\tau_j)) \cdot (\gamma(t_j) - \gamma(t_{j-1}))|$$

$$\leq \sum_{j=1}^{m} |f(\gamma(\tau_j))|\,|\gamma(t_j) - \gamma(t_{j-1})|$$

$$\leq \|f\|_{\mathrm{spur}\,(\gamma)} \sum_{j=1}^{m} |\gamma(t_j) - \gamma(t_{j-1})| \leq \|f\|_{\mathrm{spur}\,(\gamma)}\, L(\gamma)$$

für die Integralzwischensumme, und das Resultat folgt durch Grenzübergang $\|\mathcal{P}\| \to 0$. $\square$

Sitzung 5.4 Gemäß (5.13) können wir das Kurvenintegral der Vektorfunktion f längs der durch die stetig differenzierbare Vektorfunktion g gegebenen Kurve gemäß

```
KURVENINTEGRAL(f,x,g,t,a,b):=INT(LIM(f,x,g) . DIF(g,t),t,a,b)

KI(f,x,g,t,a,b):=KURVENINTEGRAL(f,x,g,t,a,b)
```

berechnen. Wir bekommen beispielsweise für $f(x,y) := \left(-\frac{y}{x^2+y^2}, \frac{x}{x^2+y^2}\right)$, d. h.
`f:=[-y/(x^2+y^2),x/(x^2+y^2)]`, zunächst für folgende Kurven

(a) $(\cos t, \sin t)$ $(t \in [0, \pi/2])$,   (b) $(1-t, t)$ $(t \in [0,1])$,

(c) $(1-\sin t, 1-\cos t)$ $(t \in [0, \pi/2])$,   (d) $(1, t)$ sowie $(1-t, 1)$ $(t \in [0,1])$,

die alle den Punkt $(1, 0)$ mit dem Punkt $(0, 1)$ verbinden:[15]

DERIVE Eingabe	Ausgabe
(a) `KI(f,[x,y],[COS(t),SIN(t)],t,0,pi/2)`	$\frac{\pi}{2}$,
(b) `KI(f,[x,y],[1-t,t],t,0,1)`	$\frac{\pi}{2}$,
(c) `KI(f,[x,y],[1-SIN(t),1-COS(t)],t,0,pi/2)`	$\frac{\pi}{2}$,
(d) `KI(f,[x,y],[1,t],t,0,1)+` `KI(f,[x,y],[1-t,1],t,0,1)`	$\frac{\pi}{2}$.

Es fällt auf, daß jedes der Kurvenintegrale denselben Wert besitzt. Daß dies allerdings nicht generell der Fall ist, zeigt die folgende Kurve, die ebenfalls die Punkte $(1, 0)$ und $(0, 1)$ miteinander verbindet:

DERIVE Eingabe	Ausgabe
(e) `KI(f,[x,y],[COS(t),-SIN(t)],t,0,3*pi/2)`	$-\frac{3\pi}{2}$.

Wir werden in der Folge untersuchen, unter welchen Bedingungen das Kurvenintegral vom Weg unabhängig ist. Dabei stellt sich heraus, daß dies genau dann der Fall ist, wenn f eine Darstellung als Gradient einer Funktion V hat.

Definition 5.11 (Gradientenfeld, Potential, Gebiet und Wegunabhängigkeit) Eine Funktion $f : D \to \mathbb{R}^n$ einer offenen Teilmenge $D \subset \mathbb{R}^n$ heißt ein *Gradientenfeld*, falls es eine reellwertige Funktion $V : D \to \mathbb{R}$ gibt derart, daß $f = \operatorname{grad} V$ gilt. Eine solche Funktion V wird eine *Stammfunktion* von f genannt, $-V$ heißt auch *Potential* von f.

Die Menge $D \subset \mathbb{R}^n$ heißt *Gebiet*, falls sie offen ist und sich je zwei Punkte $\xi, x \in D$ durch eine stetig differenzierbare Kurve mit Anfangspunkt ξ und Endpunkt x miteinander verbinden lassen.

---

[15]Hierbei ist die letzte betrachtete Kurve aus stückweise differenzierbaren Kurventeilen zusammengesetzt.

Sei f stetig und repräsentiere $\gamma : [a, b] \to \mathbb{R}^n$ eine stückweise stetig differenzierbare Kurve mit Anfangspunkt $\gamma(a) = \xi \in D$ und Endpunkt $\gamma(b) = x \in D$. Hat dann für jede solche Kurve, die den Punkt ξ mit dem Punkt x innerhalb des Gebiets D verbindet, das Kurvenintegral $\int_\gamma f(y)\,dy$ denselben Wert, sagen wir, es sei wegunabhängig, und wir schreiben dann auch

$$\int\limits_{\xi}^{x} f(y)\,dy := \int\limits_{\gamma} f(y)\,dy$$

für diesen gemeinsamen Wert. $\triangle$

Wir bemerken, daß der Begriff der Wegunabhängigkeit des Kurvenintegrals nicht nur von f, sondern auch von der Wahl des Gebiets D abhängt. Wir werden in Beispiel 5.11 ein Gebiet angeben, in dem z. B. für die in DERIVE-Sitzung 5.4 betrachtete Funktion $f := \left(-\frac{y}{x^2+y^2}, \frac{x}{x^2+y^2}\right)$ Kurvenintegrale wegunabhängig sind, so daß die dortigen Berechnungen sich als nicht rein zufällige Ergebnisse herausstellen.

Es gilt zunächst folgende Verallgemeinerung des Hauptsatzes der Differential- und Integralrechnung:

Satz 5.8 (Satz über wegunabhängige Kurvenintegrale) Sei $f : D \to \mathbb{R}^n$ in dem Gebiet $D \subset \mathbb{R}^n$ stetig und verbinde γ die Punkte $\xi \in D$ und $x \in D$ miteinander. Dann ist das Integral $\int_\gamma f(y)\,dy$ genau dann wegunabhängig, falls f ein Gradientenfeld ist. In diesem Fall läßt sich das Kurvenintegral aus einer Stammfunktion V von f gemäß der Formel

$$\int\limits_{\xi}^{x} f(y)\,dy = V(y)\Big|_{\xi}^{x} = V(x) - V(\xi)$$

berechnen. Eine Stammfunktion V von f erhält man andererseits durch die Festsetzung

$$V(x) := \int\limits_{\xi}^{x} f(y)\,dy \tag{5.14}$$

bei beliebig gewähltem $\xi \in D$.

Beweis: Sei zunächst f ein Gradientenfeld und V eine Stammfunktion von f. Nach der mehrdimensionalen Kettenregel gilt für die Ableitung von $V \circ \gamma$

$$\frac{d\,V(\gamma(t))}{dt} = \sum_{k=1}^{n} f_k(\gamma(t))\,\dot{\gamma}_k(t)\,,$$

und sie existiert, da wir nur stückweise stetig differenzierbare Kurven betrachten. Also folgt gemäß (5.13)

$$\int\limits_{\gamma} f(y)\,dy = \sum_{k=1}^{n} \int\limits_{a}^{b} f_k(\gamma(t))\,\dot{\gamma}_k(t)\,dt = \int\limits_{a}^{b} \frac{dV(\gamma(t))}{dt}\,dt = V(\gamma(t))\Big|_{a}^{b} = V(x) - V(\xi)$$

aus dem Hauptsatz der Differential- und Integralrechnung.

Ist nun andererseits das Integral wegunabhängig, so ist die durch (5.14) erklärte Funktion V wohldefiniert. Wir zeigen, daß sie eine Stammfunktion von f ist. Sei $x \in D$, dann ist wegen der Offenheit von D für kleine $|h|$ auch $x + h \in D$. Aus der Linearität des Integrals folgt nun

$$V(x+h) = \int\limits_{\xi}^{x+h} f(y)\,dy = \int\limits_{\xi}^{x} f(y)\,dy + \int\limits_{x}^{x+h} f(y)\,dy = V(x) + \int\limits_{x}^{x+h} f(y)\,dy,$$

und für den konstanten Integranden $f(x)$ erhalten wir längs der Stecke von x nach $x + h$ (also: $\gamma(t) = x + t\,h$ $(t \in [0,1])$)

$$\int\limits_{x}^{x+h} f(x)\,dy = \sum_{k=1}^{n} \int\limits_{0}^{1} f_k(x)\,h_k\,dt = f(x) \cdot h\,.$$

Also gilt mit Satz 5.7

$$\frac{1}{|h|}\,|V(x+h) - V(x) - f(x)\cdot h| = \frac{1}{|h|}\left|\int\limits_{x}^{x+h} (f(y) - f(x))\,dy\right| \le \max_{y \in B(x,|h|)} |f(y) - f(x)|,$$

wobei wir wieder geradlinig von x bis h integriert haben, so daß die Kurvenlänge gleich $|h|$ ist. Da mit $|h| \to 0$ der Punkt $y \in B(x,|h|)$ gegen x strebt, strebt wegen der Stetigkeit von f der Ausdruck $\max_{y \in B(x,|h|)} |f(y) - f(x)| \to 0$, woraus folgt, daß V total differenzierbar ist, und daß $\operatorname{grad} V(x) = f(x)$ gilt. $\qquad\square$

Bemerkung 5.11 Die Stammfunktion ist wieder – wie im Eindimensionalen – bis auf eine Konstante bestimmt. Die Differenz V zweier Stammfunktionen hat nämlich die Eigenschaft $\operatorname{grad} V = \mathbf{0}$. Aus dem mehrdimensionalen Mittelwertsatz (Satz 3.3) folgt dann, daß $V(x) = V(y)$ ist, falls die Verbindungsstrecke zwischen x und y in D liegt. Verbindet man nun die Punkte aus D durch ein Polygon, zeigt sich, daß V in ganz D konstant bleibt. $\triangle$

Der Satz charakterisiert nun zwar in eindeutiger Weise diejenigen Funktionen, deren Kurvenintegrale wegunabhängig sind, aber er gibt uns keinen Hinweis darüber, wie man ein Gradientenfeld f identifizieren kann. Ist andererseits f ein stetig differenzierbares Gradientenfeld mit Stammfunktion V, so ist also V zweimal stetig partiell differenzierbar und aus dem Satz von Schwarz (Satz 2.1) folgt

$$\frac{\partial^2}{\partial x_j\,x_k} V(x) = \frac{\partial^2}{\partial x_k\,x_j} V(x) \qquad (j,k = 1,\dots,n)$$

also wegen $f = \operatorname{grad} V$ für f die Bedingung

$$\frac{\partial}{\partial x_j} f_k(x) = \frac{\partial}{\partial x_k} f_j(x) \qquad (j, k = 1, \dots, n) . \tag{5.15}$$

Man nennt (5.15) die *Integrabilitätsbedingung*, die notwendig erfüllt sein muß, damit eine stetig differenzierbare Funktion ein Gradientenfeld darstellt. Es ist eine außerordentlich wichtige Tatsache, daß in bestimmten Gebieten hiervon auch die Umkehrung gilt.

Definition 5.12 (Sternförmige Gebiete) Ein Gebiet D heißt *sternförmig* bzgl. des Punkts $a \in D$, falls für jedes $x \in D$ die ganze Verbindungsstrecke zwischen a und x in D liegt.

Es gilt nun

Satz 5.9 Eine in einem bzgl. eines Punkts $a \in D$ sternförmigen Gebiet stetig differenzierbare Funktion $f : D \to \mathbb{R}^n$ ist genau dann ein Gradientenfeld, falls die Integrabilitätsbedingung

$$(5.15) \qquad \frac{\partial}{\partial x_j} f_k(x) = \frac{\partial}{\partial x_k} f_j(x) \qquad (j, k = 1, \dots, n)$$

für alle $x \in D$ erfüllt ist. Gemäß Satz 5.8 sind in diesem Fall Kurvenintegrale wegunabhängig.

Beweis: Daß die Integrabilitätsbedingung notwendig ist, haben wir schon geklärt. Sei also eine Funktion $f : D \to \mathbb{R}^n$ gegeben, die (5.15) erfüllt. O. B. d. A. sei das Gebiet D sternförmig bzgl. des Ursprungs, was durch eine Translation erreicht werden kann. Dann aber liegt für jedes $x \in D$ der geradlinige Weg $\gamma(t) = t\,x$ $(t \in [0, 1])$ innerhalb von D, und wir erklären

$$V(x) := \int_\gamma f(y)\, dy = \int_0^1 f(tx) \cdot x\, dt .$$

Wir leiten zunächst den Integranden $f(tx) \cdot x = \sum_{k=1}^n x_k\, f_k(tx)$ ab bzgl. x_1 und erhalten

$$\frac{\partial}{\partial x_1}\left(f(tx) \cdot x\right) = f_1(tx) + \sum_{k=1}^n t\, x_k\, \frac{\partial}{\partial x_1} f_k(tx)$$

und unter Verwendung der Integrabilitätsbedingung folgt weiter

$$\frac{\partial}{\partial x_1}\left(f(tx) \cdot x\right) = f_1(tx) + \sum_{k=1}^n t\, x_k\, \frac{\partial}{\partial x_k} f_1(tx) . \tag{5.16}$$

Andererseits bekommt man durch durch Ableiten der Funktion $t\, f_1(tx)$ bzgl. t

$$\frac{d}{dt}\left(t\, f_1(tx)\right) = f_1(tx) + \sum_{k=1}^n t\, x_k\, \frac{\partial}{\partial x_k} f_1(tx) ,$$

und durch Vergleich mit (5.16) erhalten wir die Identität

$$\frac{\partial}{\partial x_1}\left(\boldsymbol{f}(t\boldsymbol{x})\cdot\boldsymbol{x}\right) = \frac{d}{dt}\left(t\, f_1(t\boldsymbol{x})\right)\ .$$

Eine analoge Betrachtung bezüglich der anderen Koordinaten liefert die Beziehungen

$$\frac{\partial}{\partial x_j}\left(\boldsymbol{f}(t\boldsymbol{x})\cdot\boldsymbol{x}\right) = \frac{d}{dt}\left(t\, f_j(t\boldsymbol{x})\right)\qquad (j = 1,\ldots,n)\ .$$

In Übungsaufgabe 5.25 wird gezeigt werden, daß in der gegebenen Situation die Reihenfolge von Differentiation und Integration vertauscht werden darf, so daß wir schließlich für $j = 1,\ldots,n$ bekommen

$$\begin{aligned}
\frac{\partial}{\partial x_j}V(\boldsymbol{x}) &= \frac{\partial}{\partial x_j}\int_0^1 \boldsymbol{f}(t\boldsymbol{x})\cdot\boldsymbol{x}\,dt = \int_0^1 \frac{\partial}{\partial x_j}\boldsymbol{f}(t\boldsymbol{x})\cdot\boldsymbol{x}\,dt \\[2mm]
&= \int_0^1 \frac{d}{dt}\left(t\, f_j(t\boldsymbol{x})\right)dt = t\, f_j(t\boldsymbol{x})\Big|_0^1 = f_j(\boldsymbol{x})\ .
\end{aligned}$$

Folglich gilt $\boldsymbol{f}(\boldsymbol{x}) = \operatorname{grad} V(\boldsymbol{x})$, und wir sind fertig. $\qquad\square$

Bemerkung 5.12 Wir bemerken, daß die Sternförmigkeit des Gebiets nicht notwendig für die Aussage des Satzes ist, sondern daß die Aussage für jedes *einfach zusammenhängende Gebiet* gültig bleibt. Dies ist jedoch ein topologisch viel komplizierterer Begriff, so daß wir uns auf den einfachen – für die Praxis ausreichenden – Fall des Sterngebiets beschränkt haben.

Beispiel 5.11 Bei der in DERIVE-Sitzung 5.4 behandelten Funktion $\boldsymbol{f} : D \to \mathbb{R}^2$, $D := \mathbb{R}^2 \setminus \{0,0\}$, die durch $\boldsymbol{f}(x,y) = \left(-\frac{y}{x^2+y^2}, \frac{x}{x^2+y^2}\right)$ gegeben war, ist die Integrabilitätsbedingung überall erfüllt:

$$\frac{\partial}{\partial x}f_2(x,y) = \frac{\partial}{\partial x}\frac{x}{x^2+y^2} = \frac{y^2-x^2}{(x^2+y^2)^2}$$

sowie

$$\frac{\partial}{\partial y}f_1(x,y) = \frac{\partial}{\partial y}\left(-\frac{y}{x^2+y^2}\right) = \frac{y^2-x^2}{(x^2+y^2)^2}\ .$$

Wie wir gesehen haben, sind auf der anderen Seite im gesamten Gebiet D nicht alle Integrale vom Integrationsweg unabhängig, und es gibt somit keine in ganz D gültige Stammfunktion.

Schränken wir uns allerdings auf das Sterngebiet

$$\{(x,y) \in \mathbb{R}^2 \mid \arg(x+iy) \in (-\pi/2, \pi/2)\} \tag{5.17}$$

ein, so existiert eine Stammfunktion. Integriert man längs der Kurve

$$\gamma(t) = (1 + t\,(\xi - 1), t\eta) \qquad (t \in [0,1])$$

von $(1,0)$ nach (ξ, η), so erhält man gemäß (5.14)

$$
\begin{aligned}
V(\xi, \eta) \;:=&\; \int\limits_{(1,0)}^{(\xi,\eta)} \boldsymbol{f}(x,y)\, d(x,y) \\[2mm]
=&\; \int\limits_{0}^{1} \left(-\frac{\eta t}{\eta^2 t^2 + (1 + t\,(\xi - 1))^2}, \; \frac{1 + t\,(\xi - 1)}{\eta^2 t^2 + (1 + t\,(\xi - 1))^2} \right) \cdot (\xi - 1, \eta)\, dt \\[2mm]
=&\; \int\limits_{0}^{1} \left(\frac{\eta(1 + t\,(\xi - 1))}{\eta^2 t^2 + (1 + t\,(\xi - 1))^2} - \frac{\eta t\,(\xi - 1)}{\eta^2 t^2 + (1 + t\,(\xi - 1))^2} \right) dt \\[2mm]
=&\; \int\limits_{0}^{1} \frac{\eta}{\eta^2 t^2 + (1 + t\,(\xi - 1))^2}\, dt \\[2mm]
=&\; \arctan \left. \frac{(1 + \xi^2 + \eta^2 - 2\xi)\, t + (\xi - 1)}{\eta} \right|_{t=0}^{t=1} \\[2mm]
=&\; \arctan \frac{\xi^2 + \eta^2 - \xi}{\eta} - \arctan \frac{\xi - 1}{\eta},
\end{aligned}
$$

wobei wir das Standardintegral aus Satz I.11.3 (S. I.292) verwendet haben.

Wir haben hier nicht den einfachsten Integrationsweg gewählt, und entsprechend kompliziert war die Herleitung und sieht das Ergebnis aus. In Übungsaufgabe 5.26 soll gezeigt werden, daß $V(\xi, \eta) = \arg(\xi + i\eta)$ ist.

Sitzung 5.5 Man kann die Stammfunktion mit DERIVE gemäß (5.14) berechnen. DERIVE kann zwar die Integrabilitätsbedingung überprüfen, aber nicht die topologische Bedingung an das zugrundegelegte Gebiet. Hier muß der Benutzer aufpassen!

Die DERIVE Funktion STAMMFUNKTION(f,x,x0), erklärt durch

```
STAMMFUNKTION(f,x,x0):=IF(SUM(SUM((DIF(ELEMENT(f,k_),ELEMENT(x,j_))-
DIF(ELEMENT(f,j_),ELEMENT(x,k_))^2,j_,1,DIMENSION(f)),k_,1,DIMENSION(f))
=0,KURVENINTEGRAL(f,x,x0+t(x-x0),t,0,1),
"Integrabilitätsbedingung verletzt","Integrabilitätsbedingung verletzt")
```

berechnet die Stammfunktion der Vektorfunktion $\boldsymbol{f}$ bezüglich der Variablen x mit Sternmittelpunkt x_0 unter Überprüfung der Integrabilitätsbedingung. Für unsere obige Funktion ergibt sich durch Vereinfachung von

```
STAMMFUNKTION([-y/(x^2+y^2),x/(x^2+y^2)],[x,y],[1,0])
```

wieder

$$\mathrm{ATAN}\frac{x^2 - x + y^2}{y} - \mathrm{ATAN}\frac{x - 1}{y}.$$

ÜBUNGSAUFGABEN

$\star$ **5.25 (Vertauschbarkeit von Differentiation und Integration)** *Seien $I = [a, b]$ und $J = [c, d]$ abgeschlossene Intervalle und $f : I \times J \to \mathbb{R}$ eine stetige Funktion, welche bzgl. der zweiten Variablen stetig partiell differenzierbar sei. Die Funktion $\varphi : J \to \mathbb{R}$, welche durch*

$$\varphi(y) := \int_a^b f(x, y)\, dx$$

erklärt wird, ist dann stetig differenzierbar und es gilt

$$\frac{d\varphi}{dy}(y) = \int_a^b \frac{\partial}{\partial y} f(x, y)\, dx \ .$$

Man darf in diesem Fall also die Reihenfolge von Differentiation und Integration vertauschen. Hinweis: Man zeige zunächst für eine konvergente Punktfolge $y_n \in J$ mit $\eta = \lim_{n \to \infty} y_n$, daß die Funktionenfolge $f_n : [a, b] \to \mathbb{R}$, gegeben durch

$$f_n(x) := \frac{f(x, y_n) - f(x, \eta)}{y_n - \eta} \ ,$$

gleichmäßig gegen $\frac{\partial}{\partial y} f(x, \eta)$ konvergiert.

5.26 *Leite die Stammfunktion V der Funktion $\boldsymbol{f} : D \to \mathbb{R}^2$ des Sterngebiets (5.17) aus Beispiel 5.11, die durch $\boldsymbol{f}(x, y) = \left(-\frac{y}{x^2+y^2}, \frac{x}{x^2+y^2}\right)$ gegeben ist, durch Benutzung der stückweise linearen Kurve von $(1, 0)$ über $(\xi, 0)$ nach (ξ, η) her und zeige die Darstellung*

$$V(\xi, \eta) = \arg\left(\xi + i\eta\right) \ .$$

5.27 *Bestimme je eine Stammfunktion der zweidimensionalen Funktionen*

(a) $\ (e^x \cos y, -e^x \sin y)\ ,$ \qquad (b) $\ (\sin x \cosh y, \cos x \sinh y)\ ,$

(c) $\ (e^y + \cos x \cos y, x\, e^y - \sin x \sin y)\ ,$ \quad (d) $\ \left(\dfrac{x+y}{x^2+y^2}, \dfrac{y-x}{x^2+y^2}\right)\ ,$

der dreidimensionalen Funktionen

(e) $\ (x + z, x + y + z, x + z)\ ,$ \qquad (f) $\ (y\, e^{xy}, x\, e^{xy}, 2z)\ ,$

(g) $\ (x\,(y^2 + z^2) + 1, y\,(x^2 + z^2), z\,(x^2 + y^2) - 1)\ ,$

sowie der n-dimensionalen Funktionen

(h) $\ \displaystyle\prod_{k=1}^n x_k\, \boldsymbol{x}\ ,$ \qquad (i) $\ \dfrac{\boldsymbol{x}}{|\boldsymbol{x}|^k}\ (k = 0, 1, \dots, 4)\ ,$

falls eine solche existiert, und gib jeweils ein Sterngebiet an, in dem sie gilt.

◇ **5.28** *Die* DERIVE *Funktion* POTENTIAL(f) *(für eine genaue Beschreibung sehe man im Benutzerhandbuch nach) berechnet die Stammfunktion, ohne allerdings die Integrabilitätsbedingung zu überprüfen.*

Man verwende sowohl die in DERIVE *Sitzung 5.5 benutzte* DERIVE *Funktion* STAMMFUNKTION(f,x,x0) *als auch die Funktion* POTENTIAL(f) *zur Bestimmung der Stammfunktionen aus Übungsaufgabe 5.27 (bei (h) und (i) für $n = 2, 3$) und überprüfe die Ergebnisse mit der* GRAD *Funktion.*

6 Mehrdimensionale Integration

6.1 Integration über Quader

Wir haben nun gelernt, wie man mehrdimensionale Funktionen differenziert und wie man sie längs Kurven integrieren kann. Was uns noch fehlt, ist der Begriff der mehrdimensionalen Integration, d. h. der Integration über mehrdimensionale Bereiche. Im Eindimensionalen haben wir über Intervalle integriert, so daß es naheliegend ist, im Mehrdimensionalen über die entsprechenden Bereiche, nämlich Quader

$$
\begin{aligned}
Q &:= \{(x_1, x_2, \ldots, x_n) \in \mathbb{R}^n \mid a_k \leq x_k \leq b_k \ (k = 1, \ldots, n)\} \\
&= [a_1, b_1] \times [a_2, b_2] \times \cdots \times [a_n, b_n],
\end{aligned}
\tag{6.1}
$$

zu integrieren. Es wird sich herausstellen, daß Integration über derartig einfache Bereiche nicht ausreichend dazu ist, eine der eindimensionalen Theorie analoge Integrationstheorie im Mehrdimensionalen aufzubauen, insbesondere können wir für Integrale über Quader keine Substitutionsregel angeben, so daß wir im Anschluß die Integration auf eine größere Vielfalt von Bereichen ausdehnen werden.

Die Integration über Quader allerdings erklären wir völlig analog zur eindimensionalen Integration, so daß es uns nicht schwerfällt, die dort gewonnenen Aussagen direkt zu übernehmen. Dazu brauchen wir zunächst den Begriff der *Zerlegung eines Quaders*. Sei also ein Quader Q durch (6.1) gegeben. Dann erklären wir zunächst seinen *n-dimensionalen Inhalt* (*Volumen*) durch die elementargeometrisch nahegelegte Vorschrift

$$
|Q| := (b_1 - a_1)(b_2 - a_2) \cdots (b_n - a_n).
\tag{6.2}
$$

Bildet man nun für jedes der Intervalle $[a_k, b_k]$ $(k = 1, \ldots, n)$ durch $a_k = x_{k0} < x_{k1} < \cdots < x_{k,m_k-1} < x_{km_k} = b_k$ eine Zerlegung $\mathcal{P}_k$ in m_k Teilintervalle, so wird hierdurch der Quader Q in die $\prod_{k=1}^{n} m_k$ Teilquader $(j_k = 1, \ldots, m_k \ (k = 1, \ldots, n))$

$$
Q_{j_1 j_2 \ldots j_n} := \{(x_1, x_2, \ldots, x_n) \in \mathbb{R}^n \mid x_{k,j_k-1} \leq x_k \leq x_{kj_k} \ (k = 1, \ldots, n)\}
$$

des Inhalts $|Q_{j_1 j_2 \ldots j_n}| = \prod_{k=1}^{n} (x_{kj} - x_{k,j-1})$ zerlegt. In naheliegender Weise können wir wieder die *Feinheit* einer derartigen Zerlegung $\mathcal{P}$ durch

$$
\|\mathcal{P}\| := \max_{k=1,\ldots,n} \|\mathcal{P}_k\|
$$

erklären, und für jedes $k = 1, \ldots, n$ wird durch Hinzunahme eines Punkts zu $\mathcal{P}_k$ die Zerlegung $\mathcal{P}$ verfeinert.

Um komplizierte Indizierungen zu vermeiden, seien die $N := \prod_{k=1}^{n} m_k$ Teilquader Q_l einer Zerlegung $\mathcal{P}$ des Quaders Q durchnumeriert ($l = 1, \ldots, N$). Nimmt man sich aus jedem Teilquader einen Punkt $\xi_l \in Q_l$ heraus, so nennen wir den Vektor $(\xi_1, \xi_2, \ldots, \xi_N)$ einen *Zwischenvektor* der Zerlegung $\mathcal{P}$.

Nun erklären wir das Riemann-Integral einer reellwertigen Funktion eines Quaders.

Definition 6.1 (Mehrdimensionale Integration über Quader) Sei $f : Q \to \mathbb{R}$ eine beschränkte Funktion eines Quaders Q. Ferner erklären wir für eine beliebige Zerlegung $\mathcal{P}$ von Q die *Riemann-Summe*

$$S(f, \mathcal{P}) := \sum_{l=1}^{N} f(\xi_l) \, |Q_l| \, ,$$

wobei $(\xi_1, \xi_2, \ldots, \xi_N)$ ein Zwischenvektor von $\mathcal{P}$ sei. Dann heißt f *Riemann-integrierbar* über Q, falls der Grenzwert

$$\int_Q f(x) \, dx := \lim_{\|\mathcal{P}\| \to 0} S(f, \mathcal{P})$$

existiert, wobei der Grenzwert über alle Zerlegungen $\mathcal{P}$ von Q und alle Zwischenvektoren $(\xi_l)_{l=1,\ldots,N}$ von $\mathcal{P}$ zu bilden ist. Wir nennen diesen Grenzwert gegebenenfalls das *Riemann-Integral* von f über Q.

Bemerkung 6.1 Auf Grund der Analogie zur eindimensionalen Definition des Riemann-Integrals können die folgenden Eigenschaften mühelos gefolgert werden:
(a): (**Linearität**) Das mehrdimensionale Riemann-Integral ist linear.
(b): (**Additivität**) Das mehrdimensionale Riemann-Integral ist additiv bzgl. der endlichen (disjunkten) Vereinigung von Quadern. Dabei kommt es auf gemeinsame Kanten der Quader nicht an.
(c): (**Untere und obere Riemann-Summen**) Für eine beliebige Zerlegung sei wieder

$$S_*(f, \mathcal{P}) := \sum_{l=1}^{N} \inf_{\xi_l \in Q_l} f(\xi_l) \, |Q_l|$$

die *untere Riemann-Summe* und

$$S^*(f, \mathcal{P}) := \sum_{l=1}^{N} \sup_{\xi_l \in Q_l} f(\xi_l) \, |Q_l|$$

die *obere Riemann-Summe*.
(d): (**Unteres und oberes Riemann-Integral**) Eine beschränkte Funktion $f : Q \to \mathbb{R}$ ist genau dann Riemann-integrierbar über Q, wenn die Grenzwerte

$$\int_{\underset{*}{Q}} f(x)\,dx := \lim_{\|\mathcal{P}\|\to 0} S_*(f,\mathcal{P}) \qquad \text{und} \qquad \int_Q^* f(x)\,dx := \lim_{\|\mathcal{P}\|\to 0} S^*(f,\mathcal{P})\,,$$

die *unteres* bzw. *oberes Riemann-Integral* heißen, existieren und übereinstimmen, m. a. W. wenn der Fehlerterm

$$E(f,\mathcal{P}) := S^*(f,\mathcal{P}) - S_*(f,\mathcal{P})$$

mit $\|\mathcal{P}\| \to 0$ gegen 0 strebt, bzw., wenn für jedes $\varepsilon > 0$ eine Zerlegung $\mathcal{P}$ existiert, so daß $E(f,\mathcal{P}) \leq \varepsilon$ ist.

(e): **(Integrierbarkeit stetiger Funktionen)** Da n-dimensionale Quader kompakt sind, ist eine stetige Funktion f sogar gleichmäßig stetig. Daher kann der eindimensionale Beweis übertragen werden, und f ist integrierbar.

(f): Sind f und g über Q integrierbar, so sind auch die Funktionen $|f|$, $f \cdot g$, f/g (falls $1/g$ beschränkt ist), $\max\{f,g\}$ und $\min\{f,g\}$ über Q integrierbar.

(g): **(Monotonie)** Sind f und g integrierbar über Q und gilt $f(x) \leq g(x)$ für alle $x \in Q$, dann folgt $\int_Q f(x)\,dx \leq \int_Q g(x)\,dx$.

(h): **(Mittelwertsatz)** Ist f integrierbar über Q mit $m \leq f(x) \leq M$ für alle $x \in Q$, dann folgt

$$m\,|Q| \leq \int_Q f(x)\,dx \leq M\,|Q|\,,$$

da direkt aus der Definition des Integrals die Beziehung

$$\int_Q dx = |Q| \tag{6.3}$$

folgt (man verifiziere dies!). Ist $p(x) \geq 0$ für alle $x \in Q$ und integrierbar, gilt auch

$$m \int_Q p(x)\,dx \leq \int_Q p(x)\,f(x)\,dx \leq M \int_Q p(x)\,dx\,.$$

(i): **(Dreiecksungleichung für Integrale)** Für integrierbares f gilt wieder die Integralabschätzung

$$\left| \int_Q f(x)\,dx \right| \leq \int_Q |f(x)|\,dx \leq \|f\|_Q \int_Q dx = \|f\|_Q\,|Q| \quad \triangle\,.$$

Im nächsten Abschnitt klären wir, wie man Integrale über Quader in der Praxis berechnet.

ÜBUNGSAUFGABEN

6.1 (Treppenfunktionen) *Eine Funktion $f : Q \to \mathbb{R}$ eines n-dimensionalen Quaders Q heißt Treppenfunktion, falls es eine Zerlegung $\mathcal{P}$ von Q gibt, so daß im Innern jedes Teilquaders von $\mathcal{P}$ konstant ist. Man zeige, daß jede Treppenfunktion Riemann-integrierbar ist. Gilt für f die Darstellung*

$$f(x) = \sum_{l=1}^{N} a_l \, \chi_{Q_l^\circ}(x) \,,$$

so gilt

$$\int\limits_{Q} f(x)\, dx = \sum_{l=1}^{N} a_l \, |Q_l| \,.$$

○ **6.2** *Ist $f : Q \to \mathbb{R}$ stetig im Quader Q, und ist $\int\limits_{Q} f(x)\, dx = 0$. Dann ist $f = 0$.*

6.2   Iterierte Integrale und der Satz von Fubini

Wir haben nun zwar mehrdimensionale Integrale eingeführt, aber noch kein Verfahren an der Hand, diese Integrale zu berechnen. Damit wir so viel wie möglich aus der eindimensionalen Theorie erben können, versuchen wir, mehrdimensionale Integrale mit Hilfe eindimensionaler auszudrücken. Daß dies im allgemeinen (wie schon bei den mehrdimensionalen Grenzwerten und Ableitungen) iterativ möglich ist, ist Inhalt des Satzes von FUBINI[1], den wir der Einfachheit halber zunächst für zwei Variablen beweisen.

Satz 6.1 (Satz von Fubini) Sei $f : [a,b] \times [c,d] \to \mathbb{R}$ auf dem Quader $Q := [a,b] \times [c,d]$ integrierbar und existiere

$$g(y) := \int\limits_{a}^{b} f(x,y)\, dx$$

für jedes $y \in [c,d]$. Dann ist die Funktion $g : [c,d] \to \mathbb{R}$ Riemann-integrierbar, und es gilt

$$\int\limits_{Q} f(x,y)\, d(x,y) = \int\limits_{c}^{d} g(y)\, dy = \int\limits_{c}^{d} \left(\int\limits_{a}^{b} f(x,y)\, dx \right) dy \,.$$

---

[1] GUIDO FUBINI [1879–1943]

Beweis: Sei $\mathcal{P}$ eine Zerlegung von Q, dann bekommen wir für die zugehörige Riemannsche Summe des Integrals $\int\limits_{Q} f(x,y)\,d(x,y)$

$$\sum_{k=1}^{m_2}\sum_{j=1}^{m_1}\Big(f(\xi_j,\eta_k)\,\Delta x_j\,\Delta y_k\Big) = \sum_{k=1}^{m_2}\left(\sum_{j=1}^{m_1} f(\xi_j,\eta_k)\,\Delta x_j\right)\Delta y_k \ ,$$

wobei die rechte Seite durch Umordnung der Summe entstanden ist. Die in den inneren Klammern stehende Summe ist hierbei eine Riemannsche Summe des eindimensionalen Integrals $\int\limits_{a}^{b} f(x,\eta_k)\,dx$. Lassen wir nun $\|\mathcal{P}\| \to 0$ konvergieren, dann strebt auch $\|\mathcal{P}_1\| \to 0$, und es folgt durch Grenzübergang

$$\int\limits_{Q} f(x,y)\,d(x,y) = \int\limits_{c}^{d}\left(\int\limits_{a}^{b} f(x,y)\,dx\right)dy \ ,$$

da sowohl das linke Integral als auch das rechts in Klammern stehende Integral nach Voraussetzung existieren. $\qquad\Box$

Eine induktive Anwendung führt zu folgendem n-dimensionalen Resultat.

Korollar 6.1 (Satz von Fubini) Sei $f : Q \to \mathbb{R}$ auf dem Quader $Q = [a_1,b_1] \times [a_2,b_2] \times \cdots \times [a_n,b_n]$ Riemann-integrierbar. Existiert das iterierte Integral

$$\int\limits_{a_1}^{b_1}\left(\int\limits_{a_2}^{b_2}\cdots\left(\int\limits_{a_n}^{b_n} f(x_1,x_2,\ldots,x_n)\,dx_n\right)\cdots dx_2\right)dx_1 \ , \tag{6.4}$$

so stimmt es mit dem Integral $\int\limits_{Q} f(x)\,dx$ überein. Insbesondere ist (6.4) nicht von der Reihenfolge der Integrationen abhängig. $\qquad\Box$

Bemerkung 6.2 Die Stetigkeit von f garantiert die Existenz von (6.4), so daß in diesem Fall alle iterierten Integrale unabhängig von der Reihenfolge mit dem mehrdimensionalen Integral übereinstimmen.

Sitzung 6.1 Der Satz von Fubini liefert uns ein Rechenverfahren zur Bestimmung mehrdimensionaler Integrale an die Hand. Im Prinzip kann man die iterierten Integrale direkt hinschreiben, z. B. liefert `INT(INT(SQRT(x^2+y^2),x,0,1),y,0,1)` das iterierte Integral $\int\limits_{0}^{1}\int\limits_{0}^{1}\sqrt{x^2+y^2}\,dx\,dy$ (die nach Korollar 6.1 unnötigen Klammern lassen wir in der Regel weg), das dem Integral $\int\limits_{[0,1]^2}\sqrt{x^2+y^2}\,d(x,y)$ entspricht, und

$\boxed{\texttt{Simplify}}$ liefert

$$2: \quad \frac{\mathrm{LN}\,(\sqrt{2}+1)}{3} + \frac{\sqrt{2}}{3} \ .$$

Wir können andererseits die Iteration auch mit der **ITERATE** Funktion durchführen. Bei den DERIVE Funktionen

```
MULTINT_AUX(f,x,a,b):=ITERATE([ELEMENT(g_,1)+1,
INT(ELEMENT(g_,2),ELEMENT(x,ELEMENT(g_,1)),ELEMENT(a,ELEMENT(g_,1)),
ELEMENT(b,ELEMENT(g_,1)))],g_,[1,f],DIMENSION(x))

MULTINT(f,x,a,b):=ELEMENT(MULTINT_AUX(f,x,a,b),2)
```

verwaltet **MULTINT_AUX(f,x,a,b)** die Iterationstiefe als erste und die Iteration selbst als zweite Koordinate, und **MULTINT(f,x,a,b)** berechnet das iterierte Integral von f bzgl. des Variablenvektors x im Quader Q, der durch die Eckenkoordinatenvektoren a und b gegeben ist. Wir erhalten z. B. die Resultate

DERIVE Eingabe	DERIVE Ausgabe
`MULTINT(SQRT(x^2+y^2),[x,y],[0,0],[1,1])`	$\dfrac{\mathrm{LN}\,(\sqrt{2}+1)}{3} + \dfrac{\sqrt{2}}{3}$,
`MULTINT(EXP(x) COS(y),[x,y],[0,0],[u,v])`	$\hat{e}^{u}\,\mathrm{SIN}\,(v) - \mathrm{SIN}\,(v)$,
`MULTINT(EXP(-(x^2+y^2)),[x,y],[0,0],[inf,inf])`	$\dfrac{\pi}{4}$,
`MULTINT(1/(1+(x^2+y^2))^2,[x,y],[0,0],[inf,inf])`	$\dfrac{\pi}{4}$,
`MULTINT(1/(1+(x^2+y^2))^2,[x,y],[0,0],[1,1])`	$\dfrac{\sqrt{2}\,\pi}{4} - \dfrac{\sqrt{2}\,\mathrm{ATAN}\,(\sqrt{2})}{2}$.

Wir haben hier auch wieder uneigentliche Integrale betrachtet, die durch naheliegende Grenzwerte erklärt sind. Eines dieser Integrale, nämlich

$$\int_{[0,\infty]^2} e^{-(x^2+y^2)}\, d(x,y) \;=\; \int_0^\infty\!\!\int_0^\infty e^{-(x^2+y^2)}\, dx\, dy = \int_0^\infty\!\!\int_0^\infty e^{-x^2} e^{-y^2}\, dx\, dy$$

$$= \left(\int_0^\infty e^{-x^2}\, dx\right)^2$$

können wir bisher „aus eigener Kraft" nicht lösen, da die iterierten Integrale nicht auf elementare Stammfunktionen führen. In Beispiel 6.7 werden wir die Existenz des Integrals $\int_{[0,\infty]^2} e^{-(x^2+y^2)}\, d(x,y)$ beweisen und seinen Wert bestimmen. Dies führt uns dann automatisch zu der Integralformel

$$\int_0^\infty e^{-x^2}\, dx = \frac{\sqrt{\pi}}{2}\,.$$

ÜBUNGSAUFGABEN

6.3 *Man berechne die folgenden mehrdimensionalen Integrale.*

(a) $\displaystyle\int_{[0,\pi/2]^2} \sin(x+y)\,d(x,y)\,,$
(b) $\displaystyle\int_{[0,\pi]^2} \sin(x+y)\,d(x,y)\,,$

(c) $\displaystyle\int_{[0,1]^3} \frac{x^2\,z^3}{1+y^2}\,d(x,y,z)\,,$
(d) $\displaystyle\int_{[0,1]^2} e^{x-y}\,d(x,y)\,,$

(e) $\displaystyle\int_{[0,1]^2} \arctan(x+y)\,d(x,y)\,,$
(f) $\displaystyle\int_{[0,1]^2} \arctan(x-y)\,d(x,y)\,.$

◇ **6.4** *Zur numerischen Integration mehrdimensionaler Integrale verwendet* DERIVE *eine mehrdimensionale Version des Simpson-Verfahrens. Man approximiere*

(a) $\displaystyle\int_{[0,1]^3} \sqrt{x^2+y^2+z^2}\,d(x,y,z)\,,$
(b) $\displaystyle\int_{[0,1]^2} \arctan(x^2+y^2)\,d(x,y)\,,$

(c) $\displaystyle\int_{[0,\pi/2]^2} \sin\frac{1}{x+y}\,d(x,y)\,,$
(d) $\displaystyle\int_{[0,\pi/2]^2} x\sin\frac{1}{y}\,d(x,y)\,.$

Vergleiche das Resultat bei (a) mit dem symbolischen Wert

$$\int_{[0,1]^3} \sqrt{x^2+y^2+z^2}\,d(x,y,z) = -\frac{\ln 2}{2} + \ln(\sqrt{3}+1) + \frac{6\sqrt{3}-\pi}{24}\,.$$

6.5 *Man zeige, daß die Funktion* $f : [0,1]^2 \to \mathbb{R}$ *mit*

$$f(x,y) := \begin{cases} \frac{1}{q\,s} & \text{falls } x = \frac{p}{q},\, y = \frac{r}{s} \text{ rational, gekürzt} \\ 0 & \text{sonst} \end{cases}$$

über $Q = [0,1]^2$ *integrierbar ist, und berechne den Integralwert.*

6.6 *Man zeige, daß bei der Funktion* $f : [0,1]^2 \to \mathbb{R}$ *mit*

$$f(x,y) := \begin{cases} 1 & \text{falls } y \text{ rational} \\ 2x & \text{falls } y \text{ irrational} \end{cases}$$

zwar beide iterierten Integrale existieren, deren Wert man ermittle, aber nicht das Integral über $Q = [0,1]^2$.

◇ **6.7** *Eine Berechnung (z. B. mit* DERIVE*) liefert*

$$\int_0^1 \left(\int_0^1 \frac{y^2-x^2}{(x^2+y^2)^2}\,dx \right) dy = \frac{\pi}{4} \qquad \text{sowie} \qquad \int_0^1 \left(\int_0^1 \frac{x^2-y^2}{(x^2+y^2)^2}\,dy \right) dx = -\frac{\pi}{4}\,.$$

Man erkläre.

6.3 Integration über Jordan-meßbare Mengen

Wir wollen nun den Begriff der Riemann-Integrierbarkeit von Quadern auf allgemeinere Bereiche ausdehnen. Dies ist zum einen aus theoretischen Gründen von Interesse, zum anderen wird es sich als notwendig erweisen, um eine Verallgemeinerung der eindimensionalen Substitutionsregel zu erhalten, was wiederum aus Gründen der praktischen Berechnung mehrdimensionaler Integrale von Bedeutung ist. Wir erklären zunächst eine Familie besonders gutartiger Teilmengen des $\mathbb{R}^n$, bezüglich derer wir das Riemann-Integral definieren können.

Definition 6.2 (Riemann-Integral über Jordan-meßbaren Mengen)   Sei $B \subset \mathbb{R}^n$ eine beschränkte Teilmenge des $\mathbb{R}^n$ und $Q \supset B$ ein sie umfassender Quader. Dann heißt B *Jordan-meßbar*, falls die Indikatorfunktion χ_B über Q integrierbar ist.

Ist nun $f : B \to \mathbb{R}$ eine beschränkte Funktion einer Jordan-meßbaren Menge $B \subset \mathbb{R}^n$. Dann erklären wir das *Riemann-Integral über B* durch

$$\int\limits_B f(x)\,dx := \int\limits_Q f(x)\,\chi_B(x)\,dx \, , \tag{6.5}$$

wobei $Q \supset B$ ein B umfassender Quader ist. Ist f Riemann-integrierbar über Q, so ist f Riemann-integrierbar über B, da der Integrand des definierenden Integrals als Produkt zweier integrierbarer Funktionen wieder integrierbar ist. Das Riemann-Integral über B ist wohldefiniert, da der Wert des definierenden Integrals ganz offensichtlich nicht von der Wahl des umfassenden Quaders Q abhängig ist. B heißt der *Integrationsbereich* des Integrals (6.5).

In Analogie zur Definition des n-dimensionalen Inhalts des Quaders $|Q| = \int\limits_Q dx$ (s. (6.3)) nennen wir

$$|B| := \int\limits_B dx$$

den *n-dimensionalen Jordan-Inhalt* der Jordan-meßbaren Menge B. Falls Verwechslungen wegen der Dimension des zugrundeliegenden Raums zu befürchten sind, schreiben wir auch $|B|_n$.

Bemerkung 6.3 Wir bemerken, daß diese Definition auch die Definition des eindimensionalen Riemann-Integrals erweitert. Es ist nun nicht mehr nur auf Intervallen, sondern auf eindimensionalen Jordan-meßbaren Mengen erklärt.

Bemerkung 6.4 Da wir das Integral von f über B durch ein Integral von f über einen Quader erklärt haben, gelten alle Eigenschaften aus Bemerkung 6.1 automatisch auch für Integrale über Jordan-meßbare Mengen.

Beispiel 6.1 Definitionsgemäß ist jeder Quader Q Jordan-meßbar und die bisherige Definition von $|Q|$ aus (6.2) gilt weiter. Dagegen sind die Menge $[0,1] \cap \mathbb{Q}$ als auch die n-dimensionale Menge $[0,1]^n \cap \mathbb{Q}^n$ nicht Jordan-meßbar, da die Dirichlet-Funktion bzw. die n-dimensionale Dirichlet-Funktion

$$\chi_{[0,1]^n \cap \mathbb{Q}^n}(x_1, x_2, \ldots, x_n) = \begin{cases} 1 & \text{falls } x_1, x_2, \ldots, x_n \text{ rational} \\ 0 & \text{sonst} \end{cases}$$

nicht Riemann-integrierbar sind (Beweis!). $\triangle$

Wir nehmen uns nun vor, die wichtige Klasse der Jordan-meßbaren Mengen genauer zu charakterisieren. Sind z. B. eine Kreisscheibe in $\mathbb{R}^2$ bzw. eine Kugel im $\mathbb{R}^n$ Jordan-meßbar (das würden wir doch hoffen!)? Daß diese und viele andere Mengen in der Tat Jordan-meßbar sind, werden wir in der Folge herleiten.

Eine Menge B ist definitionsgemäß genau dann Jordan-meßbar, falls die Funktion χ_B in einem B umfassenden Quader Q integrierbar ist. Die zu einer Zerlegung $\mathcal{P}$ von Q mit den Teilquadern Q_l $(l = 1, \ldots, N)$ gehörigen unteren und oberen Riemann-Summen ergeben sich wegen

$$\inf_{\xi_l \in Q_l} \chi_B(\xi_l) = \begin{cases} 1 & \text{falls } Q_l \subset B \\ 0 & \text{sonst} \end{cases}$$

sowie

$$\sup_{\xi_l \in Q_l} \chi_B(\xi_l) = \begin{cases} 1 & \text{falls } Q_l \cap B \neq \emptyset \\ 0 & \text{sonst} \end{cases}$$

zu

$$S_*(\chi_B, \mathcal{P}) := \sum_{l=1}^{N} \inf_{\xi_l \in Q_l} \chi_B(\xi_l) |Q_l| = \sum_{Q_l \subset B} |Q_l|$$

sowie

$$S^*(\chi_B, \mathcal{P}) := \sum_{l=1}^{N} \sup_{\xi_l \in Q_l} \chi_B(\xi_l) |Q_l| = \sum_{Q_l \cap B \neq \emptyset} |Q_l| \, .$$

Daher gilt für das untere bzw. obere Riemann-Integral

$$\int_{*Q} \chi_B(x) \, dx := \lim_{\|\mathcal{P}\| \to 0} S_*(\chi_B, \mathcal{P}) = \sup_{\mathcal{P}} \sum_{Q_l \subset B} |Q_l|$$

bzw.

$$\int_{Q}^{*} \chi_B(x) \, dx := \lim_{\|\mathcal{P}\| \to 0} S^*(\chi_B, \mathcal{P}) = \inf_{\mathcal{P}} \sum_{Q_l \cap B \neq \emptyset} |Q_l| \, .$$

Dies führt zu folgender

Definition 6.3 (Innerer und äußerer Jordan-Inhalt, Jordansche Nullmengen) Die Größen

$$|B|_* := \sup_{\mathcal{P}} \sum_{Q_l \subset B} |Q_l|$$

sowie

$$|B|^* := \inf_{\mathcal{P}} \sum_{Q_l \cap B \neq \emptyset} |Q_l| \,,$$

wobei das Supremum bzw. Infimum über alle Zerlegungen $\mathcal{P}$ von B umfassenden Quadern Q zu bilden sind, heißen der *innere* bzw. *äußere Jordan-Inhalt* einer beschränkten Menge $B \subset \mathbb{R}^n$. Eine derartige Zerlegung $\mathcal{P}$ nennen wir auch eine *B umfassende Zerlegung*.

Eine Menge B mit äußerem Inhalt $|B|^* = 0$ heißt *Jordansche Nullmenge*. Jordansche Nullmengen haben automatisch auch inneren Inhalt $|B|_* = 0$ und sind damit Jordan-meßbar.

Bemerkung 6.5 Im Gegensatz zum Jordan-Inhalt, der nur für Jordan-meßbare Mengen B existiert, existieren innerer und äußerer Jordan-Inhalt für alle beschränkten Teilmengen $B \subset \mathbb{R}^n$. Sie beziehen sich ausschließlich auf die Geometrie von B. Mit einer ähnlichen Approximation von innen und außen hat z. B. bereits Archimedes den Flächeninhalt und das Volumen vieler krummlinig berandeter Bereiche bestimmt. $\triangle$

Aus unseren Ausführungen folgt direkt der

Satz 6.2 (Geometrische Charakterisierung des Jordan-Inhalts) Eine beschränkte Teilmenge $B \subset \mathbb{R}^n$ ist genau dann Jordan-meßbar, falls ihr innerer und äußerer Jordan-Inhalt übereinstimmen. Es ist in diesem Fall

$$|B| = \int_B dx = |B|_* = |B|^* \,. \qquad\qquad \square$$

Beispiel 6.2 Unter Berücksichtigung der Definition 6.3 sowie Satz 6.2 kann man die Tatsache, daß die Dirichlet-Funktion nicht Riemann-integrierbar ist, auch folgendermaßen interpretieren: Der innere Jordan-Inhalt der *Dirichlet-Menge* $D := [0,1] \cap \mathbb{Q}$ ist $|D|_* = 0$, da jedes Teilintervall I_l einer D umfassenden Zerlegung $\mathcal{P}$ eine irrationale Zahl enthält und damit $I_l \subset D$ niemals zutrifft. Andererseits ist der äußere Jordan-Inhalt $|D|^* = 1$, da jedes Teilintervall I_l eine rationale Zahl enthält und damit immer $I_l \cap D \neq \emptyset$ ist, solange nur $I_l \cap [0,1] \neq \emptyset$ ist. $\triangle$

Wir werden nun weitere Eigenschaften des inneren und äußeren Jordan-Inhalts beweisen.

Lemma 6.1 (Eigenschaften des inneren und äußeren Jordan-Inhalts) Sei $B \subset \mathbb{R}^n$ eine beschränkte Teilmenge von $\mathbb{R}^n$. Dann gelten die Eigenschaften

(a) $|B|_* = |B^o|_* \,,$ (b) $|B|^* = |\overline{B}|^* \,,$ (c) $|B|_* + |\partial B|^* = |B|^* \,.$

Beweis: (a) Sei o. B. d. A. $|B|_* > 0$, und sei ferner $\varepsilon > 0$ gegeben. Dann gibt es nach Definition des inneren Jordan-Inhalts eine B umfassende Zerlegung $\mathcal{P}$, für die

$$|B|_* - \sum_{Q_l \subset B} |Q_l| \leq \varepsilon$$

gilt. Wir bilden nun zu jedem der Teilquader Q_l einen geringfügig, aber an allen Seiten verkleinerten Quader $\widetilde{Q}_l \subset Q_l$ derart, daß die Beziehung $\sum_{Q_l \subset B} (|Q_l| - |\widetilde{Q}_l|) \leq \varepsilon$ gilt (die Summe ist endlich!). Dann enthält die Vereinigung der Quader $\widetilde{Q}_l$ den Rand von B nicht, und folglich gilt

$$|B|_* - 2\varepsilon \leq \sum_{Q_l \subset B} |Q_l| - \varepsilon \leq \sum_{Q_l \subset B} |\widetilde{Q}_l| = \sum_{\widetilde{Q}_l \subset B^o} |\widetilde{Q}_l| \leq \sup_{\mathcal{P}} \sum_{\widetilde{Q}_l \subset B^o} |\widetilde{Q}_l| = |B^o|_* \,,$$

und das Resultat folgt mit $\varepsilon \to 0$.

(b) Da wir abgeschlossene Quader $Q \supset B$ betrachten, gilt immer $Q \supset \overline{B}$, und damit die Behauptung.

(c) Jeder Quader $Q_l \subset B^o$ liefert sowohl bei der Bildung von $|B^o|_* = |B|_*$ als auch bei der Bildung von $|B|^*$ generell einen Beitrag. Diese Quader bilden dagegen keinen Beitrag bei der Bildung von $|\partial B|^*$. Genauso bilden Quader $Q_l \subset \overline{B}'$ des Komplements von $\overline{B}$ generell weder einen Beitrag bei der Bildung von $|B|_*$ noch bei der Bildung von $|\overline{B}|^* = |B|^*$. Zum Unterschied zwischen $|B|_*$ und $|B|^*$ können also nur solche Quader Q_l beitragen, die Randpunkte von B enthalten. Da diese aber gleichermaßen zu $|\partial B|^*$ wie zu $|B|^*$ beitragen, folgt die Behauptung. $\square$

Bemerkung 6.6 Im Licht des Lemmas sehen die Ausführungen zur Dirichlet-Menge $D := [0,1] \cap \mathbf{Q}$ wie folgt aus: Es ist $D^o = \emptyset$, und damit $|D|_* = |D^o|_* = |\emptyset|_* = 0$, ferner $\overline{D} = [0,1]$, und folglich $|D|^* = |\overline{D}|^* = |[0,1]|^* = 1$. $\triangle$

Aus unserem Lemma bekommen wir sofort die folgende Charakterisierung Jordan-meßbarer Mengen:

Korollar 6.2 (Charakterisierung Jordan-meßbarer Mengen)   Eine beschränkte Teilmenge $B \subset \mathbb{R}^n$ ist genau dann Jordan-meßbar, wenn ihr Rand eine Jordansche Nullmenge ist. $\square$

Hieraus lassen sich nun ohne Mühe weitere wichtige Eigenschaften des Jordan-Inhalts ableiten.

Korollar 6.3 (Eigenschaften des Jordan-Inhalts)

(a) **(Monotonie)** Sind A, B Jordan-meßbar und ist $A \subset B$, dann ist $|A| \leq |B|$.

(b) **(Mengenstrukturverträglichkeit)** Sind A, B Jordan-meßbar, dann sind auch $A \cup B, A \cap B$ und $A \setminus B$ Jordan-meßbar.

(c) **(Additivität)** Sind A, B Jordan-meßbar, dann gilt $|A \cup B| = |A| + |B| - |A \cap B|$. Sind insbesondere A und B disjunkt, dann ist $|A \cup B| = |A| + |B|$.

Beweis: (a) Die Monotonie folgt direkt aus der Monotonie des inneren bzw. äußeren Jordan-Inhalts, welche wiederum eine direkte Folge der Definition ist.

(b) Der Rand jeder der drei Mengen $A \cup B$, $A \cap B$ und $A \setminus B$ ist eine Teilmenge von $\partial A \cup \partial B$. Sind nun A und B Jordan-meßbar, so folgt aus Korollar 6.2, daß auch $A \cup B$, $A \cap B$ und $A \setminus B$ Jordan-meßbar sind, da mit ∂A und ∂B auch $\partial A \cup \partial B$ und jede Teilmenge hiervon eine Jordansche Nullmenge ist.

(c) Aus (b) folgt zunächst, daß $A \cup B$, $A \cap B$ und $A \setminus B$ Jordan-meßbar sind. In Übungsaufgabe I.6.11 (S. I.158) war u. a. die einfache Beziehung

$$\chi_{A \cup B} = \chi_A + \chi_B - \chi_{A \cap B}$$

gezeigt worden. Ist nun Q ein $A \cup B$ umfassender Quader, so gilt also

$$|A \cup B| = \int\limits_{A \cup B} d\boldsymbol{x} \; = \; \int\limits_{Q} \chi_{A \cup B}(\boldsymbol{x})\, d\boldsymbol{x} = \int\limits_{Q} \left(\chi_A(\boldsymbol{x}) + \chi_B(\boldsymbol{x}) - \chi_{A \cap B}(\boldsymbol{x}) \right) d\boldsymbol{x}$$

$$= \; |A| + |B| - |A \cap B| . \qquad\qquad \square$$

Wir bringen nun die Integration wieder – wie im Eindimensionalen – mit der Volumenberechnung „unterhalb des Graphen" einer reellwertigen Funktion in Verbindung.

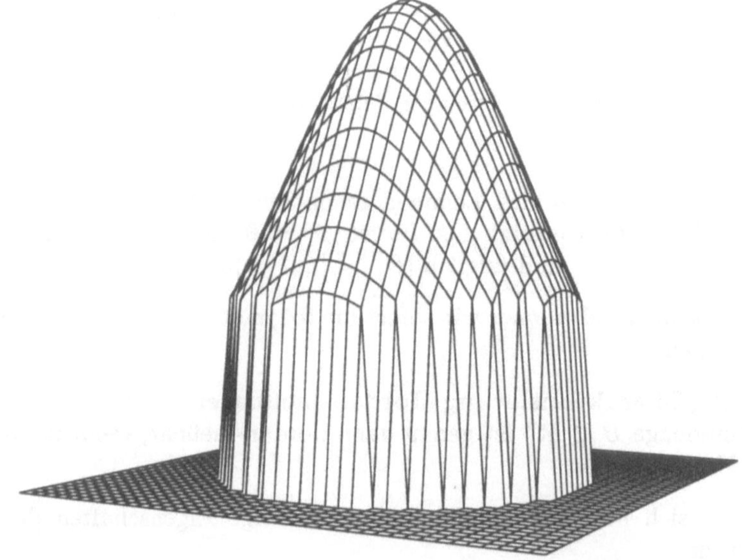

Abbildung 6.1   Volumenberechnung „unterhalb eines Graphen"

Dazu definieren wir

Definition 6.4 (Ordinatenmenge, Zylindermenge) Sei $f : B \to \mathbb{R}$ eine nichtnegative reellwertige Funktion der Teilmenge $B \subset \mathbb{R}^n$. Dann heißt die Menge

$$OM(f, B) := \{ (\boldsymbol{x}, y) \in \mathbb{R}^{n+1} \mid \boldsymbol{x} \in B,\ 0 \le y \le f(\boldsymbol{x}) \}$$

die *Ordinatenmenge* von f über B. Sind $f_1, f_2 : B \to \mathbb{R}$ zwei reellwertige Funktionen auf B mit $f_1 \leq f_2$, dann nennen wir die Menge

$$ZM(f_1, f_2, B) := \{(x, y) \in \mathbb{R}^{n+1} \mid x \in B, \, f_1(x) \leq y \leq f_2(x)\}$$

die *Zylindermenge* von f_1 und f_2 über B. $\triangle$

Es gilt nun zunächst folgender, dem eindimensionalen Fall analoger

Satz 6.3 (Inhalt von Ordinatenmengen) Sei $f : B \to \mathbb{R}$ eine nichtnegative reellwertige Funktion der Jordan-meßbaren Menge $B \subset \mathbb{R}^n$. Dann ist die Ordinatenmenge $OM(f, B) \subset \mathbb{R}^{n+1}$ Jordan-meßbar[2], und es gilt für den Inhalt der Ordinatenmenge

$$|OM(f, B)| = \int\limits_B f(x)\,dx \; .$$

Beweis: Sei $\mathcal{P}$ eine Zerlegung eines B umfassenden Quaders Q und seien Q_l ($l = 1, \ldots, N$) die zugehörigen Teilquader. Mit

$$m_l := \inf_{\xi_l \in Q_l} f(\xi_l) \qquad \text{und} \qquad M_l := \sup_{\xi_l \in Q_l} f(\xi_l)$$

betrachten wir die Ordinatenmengen $OM_{l_*} := Q_l \times [0, m_l]$ bzw. $OM_l^* := Q_l \times [0, M_l]$. Nach der Inhaltsregel für Produktmengen (s. Übungsaufgabe 6.13) ist $|OM_{l_*}| = |Q_l| m_l$ und $|OM_l^*| = |Q_l| M_l$. Da je zwei Quader Q_l ($l = 1, \ldots, N$) höchstens gemeinsame Kanten haben, gilt dasselbe auch für OM_{l_*} und OM_l^*, und für die Vereinigungen $OM_* := \bigcup\limits_{l=1}^{N} OM_{l_*}$ und $OM^* := \bigcup\limits_{l=1}^{N} OM^{l_*}$ gilt folglich

$$|OM_*| = \sum_{l=1}^{N} |OM_{l_*}| = S_*(f, \mathcal{P}) \qquad \text{sowie} \qquad |OM^*| = \sum_{l=1}^{N} |OM^{l_*}| = S^*(f, \mathcal{P}) \; .$$

Daher folgt aus der Inklusionskette $OM_* \subset OM(f, \mathcal{P}) \subset OM^*$ die Beziehung

$$S_*(f, \mathcal{P}) = |OM_*| \leq |OM_*(f, \mathcal{P})| \leq |OM^*(f, \mathcal{P})| \leq |OM^*| = S^*(f, \mathcal{P}) \, ,$$

und mit $\|\mathcal{P}\| \to 0$ folgt das Resultat. $\square$

Eine leichte Abwandlung des Beweises, die wir als Übungsaufgabe lassen, liefert für Zylindermengen mit $f_1 = f_2$ das

Korollar 6.4 (Jordan-Inhalt eines Graphen) Sei $f : B \to \mathbb{R}$ auf der Jordan-meßbaren Menge $B \subset \mathbb{R}^n$ integrierbar. Dann gilt für die Zylindermenge

$$ZM(f, f, B) = \{(x, y) \in \mathbb{R}^{n+1} \mid x \in B, \, y = f(x)\}$$

die Beziehung $|ZM(f, f, B)| = 0$, m. a. W.: Der Graph einer integrierbaren Funktion $f : B \to \mathbb{R}$ ist eine Jordansche Nullmenge. $\triangle$

---

[2]Man beachte, daß es sich hier im ersten Fall um die Jordan-Meßbarkeit im $\mathbb{R}^n$, im anderen Fall dagegen um die Jordan-Meßbarkeit im $\mathbb{R}^{n+1}$ handelt.

Schließlich folgt hieraus

Korollar 6.5 (Inhalt von Zylindermengen) Für zwei integrierbare Funktionen $f_1 : B \to \mathbb{R}$ und $f_2 : B \to \mathbb{R}$ einer Jordan-meßbaren Menge $B \subset \mathbb{R}^n$ mit $f_1 \leq f_2$ ist die Zylindermenge $ZM(f_1, f_2, B)$ Jordan-meßbar, und es gilt

$$|ZM(f_1, f_2, B)| = \int\limits_B (f_2(x) - f_1(x))\, dx\ .$$

Beweis: Offenbar gilt

$$ZM(f_1, f_2, B) = (OM(f_2, B) \setminus OM(f_1, B)) \cup ZM(f_1, f_1, B)\ ,$$

und alles folgt durch eine Anwendung von Satz 6.3 und Korollar 6.4. $\square$

Beispiel 6.3 (Jordan-Meßbarkeit von Kugeln) Die n-dimensionale Einheitskugel $B_n(0, 1)$ kann induktiv durch Zylindermengen repräsentiert werden. Solche Mengen nennen wir *Normalbereiche*. Als Beispiel betrachten wir speziell die 3-dimensionale Einheitskugel $B_3(0, 1)$. Sie ist durch die Ungleichung

$$x^2 + y^2 + z^2 \leq 1$$

charakterisiert. Damit ist $B_3(0, 1)$ zunächst die Zylindermenge bzgl. der dritten Koordinate

$$B_3(0, 1) = ZM\left(-\sqrt{1 - x^2 - y^2}, \sqrt{1 - x^2 - y^2}, B_2(0, 1)\right)$$

und nacheinander erhalten wir die Beschreibung als Normalbereich

$$B_3(0, 1) \;=\; \left\{(x, y, z) \in \mathbb{R}^3 \,\middle|\, -\sqrt{1 - x^2 - y^2} \leq z \leq \sqrt{1 - x^2 - y^2},\right.$$
$$\left. -\sqrt{1 - x^2} \leq y \leq \sqrt{1 - x^2},\ -1 \leq x \leq 1\right\}.$$

Gemäß Korollar 6.5 ist also $B_3(0, 1)$ Jordan-meßbar, und dasselbe gilt natürlich auch für die n-dimensionale Einheitskugel $B_n(0, 1)$ und für jede andere Kugel des $\mathbb{R}^n$.

Damit ergibt sich im übrigen für den Jordan-Inhalt von $B_3(0, 1)$

$$|B_3(0, 1)| \;=\; \int\limits_{-1}^{1} \int\limits_{-\sqrt{1 - x^2}}^{\sqrt{1 - x^2}} \int\limits_{-\sqrt{1 - x^2 - y^2}}^{\sqrt{1 - x^2 - y^2}} dz\, dy\, dx$$

$$=\; \int\limits_{-1}^{1} \int\limits_{-\sqrt{1 - x^2}}^{\sqrt{1 - x^2}} 2\sqrt{1 - x^2 - y^2}\, dy\, dx$$

$$= \int_{-1}^{1} y\sqrt{1-x^2-y^2} + (1-x^2)\arcsin\left(\frac{y}{\sqrt{1-x^2}}\right)\Bigg|_{y=-\sqrt{1-x^2}}^{y=\sqrt{1-x^2}}$$

$$= \int_{-1}^{1} \pi\,(1-x^2)\,dx = \pi\left(x - \frac{x^3}{6}\right)\Bigg|_{-1}^{1} = \frac{4\,\pi}{3}\;.$$

In Übungsaufgabe 6.14 soll mit Hilfe einer Rekursion der Inhalt der n-dimensionalen Einheitskugel bestimmt werden. Hierfür werden wir im nächsten Abschnitt eine einfachere Methode kennenlernen.

ÜBUNGSAUFGABEN

6.8 *Man zeige, daß die endliche Vereinigung Jordanscher Nullmengen wieder eine Jordansche Nullmenge ist, und zeige durch ein Beispiel, daß die abzählbare Vereinigung Jordanscher Nullmengen i. a. keine Jordansche Nullmenge ist. Man zeige, daß auf der anderen Seite die unendliche Menge $\bigcup\limits_{k=1}^{\infty}\left\{\frac{1}{k}\right\}$ eine Jordansche Nullmenge ist.*

6.9 *Man zeige, daß für integrierbares $f : B \to \mathbb{R}^n$ und eine Jordansche Nullmenge $B \subset \mathbb{R}^n$ gilt*

$$\int_B f(x)\,dx = 0\;.$$

6.10 (Cauchy-Schwarzsche Ungleichung) *Seien f und g über der Jordan-meßbaren Menge B integrierbar. Dann gilt die folgende Integralform der Cauchy-Schwarzschen Ungleichung*

$$\int_B |f(x)\,g(x)|\,dx \le \sqrt{\int_B |f(x)|^2\,dx}\,\sqrt{\int_B |g(x)|^2\,dx}\;.$$

$\star$ **6.11** *Sei $f : B \to \mathbb{R}^n$ eine lipschitzstetige Funktion einer Teilmenge $B \subset \mathbb{R}^n$, d. h., es gebe eine Lipschitzkonstante L derart, daß für $x, y \in B$ die Beziehung*

$$|f(x) - f(y)| \le L\,|x - y|$$

gilt. Sei ferner $A = \bigcup\limits_{l=1}^{N} Q_l \subset B$ eine Vereinigung von Würfeln Q_l $(l = 1,\dots,N)$ mit der Eigenschaft, daß $|Q_j \cap Q_k| = 0$ für $j, k = 1,\dots,N$ und $j \ne k$ gilt. Zeige, daß es dann ein $\lambda \in \mathbb{R}^+$ gibt, so daß

$$|f(A)|^* \le \lambda\,|A|\;,$$

insbesondere: Jede Jordansche Nullmenge hat eine Jordansche Nullmenge als Bild. Hinweis: Benutze die Maximumnorm in $\mathbb{R}^n$.

6.12 *Man zeige, daß der Graph einer integrierbaren Funktion* $f : B \to \mathbb{R}^n$ *einer beschränkten Menge* $B \subset \mathbb{R}^n$ *eine Jordansche Nullmenge ist.*

○ **6.13** *Seien* $A \subset \mathbb{R}^p$ *und* $B \subset \mathbb{R}^q$ *Jordan-meßbar, so ist gilt die Inhaltsregel*

$$|A \times B|_{p+q} = |A|_p \cdot |B|_q \,.$$

6.14 *Man berechne den Inhalt* Ω_n *der* n-*dimensionalen Einheitskugel.*[3] *Man zeige, daß* $\lim\limits_{n\to\infty} \Omega_n = 0$ *ist und erkläre dieses Phänomen. Hinweis: Durch Abspalten der Variablen* $x := x_1$ *beweise man die Rekursion* $(B_n^r := B_n(\mathbf{0}, r))$

$$\Omega_n = \int\limits_{B_n^1} d(x, x_2, \ldots, x_n) = \int\limits_{-1}^{1} \int\limits_{B_{n-1}^{\sqrt{1-x^2}}} d(x_2, \ldots, x_n)\, dx = \Omega_{n-1} \int\limits_{-1}^{1} \left(\sqrt{1-x^2}\right)^{n-1} dx$$

für Ω_n *und bestimme das Integral* $\int\limits_{-1}^{1} (1 - x^2)^{\frac{n-1}{2}} dx$ *(vgl. Übungsaufgabe I.11.35, S. I.319).*

6.15 *Man zeige, daß der Flächeninhalt der Ellipse*

$$\frac{x^2}{a^2} + \frac{y^2}{b^2} \leq 1$$

mit den Halbachsen a *und* b *den Wert* $\pi\,a\,b$ *und daß das Volumen des Ellipsoids*

$$\frac{x^2}{a^2} + \frac{y^2}{b^2} + \frac{z^2}{c^2} \leq 1$$

mit den Halbachsen a, b *und* c *den Wert* $\frac{4}{3}\,\pi\,a\,b\,c$ *hat.*

◇ **6.16** *Sei* B *das Dreieck der* xy-*Ebene mit den Ecken* $(0,0)$, $(1,0)$ *und* $(1,1)$. *Man berechne das Integral*

$$\int\limits_{B} \frac{\sin x}{x} d(x, y)$$

auf zwei Arten, indem man zuerst nach x *und dann zuerst nach* y *integriert. Was stellt man fest?*

6.17 *Man zeige, daß für das Volumen* V, *das der Teilmenge des Zylinders* $\left\{(x, y, z) \in \mathbb{R}^3 \mid x^2 + y^2 \leq r^2\right\}$ *zwischen der* xy-*Ebene und dem Graphen der Funktion* $e^{-(x^2+y^2)}$ *entspricht, vgl. Abbildung 6.1, die Beziehung*

$$V = \sqrt{\pi} \int\limits_{-r}^{r} e^{-x^2} \operatorname{erf} \sqrt{r^2 - x^2}\, dx$$

gilt. In Übungsaufgabe 6.26 wird mit stärkeren Methoden eine explizite Formel für V *hergeleitet werden.*

---

[3]Das Symbol Ω ist der griechische Buchstabe „Omega".

6.4 Der Transformationssatz

In diesem Abschnitt verallgemeinern wir die eindimensionale Substitutionsregel, die unter Zuhilfenahme einer stetig differenzierbaren Funktion $\varphi : J \to \mathbb{R}$ des Intervalls $J \subset \mathbb{R}$ mit $\varphi'(x) \neq 0$ $(x \in J)$ das Integral der im Bildintervall $I := \varphi(J)$ stetigen Funktion $f : I \to \mathbb{R}$ durch die Formel

$$\int\limits_{\varphi(J)} f(x)\,dx = \int\limits_{J} f(\varphi(t))\,|\varphi'(t)|\,dt \tag{6.6}$$

darstellt. Wegen der Stetigkeit von φ' ist nämlich entweder $\varphi' > 0$ in J oder $\varphi' < 0$ in J, und in beiden Fällen gilt (6.6), wie man sich leicht überzeugt.

Im mehrdimensionalen Fall gilt eine völlig analoge Transformationsformel, die wir nun formulieren und in der Folge plausibel machen werden. Auf den umfangreichen Beweis verzichten wir hier.

Satz 6.4 (Transformationssatz für mehrdimensionale Integrale) Sei $\varphi : D \to \mathbb{R}^n$ eine injektive und stetig differenzierbare Funktion der Teilmenge $D \subset \mathbb{R}^n$, und sei $\det \varphi'(t) > 0$ oder $\det \varphi'(t) < 0$ für alle $t \in D$. Ist nun $B \subset D$ eine Jordan-meßbare Teilmenge von D und ist ferner $\varphi\big|_B$ lipschitzstetig, dann ist $\varphi(B)$ Jordan-meßbar. Ist schließlich $f : \varphi(B) \to \mathbb{R}$ stetig, so gilt die Substitutionsformel

$$\int\limits_{\varphi(B)} f(x)\,dx = \int\limits_{B} f(\varphi(t))\,|\det \varphi'(t)|\,dt \,.$$

Dasselbe Resultat gilt auch noch dann, wenn die Voraussetzungen auf einer Jordanschen Nullmenge $N \subset D$ verletzt sind. $\qquad\square$

Bemerkung 6.7 Ist B kompakt, so kann man auch ohne die Lipschitzstetigkeit von φ die Jordan-Meßbarkeit von $\varphi(B)$ zeigen. Daß aus der Lipschitzstetigkeit von φ die Jordan-Meßbarkeit von $\varphi(B)$ folgt, ist im wesentlichen eine Folge des Resultats von Übungsaufgabe 6.11.

Beispiel 6.4 (Motivation) Wir betrachten o. B. d. A. die zweidimensionale Situation. Hierbei bilde φ eine Teilmenge des uv-Koordinatensystems in das xy-Koordinatensystem ab. Die Funktion φ bildet ein Rechtecknetz des uv-Koordinatensystems auf ein krummliniges Netz im xy-Koordinatensystem ab, das wegen der Injektivität und stetigen Differenzierbarkeit keine Überlappungen aufweist. Dabei wird das Rechteck R mit den Eckpunkten (u, v), $(u + \Delta u, v)$, $(u + \Delta u, v + \Delta v)$ und $(u, v + \Delta v)$ auf das krummlinig berandete „Viereck" V mit den Eckpunkten $\varphi(u, v)$, $\varphi(u + \Delta u, v)$, $\varphi(u + \Delta u, v + \Delta v)$ und $\varphi(u, v + \Delta v)$ abgebildet, s. Abbildung 6.2. Dieses hat, wenn φ stetig differenzierbar und injektiv ist, asymptotisch die Gestalt eines Parallelogramms, und zwar umso besser, je kleiner $|\Delta u|$ und $|\Delta v|$ sind. Dies folgt aus der Taylorformel

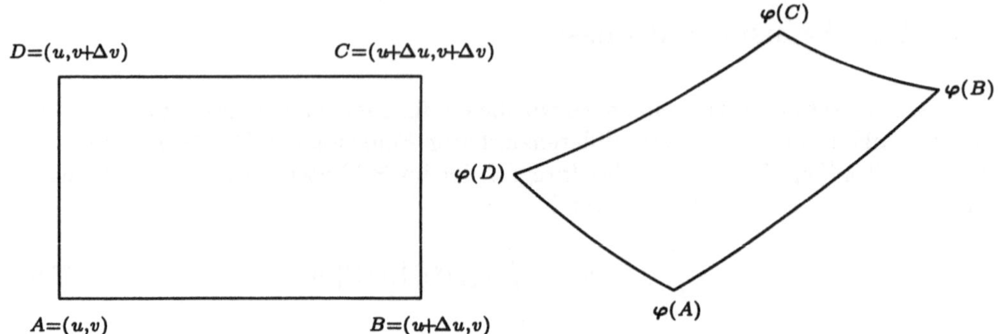

Abbildung 6.2　Das Bild eines Rechtecks

$$\varphi(u + \Delta u, v + \Delta v) = \varphi(u,v) + \varphi'(u,v) \begin{pmatrix} \Delta u \\ \Delta v \end{pmatrix} + o\left(\left\| \begin{pmatrix} \Delta u \\ \Delta v \end{pmatrix} \right\| \right) . \tag{6.7}$$

Lokal hat man also eine affine Abbildung. Da das Parallelogramm mit den beiden Seitenvektoren $\varphi(u + \Delta u, v) - \varphi(u,v)$ sowie $\varphi(u, v + \Delta v) - \varphi(u,v)$ den gerichteten Flächeninhalt[4]

$$\det\left(\ \varphi(u+\Delta u, v) - \varphi(u,v) \quad \varphi(u, v+\Delta v) - \varphi(u,v) \ \right)$$

besitzt, hat die gegebene affine Abbildung die lokale Flächenverzerrung

$$\frac{\text{Fläche}\,(V)}{\text{Fläche}\,(R)} = \frac{1}{|\Delta u|\,|\Delta v|} \left| \det\left(\varphi(u+\Delta u, v) - \varphi(u,v) \quad \varphi(u, v+\Delta v) - \varphi(u,v) \ \right) \right|$$

$$= \frac{1}{|\Delta u|\,|\Delta v|} \left| \det\begin{pmatrix} \varphi_1(u+\Delta u, v) - \varphi_1(u,v) & \varphi_1(u, v+\Delta v) - \varphi_1(u,v) \\ \varphi_2(u+\Delta u, v) - \varphi_2(u,v) & \varphi_2(u, v+\Delta v) - \varphi_2(u,v) \end{pmatrix} \right|$$

$$= \left| \frac{\varphi_1(u+\Delta u, v) - \varphi_1(u,v)}{\Delta u} \right| \left| \frac{\varphi_2(u, v+\Delta v) - \varphi_2(u,v)}{\Delta v} \right|$$

$$- \left| \frac{\varphi_1(u, v+\Delta v) - \varphi_1(u,v)}{\Delta v} \right| \left| \frac{\varphi_2(u+\Delta u, v) - \varphi_2(u,v)}{\Delta u} \right|$$

$$\approx |\det \varphi'(u,v)|$$

unter Berücksichtigung der Taylorformel (6.7), falls $|\Delta u|$ und $|\Delta v|$ klein genug sind. Dies macht den Transformationssatz im zweidimensionalen Fall plausibel. Ist die Dimension größer als 2, so kann eine analoge Betrachtung durchgeführt werden.

Beispiel 6.5 (Polarkoordinaten) In Beispiel 3.3 betrachteten wir die Polarkoordinatentransformation $f : \mathbb{R}_0^+ \times \mathbb{R} \to \mathbb{R}^2$, die den Polarkoordinaten $(r, \varphi) \in \mathbb{R}_0^+ \times \mathbb{R}$ die entsprechenden kartesischen Koordinaten

$$(x, y) = f(r, \varphi) = (r \cos\varphi, r \sin\varphi)$$

---

[4]Den Flächeninhalt eines Parallelogramms kennt man aus der linearen Algebra.

zuordnet, und sahen, daß det $f'(r, \varphi) = r$ ist. Unter f wird das Rechteck $Q :=$ $[0, R] \times [0, 2\pi]$ auf die Kreisscheibe $B_R := \overline{B(0, R)} \subset \mathbb{R}^2$ abgebildet. Der Transformationssatz 6.4 kann angewandt werden, da f in $\widetilde{Q} := Q \setminus \{r = 0\}$ injektiv ist und weiter det $f(r, \varphi) > 0$ für $(r, \varphi) \in \widetilde{Q}$ gilt, d. h. daß die Voraussetzungen des Satzes nur in einer Jordanschen Nullmenge verletzt sind.

Folglich bekommen wir für jede stetige Funktion $f : B_R \to \mathbb{R}$ die Substitutionsformel

$$\int\limits_{B_R} f(x, y)\, d(x, y) = \int\limits_{Q} f(r \cos \varphi, r \sin \varphi)\, r\, d(r, \varphi) = \int\limits_{0}^{R} \int\limits_{0}^{2\pi} f(r \cos \varphi, r \sin \varphi)\, r\, d\varphi\, dr, \quad (6.8)$$

wobei wir den Satz von Fubini benutzt haben. Der letzte Ausdruck ist hierbei bekanntlich unabhängig von der Reihenfolge der Integrationen.

Als erstes Beispiel berechnen wir zunächst den Flächeninhalt einer Kreisscheibe vom Radius R. Dieser ergibt sich offenbar zu

$$|B_R| = \int\limits_{B_R} d(x, y) = \int\limits_{0}^{R} \int\limits_{0}^{2\pi} r\, d\varphi\, dr = 2\pi \int\limits_{0}^{R} r\, dr = \pi R^2 .$$

Als allgemeineres Beispiel betrachten wir die durch die in Polarkoordinaten gegebenen Gleichungen

$$a \leq \varphi \leq b \qquad \text{sowie} \qquad 0 \leq r \leq f(\varphi)$$

mit Hilfe einer nichtnegativen stetigen Funktion $f : [a, b] \to \mathbb{R}$ gegebene Menge $B \subset \mathbb{R}^2$, welche eine Teilmenge des Sektors $\{(x, y) \in \mathbb{R}^2 \mid a \leq \arg(x, y) \leq b\}$ ist. Offenbar stellt B einen Normalbereich im (r, φ)-Koordinatensystem dar, und wir erhalten mit dem Transformationssatz für den Flächeninhalt von B

$$|B| = \int\limits_{B} d(x, y) = \int\limits_{a}^{b} \int\limits_{0}^{f(\varphi)} r\, dr\, d\varphi = \frac{1}{2} \int\limits_{a}^{b} f^2(\varphi)\, d\varphi . \quad (6.9)$$

Sitzung 6.2 Man kann mit DERIVE in Polarkoordinaten gegebene Funktionen graphisch darstellen. Dazu wählt man beim $\boxed{\texttt{Plot Options State}}$ Befehl die Einstellung **Polar**. Man stelle die Kardioide `1+COS(`ϕ`)` ($\phi \in [-\pi, \pi]$), die Ellipse `1/(1-COS(`ϕ`)/2)` ($\phi \in [-\pi, \pi]$), die archimedische Spirale ϕ`/10` ($\phi \in [0, 10\pi]$) sowie die logarithmische Spirale `EXP(`ϕ`/10)/10` ($\phi \in [0, 10\pi]$) graphisch dar.

Die DERIVE Funktion

```
POLARFLÄCHE(f,phi,a,b):=1/2 INT(f^2,phi,a,b)

PF(f,phi,a,b):=POLARFLÄCHE(f,phi,a,b)
```

berechnet den Flächeninhalt gemäß Formel (6.9). Wir erhalten

Bezeichnung	DERIVE Eingabe	Ausgabe
Kardioide	PF(1+COS(ϕ),ϕ,-π,π)	$\dfrac{3\,\pi}{2}$,
Ellipse	PF(1/(1-COS(ϕ)/2),ϕ,-π,π)	$\dfrac{8\sqrt{3}\pi}{9}$,
archimedische Spirale	PF($\alpha\ \phi$,ϕ,0,b)	$\dfrac{\alpha^2 b^3}{6}$,
logarithmische Spirale	PF(α EXP($\beta\ \phi$),ϕ,a,b)	$\dfrac{\alpha^2\,\hat{e}^{2b\beta}}{4\beta} - \dfrac{\alpha^2\,\hat{e}^{2a\beta}}{4\beta}$.

Beispiel 6.6 Hängt $f(x,y)$ in Wirklichkeit nur von $r = \sqrt{x^2+y^2}$ und nicht von $\varphi = \arg(x,y)$ ab, so gilt

$$\int\limits_{B_R} f(x,y)\,d(x,y) = \int\limits_0^R \int\limits_0^{2\pi} f(r\cos\varphi, r\sin\varphi)\,r\,d\varphi\,dr = 2\pi \int\limits_0^R f(r\cos\varphi, r\sin\varphi)\,r\,dr \ .$$

Beispielsweise gilt für $f(x,y) = \sqrt{x^2+y^2}$ somit

$$\int\limits_{B_R} \sqrt{x^2+y^2}\,d(x,y) = 2\pi \int\limits_0^R r^2\,dr = \frac{2\pi\,R^3}{3} \ .$$

Beispiel 6.7 Wir sind nun in der Lage, die bereits in DERIVE-Sitzung 6.1 behauptete Integralformel

$$\int\limits_0^\infty e^{-x^2}\,dx = \frac{\sqrt{\pi}}{2} \tag{6.10}$$

zu beweisen. Hierzu setzen wir $f(x,y) := e^{-(x^2+y^2)}$ und integrieren für $R > 0$ sowohl über die Quader $Q_R := [0,R]^2$ als auch über die Kreissektoren $S_R := \{(x,y) \in \mathbb{R}^2 \mid x^2+y^2 \leq R^2, x \geq 0, y \geq 0\}$. Wir erhalten zunächst mit dem Satz von Fubini

$$\int\limits_{Q_R} e^{-(x^2+y^2)}\,d(x,y) = \int\limits_0^R \int\limits_0^R e^{-(x^2+y^2)}\,dx\,dy = \int\limits_0^R \int\limits_0^R e^{-x^2}e^{-y^2}\,dx\,dy = \left(\int\limits_0^R e^{-x^2}\,dx \right)^2 \ .$$

Andererseits folgt mit dem Transformationssatz unter Verwendung von Polarkoordinaten

$$\int\limits_{S_R} e^{-(x^2+y^2)}\,d(x,y) = \int\limits_0^R \int\limits_0^{\pi/2} e^{-r^2}\,r\,d\varphi\,dr = -\left.\frac{\pi\,e^{-r^2}}{4}\right|_0^R = \frac{\pi}{4}\left(1 - e^{-R^2}\right) \ .$$

Beachtet man nun noch, daß wegen $Q_{R/2} \subset S_R \subset Q_R$ und der Positivität von f für alle $R \in \mathbb{R}^+$ die Beziehung

$$\int\limits_{Q_{R/2}} e^{-(x^2+y^2)}\, d(x,y) \leq \int\limits_{S_R} e^{-(x^2+y^2)}\, d(x,y) \leq \int\limits_{Q_R} e^{-(x^2+y^2)}\, d(x,y)$$

gilt, erhält man für $R \to \infty$

$$\left(\int\limits_0^\infty e^{-x^2}\, dx \right)^2 = \lim_{R\to\infty} \left(\int\limits_0^R e^{-x^2}\, dx \right)^2 = \lim_{R\to\infty} \int\limits_{S_R} e^{-(x^2+y^2)}\, d(x,y)$$

$$= \lim_{R\to\infty} \frac{\pi}{4}\left(1 - e^{-R^2} \right) = \frac{\pi}{4},$$

und folglich (6.10).

Beispiel 6.8 (Gammafunktion) Wir können nun den Wert der Gammafunktion an den Stellen $n + \frac{1}{2}$ ($n \in \mathbb{Z}$) berechnen. Es gilt nämlich mit der Substitution $t = x^2$, d. h. $dt = 2x\, dx$

$$\Gamma\left(\frac{1}{2}\right) = \int\limits_0^\infty e^{-t}\, t^{-1/2}\, dt = 2 \int\limits_0^\infty e^{-x^2}\, dx = \sqrt{\pi}\,.$$

Mit Hilfe der Funktionalgleichung der Gammafunktion

$$\Gamma\left(x+1\right) = x\,\Gamma\left(x\right)$$

läßt sich hiermit der Wert $\Gamma\left(n + \frac{1}{2}\right)$ für alle $n \in \mathbb{Z}$ bestimmen, s. Übungsaufgabe 6.19.

Beispiel 6.9 (Kugelkoordinaten) Analog zu den Polarkoordinaten lassen sich die Punkte $(x,y,z) \in \mathbb{R}^3$ des 3-dimensionalen Raums durch Kugelkoordinaten

$$(x,y,z) = \boldsymbol{F}(r,\varphi,\vartheta) := (r\cos\varphi\cos\vartheta, r\sin\varphi\cos\vartheta, r\sin\vartheta)$$

beschreiben. Die Kugelkoordinatentransformation $\boldsymbol{F} : \mathbb{R}_0^+ \times \mathbb{R}^2 \to \mathbb{R}^3$ bildet den Quader $Q := [0,R] \times [0, 2\pi] \times [-\pi/2, \pi/2]$ auf die Kugel $B_R := \overline{B(0,R)} \subset \mathbb{R}^3$ ab, und es gilt durch Entwickeln nach der letzten Zeile

$$\det \frac{\partial(x,y,z)}{\partial(r,\varphi,\vartheta)}(r,\varphi,\vartheta) = \begin{vmatrix} \cos\varphi\cos\vartheta & -r\sin\varphi\cos\vartheta & -r\cos\varphi\sin\vartheta \\ \sin\varphi\cos\vartheta & r\cos\varphi\cos\vartheta & -r\sin\varphi\sin\vartheta \\ \sin\vartheta & 0 & r\cos\vartheta \end{vmatrix}$$

$$= \sin\vartheta\left(r^2\sin^2\varphi\cos\vartheta\sin\vartheta + r^2\cos^2\varphi\cos\vartheta\sin\vartheta\right)$$

$$\quad + r\cos\vartheta\left(r\cos^2\varphi\cos^2\vartheta + \sin^2\varphi\cos^2\vartheta\right)$$

$$= r^2\left(\cos\vartheta\sin^2\vartheta + \cos\vartheta\cos^2\vartheta\right) = r^2\cos\vartheta\,.$$

Die Funktion F ist injektiv in Q bis auf die Kante $\{R = 0\}$, welche eine Jordansche Nullmenge ist, und somit bekommen wir für jede stetige Funktion $f : B_R \to \mathbb{R}$ die Substitutionsformel

$$\int_{B_R} f(x,y,z)\, d(x,y,z) = \int_Q f(r\cos\varphi\cos\vartheta, r\sin\varphi\cos\vartheta, r\sin\vartheta)\, r^2\cos\vartheta\, d(r,\varphi,\vartheta)$$

$$= \int_0^R \int_0^{2\pi} \int_{-\pi/2}^{\pi/2} f(r\cos\varphi\cos\vartheta, r\sin\varphi\cos\vartheta, r\sin\vartheta)\, r^2\cos\vartheta\, d\vartheta\, d\varphi\, dr \ . \tag{6.11}$$

Zum Beispiel erhalten wir für das Kugelvolumen (erneut)

$$\begin{aligned}
|B_R| &= \int_{B_R} d(x,y,z) = \int_0^R \int_0^{2\pi} \int_{-\pi/2}^{\pi/2} r^2\cos\vartheta\, d\vartheta\, d\varphi\, dr \\
&= \int_0^R \int_0^{2\pi} r^2\sin\vartheta\Big|_{-\pi/2}^{\pi/2}\, d\varphi\, dr = \int_0^R \int_0^{2\pi} 2r^2\, d\varphi\, dr = \frac{4\pi R^2}{3} \ .
\end{aligned}$$

Weiter bekommen wir beispielsweise für $f(x,y,z) = \sqrt{x^2 + y^2 + z^2}$

$$\int_{B_1} \sqrt{x^2 + y^2 + z^2}\, d(x,y,z) = \int_0^1 \int_0^{2\pi} \int_{-\pi/2}^{\pi/2} r^3\cos\vartheta\, d\vartheta\, d\varphi\, dr = \int_0^1 \int_0^{2\pi} 2r^3\, d\varphi\, dr = \pi \ .$$

Beispiel 6.10 (Zylinderkoordinaten) Eine andere Verallgemeinerung der Polarkoordinaten ist die Darstellung eines Punkts $(x,y,z) \in \mathbb{R}^3$ des 3-dimensionalen Raums durch Zylinderkoordinaten

$$(x,y,z) = G(r,\varphi,z) := (r\cos\varphi, r\sin\varphi, z) \ .$$

Die Zylinderkoordinatentransformation $G : \mathbb{R}_0^+ \times \mathbb{R}^2 \to \mathbb{R}^3$ bildet den Quader $Q := [0,R] \times [0,2\pi] \times [h_1, h_2]$ auf den Zylinder

$$Z(R, h_1, h_2) := \left\{ (x,y,z) \in \mathbb{R}^3 \mid x^2 + y^2 \leq R^2, h_1 \leq z \leq h_2 \right\}$$

ab, und es gilt

$$\det \frac{\partial(x,y,z)}{\partial(r,\varphi,z)}(r,\varphi,z) = \begin{vmatrix} \cos\varphi & -r\sin\varphi & 0 \\ \sin\varphi & r\cos\varphi & 0 \\ 0 & 0 & 1 \end{vmatrix} = r \ .$$

Somit bekommen wir für jede stetige Funktion $f : Z(R, h_1, h_2) \to \mathbb{R}$ die Substitutionsformel

$$\int\limits_{Z(R,h_1,h_2)} f(x,y,z)\,d(x,y,z) = \int\limits_{Q} f(r\cos\varphi, r\sin\varphi, z)\,r\,d(r,\varphi,z)$$

$$= \int\limits_0^R \int\limits_0^{2\pi} \int\limits_{h_1}^{h_2} f(r\cos\varphi, r\sin\varphi, z)\,r\,dz\,d\varphi\,dr\,. \qquad (6.12)$$

Zum Beispiel erhalten wir für das Zylindervolumen eines Zylinders Z mit Radius R und Höhe h

$$|Z| = \int\limits_{Z(R,0,h)} d(x,y,z) = \int\limits_0^R \int\limits_0^{2\pi} \int\limits_0^h r\,dz\,d\varphi\,dr = \pi\,R^2\,h\,,$$

während wir einen Kreiskegel K auffassen können als den Normalbereich

$$0 \leq r \leq R\,, \qquad 0 \leq \varphi \leq 2\pi\,, \qquad 0 \leq z \leq h\left(1 - \frac{r}{R}\right)$$

im Zylinderkoordinatensystem, und für sein Volumen bekommen wir

$$|K| = \int\limits_0^R \int\limits_0^{2\pi} \int\limits_0^{r-\frac{r^2}{R}} dz\,d\varphi\,dr = 2\pi\,h \int\limits_0^R \left(r - \frac{r^2}{R}\right) dr = 2\pi\,h \left(\frac{r^2}{2} - \frac{r^3}{3R}\right)\bigg|_0^R = \frac{\pi\,h\,R^2}{3}\,.$$

Beispiel 6.11 Als letztes Beispiel berechnen wir das Volumen der Menge

$$M := \left\{(x,y,z) \in \mathbb{R}^3 \mid x,y,z \geq 0,\, x+y+z \leq \sqrt{2},\, x^2+y^2 \leq 1\right\}\,.$$

Man mache sich eine Vorstellung von dieser Menge! Im Zylinderkoordinatensystem ist M ein Normalbereich, und wir erhalten

$$
\begin{aligned}
|M| &= \int\limits_0^1 \int\limits_0^{\pi/2} \int\limits_0^{\sqrt{2}-r\cos\varphi-r\sin\varphi} r\,dz\,d\varphi\,dr = \\[2mm]
&= \int\limits_0^1 \int\limits_0^{\pi/2} \left(\sqrt{2}\,r - r^2\cos\varphi - r^2\sin\varphi\right) d\varphi\,dr \\[2mm]
&= \int\limits_0^1 \left(\sqrt{2}\,r\,\varphi - r^2\sin\varphi + r^2\cos\varphi\right)\bigg|_0^{\pi/2} dr \\[2mm]
&= \int\limits_0^1 \left(\frac{\sqrt{2}}{2}\pi\,r - 2\,r^2\right) dr = \frac{\sqrt{2}\,\pi}{4} - \frac{2}{3}\,.
\end{aligned}
$$

Sitzung 6.3 Wir lassen nun DERIVE den Transformationssatz anwenden. Hierfür laden wir die DERIVE Funktion `JACOBIMATRIX(f,x)` aus DERIVE-Sitzung 2.1 sowie die Hilfsfunktion `MULTINT_AUX(f,x,a,b)` aus DERIVE-Sitzung 6.1. Die DERIVE Funktion `INTEGRALTRAFO(f,x,phi,t,a,b)`, erklärt durch

```
INTEGRAND_AUX(f,x,g,t):=LIM(f,x,g) ABS(DET(JACOBIMATRIX(g,t)))

INTEGRALTRAFO(f,x,phi,t,a,b):=
ELEMENT(MULTINT_AUX(INTEGRAND_AUX(f,x,phi,t),t,a,b),2)
```

berechnet dann das Integral von `f` bzgl. der Variablen `x` mit Hilfe der Substitution `phi` der Variablen `t`, wobei `a` und `b` die Integrationsgrenzen im t-Koordinatenssystem sind (wir nehmen an, daß die Transformation so gewählt ist, daß diese Integrationsgrenzen im Bildraum einfach sind, im besten Fall einen Quader darstellen). Erklären wir nun die Koordinatentransformationen[5]

`polar:=[s COS($\phi$),s SIN($\phi$)]`

`kugel:=[s COS($\phi$) COS($\theta$),s SIN($\phi$) COS($\theta$),s SIN($\theta$)]`

`zylinder:=[s COS($\phi$),s SIN($\phi$),z]`

und deklarieren wir zunächst die willkürliche Funktion `F(x,y):=` zweier Variablen, so erzeugt die Transformation

`INTEGRALTRAFO(F(x,y),[x,y],polar,[s,$\phi$],[0,0],[r,2$\pi$])`

wieder die Formel (6.8)

$$\int_0^{2\pi} \int_0^{r} s\, F(s\, \mathrm{COS}\,(\phi), s\, \mathrm{SIN}\,(\phi))\, ds\, d\phi\,,$$

falls wir die Variable s mit $\boxed{\texttt{Declare Variable}}$ als `Positive` deklariert haben.

Entsprechend erhalten wir für Kugelkoordinaten nach der Deklaration der willkürlichen Funktion `F(x,y,z):=` dreier Variablen durch Vereinfachung von

`INTEGRALTRAFO(F(x,y,z),[x,y,z],kugel,[s,$\phi$,$\theta$],[0,0,-$\pi$/2],[r,2$\pi$,$\pi$/2])`

wieder (6.11):

$$\int_{-\pi/2}^{\pi/2} |\mathrm{COS}\,(\theta)| \int_0^{2\pi} \int_0^{r} s^2\, F(s\, \mathrm{COS}\,(\phi)\, \mathrm{COS}\,(\theta), s\, \mathrm{SIN}\,(\phi)\, \mathrm{COS}\,(\theta), s\, \mathrm{SIN}\,(\theta))\, ds\, d\phi\, d\theta\,.$$

Schließlich erhalten wir für Zylinderkoordinaten nach Vereinfachung von

`INTEGRALTRAFO(F(x,y,z),[x,y,z],zylinder,[s,$\phi$,z],[0,0,0],[r,2$\pi$,h])`

analog zu (6.12)

---

[5]Wir bezeichnen hier die radiale Koordinate mit s, da wir mit r gewöhnlich die obere Integrationsgrenze dieser Koordinate benennen. Die Variable `theta` kann auch durch die Tastenkombination `<ALT>H` eingegeben werden und wird von DERIVE durch das Symbol θ, einer alternativen Form von ϑ, dargestellt.

$$\int\limits_{0}^{h} \int\limits_{0}^{2\pi} \int\limits_{0}^{r} s\, F(s\,\mathrm{COS}\,(\phi), s\,\mathrm{SIN}\,(\phi), z)\, ds\, d\phi\, dz \ .$$

ÜBUNGSAUFGABEN

o **6.18** *Man zeige, daß der n-dimensionale Jordan-Inhalt folgende Eigenschaften hat: Für Jordan-meßbare Teilmengen $A, B \subset \mathbb{R}^n$ gilt*

(a) **(Positivität)** $|A| \geq 0$,

(b) **(Bewegungsinvarianz)** *Das Bild $f(A)$ unter einer Bewegung $f : \mathbb{R}^n \to \mathbb{R}^n$ hat denselben Jordan-Inhalt $|f(A)| = |A|$.*

(c) **(Normierung)** *Der Einheitswürfel $[0,1]^n$ hat den Jordan-Inhalt $|[0,1]^n| = 1$.*

(d) **(Additivität)** *Für disjunkte Mengen A und B ist $|A \cup B| = |A| + |B|$.*

6.19 *Man stelle unter Benutzung des Ergebnisses aus Beispiel 6.8 die Werte $\Gamma\left(n + \frac{1}{2}\right)$ $(n \in \mathbb{Z})$ und $\Gamma\left(\frac{n}{2}\right)$ $(n \in \mathbb{Z})$ durch Fakultäten dar.*

6.20 *Man berechne das in Beispiel 6.11 betrachtete Volumen im kartesischen Koordinatensystem.*

6.21 (Ellipsen- und Ellipsoidkoordinaten) *Man führe in naheliegender Erweiterung der Polar- bzw. Kugelkoordinaten die Ellipsen- bzw. Ellipsoidkoordinaten ein und berechne mit ihrer Hilfe erneut das Volumen von Ellipse und dreidimensionalem Ellipsoid, vgl. Übungsaufgabe 6.15.*

6.22 *Durch die Ungleichung*

$$\sum_{k=1}^{n} \frac{x_k^2}{a_k^2} \leq 1$$

sei das n-dimensionale Ellipsoid E_n mit den Hauptachsen a_k $(k = 1, \ldots, n)$ beschrieben. Zeige, daß für den Jordan-Inhalt von E_n die Beziehung $\Omega_n \prod\limits_{k=1}^{n} a_k$ gilt, vgl. Übungsaufgabe 6.14.

6.23 *Man berechne*

(a) $\displaystyle \int\limits_{[-\frac{\pi}{2}, \frac{\pi}{2}]^3} \cos(x+y+z)\, d(x,y,z)\,,$ (b) $\displaystyle \int\limits_{B_R} (x^2 + y^2 + z^2)^{\alpha}\, d(x,y,z)\,.$

Für welche $\alpha \in \mathbb{R}$ gilt das Ergebnis aus (b)?

◇ **6.24 (Toruskoordinaten)** *Bestätige, daß die Abbildung* $\varphi : \mathbb{R}^3 \longrightarrow \mathbb{R}^3$

$$\varphi(\rho, d, \varphi) = ((R + \rho \sin d) \cos \varphi, (R + \rho \sin d) \sin \varphi, \rho \cos d)$$

den Quader $M = [0, r] \times [0, 2\pi] \times [0, 2\pi]$ *mit* $r < R$ *auf den Volltorus*

$$T = \left\{ (x, y, z) \in \mathbb{R}^3 \ \middle| \ \left(\sqrt{x^2 + y^2} - R \right)^2 + z^2 \leq r^2 \right\}$$

abbildet und berechne das Volumen des Torus (vgl. Übungsaufgabe I.11.42, S. I.326).

6.25 Wie groß ist das von der Kugel mit $x^2 + y^2 + z^2 = 8$ und dem Paraboloid $4z = x^2 + y^2 + 4$ eingeschlossene Volumen, s. Abbildung 6.3?

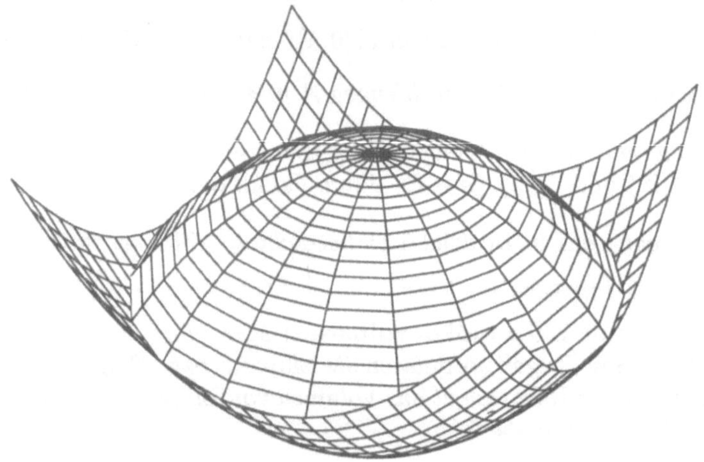

Abbildung 6.3   Das von einem Paraboloid und einer Kugel eingeschlossene Volumen

6.26 Man berechne die explizite Formel

$$V = \pi \left(1 - e^{-r^2} \right)$$

für das Volumen V, *das der Teilmenge des Zylinders* $\left\{ (x, y, z) \in \mathbb{R}^3 \mid x^2 + y^2 \leq r^2 \right\}$ *zwischen der* xy-*Ebene und dem Graphen der Funktion* $e^{-(x^2 + y^2)}$ *entspricht, mit Hilfe des Transformationssatzes. Das bestimmte Integral, das sich für* V *in Übungsaufgabe 6.17 ergeben hatte, konnte nicht direkt gelöst werden.*

6.27 Erkläre die Bedeutung des in DERIVE-Sitzung 6.2 betrachteten Flächeninhalts bei der archimedischen und der logarithmischen Spirale. Erkläre ferner, was bei der logarithmischen Spirale für $a \to -\infty$ geschieht.

7 Integralsätze

7.1 Der zweidimensionale Integralsatz von Gauß

Der zentrale Pfeiler der eindimensionalen Differential- und Integralrechnung ist der Hauptsatz, der es gestattet, das bestimmte Integral einer integrierbaren Ableitung f' über das Intervall $I = [a, b]$ durch die Werte von f an den Randpunkten des Intervalls I auszudrücken:

$$\int_a^b f'(x)\, dx = f(b) - f(a)\,.$$

Wir wollen nun ganz analog im Mehrdimensionalen Integrale von Ableitungen durch Randwerte ausdrücken. Nun ist allerdings im Eindimensionalen die Situation wirklich besonders einfach: Jedes Intervall hat nur zwei Randpunkte. Schon im zweidimensionalen Fall sieht die Situation wesentlich komplizierter aus. Wie wir gesehen haben, können allgemeine Bereiche sehr komplizierte Ränder haben. Es wird sich aber zeigen, daß wir Integrale von Ableitungen über das Innere geeigneter Kurven γ durch Randwerte, also Werte auf γ, ausdrücken können. Da alle Werte auf der Spur von γ eine Rolle spielen, läuft diese Darstellung selbst auf ein Integral, nämlich ein Kurvenintegral, hinaus. Hierzu müssen wir zuerst den Begriff des Kurvenintegrals auf reellwertige Funktionen ausdehnen.

Definition 7.1 (Kurvenintegrale reellwertiger Funktionen) Sei $\gamma : [a, b] \to \mathbb{R}^n$ eine Parameterdarstellung einer rektifizierbaren Kurve im $\mathbb{R}^n$ und sei $f : \gamma([a, b]) \to \mathbb{R}$ eine auf der Spur von γ definierte reellwertige Funktion. Dann erklären wir für $k = 1, \ldots, n$ durch

$$\int_\gamma f(x)\, dx_k := \int_a^b f(\gamma(t)) \cdot d\gamma_k(t)$$

das *Kurvenintegral* von f bzgl. x_k längs γ. $\triangle$

Auf Grund der Analogie zur Definition des Kurvenintegrals einer Vektorfunktion gelten die dort entwickelten Eigenschaften auch für den neuen Begriff. Ist $f = (f_1, f_2, \ldots, f_n)$ eine Vektorfunktion, so gilt ferner

$$\int_\gamma f(x)\, dx = \sum_{k=1}^n \int_\gamma f_k(x)\, dx_k\,.$$

Wir betrachten nun ganz besondere Normalbereiche.

Definition 7.2 (Zulässiger Normalbereich) Eine Menge $B \subset \mathbb{R}^2$ heißt *zulässiger Normalbereich* in y-Richtung, falls zwei stetige Funktionen φ_1 und φ_2 von beschränkter Variation existieren mit $\varphi_1(x) \leq \varphi_2(x)$ ($x \in [a,b]$) und

$$B = \left\{ (x,y) \in \mathbb{R}^2 \mid a \leq x \leq b,\ \varphi_1(x) \leq y \leq \varphi_2(x) \right\} .$$

Entsprechend heißt B zulässiger Normalbereich in x-Richtung, falls zwei stetige Funktionen ψ_1 und ψ_2 von beschränkter Variation existieren mit $\psi_1(y) \leq \psi_2(y)$ ($y \in [c,d]$) und

$$B = \left\{ (x,y) \in \mathbb{R}^2 \mid \psi_1(y) \leq x \leq \psi_2(y),\ c \leq y \leq d \right\} .$$

Die Randkurve eines zulässigen Normalbereichs in y-Richtung ist zusammengesetzt aus 4 Kurven γ_k ($k = 1, \ldots, 4$) mit den Parameterdarstellungen

$$\begin{aligned}
\gamma_1(t) &= (t, \varphi_1(t)) , & t &\in [a,b] , \\
\gamma_2(t) &= (b, t) , & t &\in [\varphi_1(b), \varphi_2(b)] , \\
\gamma_3^-(t) &= (t, \varphi_2(t)) , & t &\in [a,b] , \\
\gamma_4^-(t) &= (a, t) , & t &\in [\varphi_1(a), \varphi_2(a)] ,
\end{aligned}$$

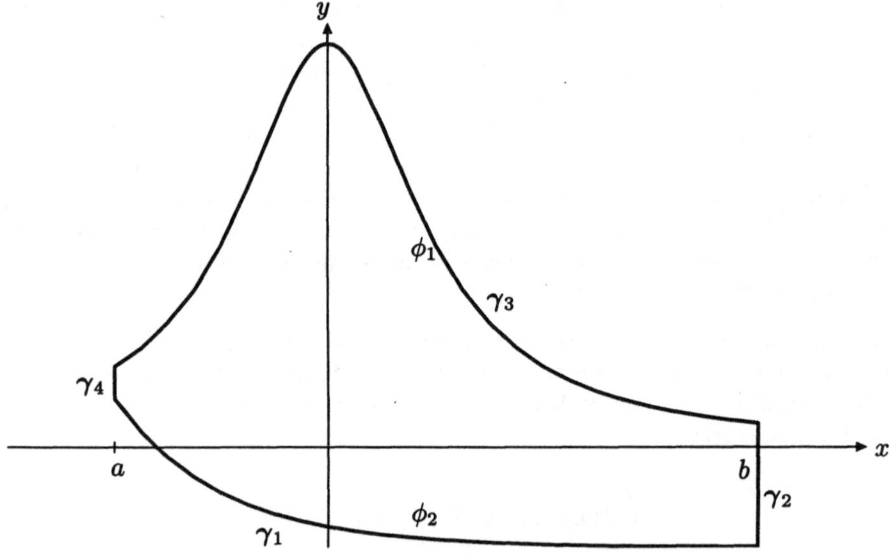

Abbildung 7.1 Ein zulässiger Normalbereich in y-Richtung

wobei die Kurven γ_3^- und γ_4^- in umgekehrter Richtung durchlaufen werden, was wir durch das hochgestellte Minuszeichen angedeutet haben.

Hierbei wird der Rand ∂B mit *positiver Orientierung* durchlaufen, was bedeutet, daß bei Durchlaufen der Randkurve sich der Bereich B links befindet bzw. daß die Randkurve im Gegenuhrzeigersinn durchlaufen wird. In Zukunft bezeichnen wir mit ∂B nicht mehr nur den topologischen Rand von B, sondern die mit positiver Orientierung durchlaufene Randkurve von B.

Beispiel 7.1 Beliebige Kreise und Ellipsen sowie Drei- und Rechtecke sind Beispiele zulässiger Normalbereiche sowohl in x- als auch in y-Richtung. $\triangle$

Wir betrachten nun zunächst einen zulässigen Normalbereich B in y-Richtung, s. Abbildung 7.1.

Ist nun $f : B \to \mathbb{R}$ stetig differenzierbar,[1] dann folgt aus dem Hauptsatz

$$
\begin{aligned}
\int_B f_y(x,y)\,d(x,y) &= \int_a^b \left(\int_{\varphi_1(x)}^{\varphi_2(x)} f_y(x,y)\,dy \right) dx \\
&= \int_a^b f(x,\varphi_2(x))\,dx - \int_a^b f(x,\varphi_1(x))\,dx \qquad (7.1) \\
&= \int_a^b f(\gamma_3^-(t))\,dt - \int_a^b f(\gamma_1(t))\,dt = - \int_{\partial B} f(x,y)\,dx
\end{aligned}
$$

nach Definition des Kurvenintegrals. Hierbei benutzten wir sowohl, daß die Kurvenintegrale von f bzgl. x längs γ_2 und γ_4^- wegen $dx = 0$ verschwinden, als auch, daß die Kurve γ_3^- negativ orientiert ist.

Ganz analog bekommt man nun für eine stetig differenzierbare Funktion $f : B \to \mathbb{R}$ eines zulässigen Normalbereichs B in x-Richtung die Darstellung

$$
\int_B f_x(x,y)\,d(x,y) = \int_{\partial B} f(x,y)\,dy \, . \qquad (7.2)
$$

Man beachte, daß auf Grund der Orientierung das rechte Integral diesmal ein positives Vorzeichen hat.

Verbindet man diese beiden Ergebnisse, liefert uns dies eine erste Version des *zweidimensionalen Gaußschen Integralsatzes*.

Satz 7.1 (Zweidimensionaler Gaußscher Integralsatz) Seien $f : B \to \mathbb{R}$ und $g : B \to \mathbb{R}$ stetig differenzierbare Funktionen und B ein zulässiger Normalbereich in x- als auch in y-Richtung, dann gilt die Integralformel

$$
\int_B (f_x(x,y) - g_y(x,y))\,d(x,y) = \int_{\partial B} (f(x,y)\,dy + g(x,y)\,dx) \, .
$$

Beweis: Man setze in (7.1) $f = g$ ein und subtrahiere dies von (7.2). $\square$

Wir formulieren diesen Satz nun für eine vektorwertige Funktion unter Verwendung der folgenden Begriffsbildung.

---

[1]Der Rand von B ist eine Jordansche Nullmenge, so daß es auf den Wert der Ableitung f_y dort nicht ankommt.

Definition 7.3 (Richtungsintegral bzgl. der Bogenlänge) Sei $\gamma : [a, b] \to \mathbb{R}^n$ eine rektifizierbare Kurve der Länge L und

$$s(t) := L(\gamma, [a, t]) = \int\limits_a^t |\dot\gamma(\tau)|\, d\tau$$

die zugehörige Bogenlängenfunktion (s. Übungsaufgaben 5.10–5.11), sei weiter $n : [0, L] \to \mathbb{R}^n$ eine Vektorfunktion vom Betrag 1, dann nennen wir für $f : \gamma([a, b]) \to \mathbb{R}^n$ das Riemann-Stieltjes-Integral

$$\int\limits_\gamma f(x)\, n(s)\, ds := \int\limits_a^b f(\gamma(t))\, n(s(t))\, ds(t)$$

das *Richtungsintegral von f über γ bzgl. der Bogenlänge in Richtung n.* $\triangle$

Wir bringen nun in der Folge die Integrale auf den rechten Seiten von (7.1)–(7.2) mit einem Richtungsintegral bzgl. der Bogenlänge in Verbindung. Sei also $\tilde\gamma = (\xi, \eta) \sim \gamma$ die nach der Bogenlänge parametrisierte zu γ äquivalente Parameterdarstellung. Wir nehmen in der Folge an, daß die Randkurve ∂B stückweise stetig differenzierbar sei. Es ist nun

$$\tilde\gamma'(s) = (\xi'(s), \eta'(s))$$

ein Tangentialvektor, und da für die Bogenlänge s die Beziehung

$$s = \int\limits_0^s |\tilde\gamma'(\sigma)|\, d\sigma$$

gilt, folgt durch Differentiation

$$1 = |\tilde\gamma'(s)|\,,$$

so daß $(\xi'(s), \eta'(s))$ sogar der Tangenteneinheitsvektor ist. Folglich ist der Vektor $n := (\eta'(s), -\xi'(s))$ ein *Normaleneinheitsvektor.* In unserem Fall existiert der Normaleneinheitsvektor bis auf möglicherweise endlich viele Ausnahmepunkte. Da γ und $\tilde\gamma$ äquivalent sind, stimmen die zugehörigen Kurvenintegrale miteinander überein, und folglich ist mit (7.1)

$$\begin{aligned}
\int\limits_B f_y(x, y)\, d(x, y) &= -\int\limits_{\partial B} f(x, y)\, dx = -\int\limits_{\partial B} f(\tilde\gamma(s))\, d\tilde\gamma_1(s)\\[2mm]
&= -\int\limits_{\partial B} f(\tilde\gamma(s))\, \xi'(s)\, ds = \int\limits_{\partial B} f(\tilde\gamma(s))\, n_2(s)\, ds\,, \qquad (7.3)
\end{aligned}$$

wobei n_2 die zweite Komponente des Normaleneinheitsvektors bezeichnet. Genauso bekommt man aus (7.2)

$$\int\limits_B f_x(x,y)\,d(x,y) \;=\; \int\limits_{\partial B} f(x,y)\,dy$$

$$=\; \int\limits_{\partial B} f(\widetilde{\gamma}(s))\,\eta'(s)\,ds = \int\limits_{\partial B} f(\widetilde{\gamma}(s))\,n_1(s)\,ds \;. \qquad (7.4)$$

Zusammen erhalten wir den

Satz 7.2 (Zweidimensionaler Gaußscher Integralsatz für Vektorfunktionen) Sei $f : B \to \mathbb{R}^2$ eine stetig differenzierbare Vektorfunktion und sei B ein zulässiger Normalbereich in x- als auch in y-Richtung mit stückweise stetig differenzierbarer Randkurve ∂B. Dann gilt die Integralformel

$$\int\limits_B \operatorname{div} f(u,v)\,d(u,v) = \int\limits_{\partial B} f(u,v) \cdot n(s)\,ds \;,$$

wobei

$$\operatorname{div} f(x,y) := \frac{\partial}{\partial x} f_1(x,y) + \frac{\partial}{\partial y} f_2(x,y)$$

die *Divergenz von* f bezeichnet.

Beweis: Man setze in (7.3) $f = f_2$ und in (7.4) $f = f_1$ ein und addiere. $\square$

Bemerkung 7.1 Die geometrische Bedingung an den Rand ∂B kann man lockern. Ist z. B. B eine endliche Vereinigung zulässiger stückweise stetig differenzierbarer Normalbereiche in x- als auch in y-Richtung, die bis auf gemeinsame Ränder paarweise disjunkt sind, so gelten die hergeleiteten Integralformeln immer noch, da sich die Integrale über gemeinsame Randteile wegen der umgekehrten Orientierung (B liegt immer links!) jeweils wegheben.

Bemerkung 7.2 (Divergenz, Laplace- und Nabla-Operator) Mit dem formalen Ableitungsoperator

$$\nabla := \left(\frac{\partial}{dx_1}, \frac{\partial}{dx_2}, \ldots, \frac{\partial}{dx_n} \right) \;,$$

den man den *Nabla-Operator* nennt, kann man die Divergenz einer vektorwertigen Funktion $f : B \to \mathbb{R}^n$ $(B \subset \mathbb{R}^n)$ auch als formales Skalarprodukt

$$\operatorname{div} f(x_1, x_2, \ldots, x_n) := \frac{\partial}{\partial x_1} f_1(x) + \frac{\partial}{\partial x_2} f_2(x) + \ldots + \frac{\partial}{\partial x_n} f_n(x) = \nabla \cdot f(x)$$

schreiben. Der Gradient einer reellwertigen Funktion $f : B \to \mathbb{R}$ hat dann die Darstellung

$$\operatorname{grad} f(x_1, x_2, \ldots, x_n) = \nabla f(x_1, x_2, \ldots, x_n) \;.$$

In der Physik verwendet man häufig diese formale Schreibweise.

Ein weiterer wichtiger Differentialoperator der Physik, der auf eine zweimal differenzierbare Funktion $f : B \to \mathbb{R}$ $(B \subset \mathbb{R}^n)$ angewandt wird, ist der *Laplace-Operator*,

$$\Delta f(x_1, x_2, \ldots, x_n) := \sum_{k=1}^{n} \frac{\partial^2}{\partial x_k^2} f(x_1, x_2, \ldots, x_n)$$

(s. Übungsaufgaben 2.6–2.7), welcher durch den Divergenz- und den Gradientenoperator sowie durch ∇ gemäß

$$\Delta f(x) = \operatorname{div} \operatorname{grad} f(x) = \nabla^2 f(x)$$

ausgedrückt werden kann. Hierbei bedeutet $\nabla^2 := \nabla \cdot \nabla$ das formale Skalarprodukt des Nabla-Operators mit sich selbst.

Sitzung 7.1 DERIVE kennt die Divergenz DIV(f,x) und den Laplace-Operator LAPLACIAN(f,x). Wir bekommen z. B. die Ergebnisse

DERIVE Eingabe	DERIVE Ausgabe nach $\boxed{\text{Simplify}}$
DIV([x y,x+y],[x,y])	$y + 1$,
DIV([x,y,z],[x,y,z])	3 ,
DIV([r COS(ϕ),r SIN(ϕ),z],[r,ϕ,z])	$(r + 1) \cos(\phi) + 1$,
DIV([F(x,y),G(x,y)],[x,y])	$\dfrac{d}{dx}F(x,y) + \dfrac{d}{dy}G(x,y)$,
GRAD(F(x,y),[x,y])	$\left[\dfrac{d}{dx}F(x,y), \dfrac{d}{dy}F(x,y)\right]$,
DIV(GRAD(F(x,y),[x,y]),[x,y])	$\left[\dfrac{d}{dx}\right]^2 F(x,y) + \left[\dfrac{d}{dy}\right]^2 F(x,y)$,
LAPLACIAN(F(x,y),[x,y])	$\left[\dfrac{d}{dx}\right]^2 F(x,y) + \left[\dfrac{d}{dy}\right]^2 F(x,y)$,
LAPLACIAN(EXP(x+y),[x,y])	$2\,\hat{e}^{x+y}$,
DIV(GRAD(COS(x+y),[x,y]),[x,y])	$-2\cos(x+y)$,
LAPLACIAN(PHASE(x,y),[x,y])	0 ,
LAPLACIAN(EXP(x+$\hat{\imath}$y),[x,y])	0 ,
LAPLACIAN(SQRT(x^2+y^2+z^2),[x,y,z])	$\dfrac{2}{\sqrt{x^2 + y^2 + z^2}}$,

wobei wir durch F(x,y):= und G(x,y):= die Funktionen F und G deklariert haben.

ÜBUNGSAUFGABEN

7.1 *Man leite aus dem Gaußschen Integralsatz die Formeln*

$$|B| = \int\limits_{\partial B} x\,dy = -\int\limits_{\partial B} y\,dx = \frac{1}{2}\int\limits_{\partial B} (x\,dy - y\,dx)$$

für den Flächeninhalt eines stückweise stetig differenzierbaren Normalbereichs B in x- als auch in y-Richtung her, der das Innere einer differenzierbaren geschlossenen Kurve ∂B ist (s. auch Übungsaufgabe 5.13).

7.2 *Das Cauchyintegral in der komplexen Zahlenebene über die Randkurve γ eines stückweise stetig differenzierbaren Normalbereichs ist definiert durch*

$$\int\limits_{\gamma} f(x,y)\,(dx + i\,dy).$$

Die imaginäre Einheit i ist hier formal wie eine Konstante zu handhaben. Sei $f(x,y) = u(x,y) + iv(x,y)$ in einem Normalbereich definiert, u, v reellwertig, und erfülle f die Cauchy-Riemannschen Differentialgleichungen

$$u_x = v_y \qquad und \qquad v_x = -u_y\,,$$

dann verschwindet das Cauchyintegral.[2]

7.2 Dreidimensionale Flächen

Genauso, wie wir in Kapitel 5 Kurven im $\mathbb{R}^n$ als Äquivalenzklassen eindimensionaler Parameterdarstellungen $\gamma : [a,b] \to \mathbb{R}^n$ eingeführt haben, werden Flächen im $\mathbb{R}^n$ als Äquivalenzklassen zweidimensionaler Parameterdarstellungen[3] $\Phi : M \to \mathbb{R}^n$ erklärt, wobei $M \subset \mathbb{R}^2$ eine zweidimensionale Teilmenge ist. Wir werden uns in diesem Abschnitt nur mit Parameterdarstellungen dreidimensionaler Flächen ($n = 3$) beschäftigen und die Frage der Äquivalenz von Parameterdarstellungen außer Acht lassen, obwohl man auch bei Flächen eine analoge Theorie aufbauen kann.

Ein wesentliches Unterscheidungsmerkmal zwischen Parameterdarstellungen von Kurven und Flächen besteht in der Tatsache, daß wir Kurven generell auf abgeschlossenen Intervallen erklären konnten, während es für Flächen u. U. eher geboten scheint, daß der Parameterbereich M offen ist, da z. B. die Injektivität bei typischen Beispielen gerade auf dem Rand häufig verletzt wird.

---

[2] Funktionen, die die Cauchy-Riemannschen Differentialgleichungen erfüllen und für die damit das Cauchyintegral verschwindet, sind der Untersuchungsgegenstand der Funktionentheorie.

[3] Das Symbol Φ ist der griechische Buchstabe „Phi".

Beispiel 7.2 (Kugel- und Zylinderoberfläche) Die Kugel- und Zylinderkoordinaten liefern typische Beispiele für Parameterdarstellungen von Flächen im $\mathbb{R}^3$. Setzt man beispielsweise $r = R$ als konstant voraus, so bildet die Kugelkoordinatentransformation $\Phi : [0, 2\pi] \times [-\pi/2, \pi/2] \to \mathbb{R}^3$ mit

$$\Phi(\varphi, \vartheta) := (R \cos\varphi \cos\vartheta, R \sin\varphi \cos\vartheta, R \sin\vartheta)$$

das Rechteck $Q := [0, 2\pi] \times [-\pi/2, \pi/2]$ auf die *Kugeloberfläche* $S_R := \partial B(0, R) \subset \mathbb{R}^3$ ab. Schränkt man Φ auf Q^o ein, so ist die Parameterdarstellung sogar injektiv. Allerdings nimmt man damit in Kauf, daß eine gewisse Jordansche Nullmenge $N \subset S_R$ nicht in der Spur von Φ liegt (welche?).

Setzt man analog bei der Zylinderkoordinatentransformation $r = R$ als konstant voraus, so bekommt man die Parameterdarstellung $\Phi : [0, 2\pi] \times [h_1, h_2] \to \mathbb{R}^3$ mit

$$\Phi(\varphi, z) := (R \cos\varphi, R \sin\varphi, z)$$

des *Zylindermantels*

$$\left\{ (x, y, z) \in \mathbb{R}^3 \mid x^2 + y^2 = R, \ h_1 \leq z \leq h_2 \right\} .$$

Den gesamten Rand des Zylinders $Z(R, h_1, h_2)$ erhalten wir durch Hinzufügen der oberen und unteren *Deckel* mit den Parameterdarstellungen ($k = 1, 2$)

$$\Phi_k(r, \varphi) := (r \cos\varphi, r \sin\varphi, h_k) \qquad ((r, \varphi) \in [0, R] \times [0, 2\pi]) .$$

Um nun ähnlich, wie wir bei Kurven Tangentialvektor, Normalenvektor und Kurvenlänge erklärt haben, für Flächen die Begriffe der Tangentialebene, des Normalenvektors und des Flächeninhalts definieren zu können, brauchen wir die folgenden Kenntnisse aus der linearen Algebra.

Definition 7.4 (Vektorprodukt) Für zwei Vektoren $a = (a_1, a_2, a_3) \in \mathbb{R}^3$ und $b = (b_1, b_2, b_3) \in \mathbb{R}^3$ ist das *Vektorprodukt* $a \times b$ erklärt durch

$$a \times b = (a_2 b_3 - a_3 b_2, a_3 b_1 - a_1 b_3, a_1 b_2 - a_2 b_1) .$$

Sind $e_1 = (1, 0, 0)$, $e_2 = (0, 1, 0)$ und $e_3 = (0, 0, 1)$ die Einheitsvektoren in $\mathbb{R}^3$, so gilt auch die Darstellung als „symbolische Determinante"

$$a \times b = \begin{vmatrix} e_1 & a_1 & b_1 \\ e_2 & a_2 & b_2 \\ e_3 & a_3 & b_3 \end{vmatrix} := \begin{vmatrix} a_2 & b_2 \\ a_3 & b_3 \end{vmatrix} e_1 - \begin{vmatrix} a_1 & b_1 \\ a_3 & b_3 \end{vmatrix} e_2 + \begin{vmatrix} a_1 & b_1 \\ a_2 & b_2 \end{vmatrix} e_3 . \qquad \triangle$$

Das Vektorprodukt hat folgende Eigenschaften.

Lemma 7.1 (Eigenschaften des Vektorprodukts) Seien $a, b, c \in \mathbb{R}^3$ und $\lambda, \mu \in \mathbb{R}$. Dann gelten

(a) $\quad a \times b = -b \times a$,
(b) $\quad a \times a = 0$,

(c) $\quad (\lambda a + \mu b) \times c = \lambda a \times c + \mu b \times c$,
(d) $\quad a \times (\lambda b + \mu c) = \lambda a \times b + \mu a \times c$,

(e) $\quad a \times (b \times c) = (a \cdot c)b - (a \cdot b)c$,
(f) $\quad (a \times b) \cdot c = \begin{vmatrix} a_1 & b_1 & c_1 \\ a_2 & b_2 & c_2 \\ a_3 & b_3 & c_3 \end{vmatrix}$,

(g) $\quad$ Das von den Vektoren a und b aufgespannte Parallelogramm hat den Flächeninhalt $|a \times b|$.[4] $\hfill \square$

Die Aussage (e) wird die *Grassmann-Identität*[5] genannt. Mit $\cdot$ wurde wie üblich das Skalarprodukt bezeichnet.

> **Sitzung 7.2** DERIVE kennt das Vektorprodukt $a \times b$ unter dem Namen `CROSS(a,b)`. Wir wollen die Aussagen aus Lemma 7.1 verifizieren. Dazu wählen wir zunächst den $\boxed{\texttt{Options Input Word}}$ Modus und erklären die drei Vektoren `a:=[a1,a2,a3]`, `b:=[b1,b2,b3]` sowie `c:=[c1,c2,c3]`. Wir erhalten:

DERIVE Eingabe	Ausgabe
`CROSS(a,b)+CROSS(b,a)`	$[0,0,0]$,
`CROSS(a,a)`	$[0,0,0]$,
`CROSS(1 a+`μ` b,c)-CROSS(1 a,c)-CROSS(`μ` b,c)`	$[0,0,0]$,
`CROSS(a,1 b+`μ` c)-1 CROSS(a,b)-`μ` CROSS(a,c)`	$[0,0,0]$,
`CROSS(a,CROSS(b,c))-(a . c) b+(a . b) c`	$[0,0,0]$,
`CROSS(a,b) . c-DET([[a1,b1,c1],[a2,b2,c2],[a3,b3,c3]])`	0.

Wir behandeln nun Tangentialebene und Normalenvektor dreidimensionaler Flächen.

Definition 7.5 (Tangentialebene und Normalenvektor dreidimensionaler Flächen) Sei die Parameterdarstellung $\Phi : M \to \mathbb{R}^3$, $(u,v) \mapsto \Phi(u,v)$ einer dreidimensionalen Fläche auf einer Jordan-meßbaren Menge $M \subset \mathbb{R}^2$ erklärt, dann heißen für festes $v \in \mathbb{R}$ die Kurven $u \mapsto \Phi(u,v)$ und für festes $u \in \mathbb{R}$ die Kurven $v \mapsto \Phi(u,v)$ *Koordinatenlinien* von Φ, deren Tangentenvektoren durch $\Phi_u(u,v)$ bzw. $\Phi_v(u,v)$ gegeben sind. Setzen wir voraus, daß diese für $(u,v) \in M$ linear unabhängig sind, so spannen sie die *Tangentialebene* an der Stelle $\Phi(u,v)$ auf. In diesem Fall nennen wir Φ *regulär*. Gemäß Lemma 7.1 (f) steht der Vektor

$$n(u,v) := \frac{\Phi_u(u,v) \times \Phi_v(u,v)}{|\Phi_u(u,v) \times \Phi_v(u,v)|}$$

---

[4]Hier handelt es sich um eine mit der Elementargeometrie verträglichen *Definition*.
[5]HERMANN GRASSMANN [1809–1877]

senkrecht auf allen Punkten der Tangentialebene, und wir nennen $n(u, v)$ den *Normaleneinheitsvektor* von Φ an der Stelle $\Phi(u, v)$.

Beispiel 7.3 Die Koordinatenlinien der Kugeloberfläche, die mit Kugelkoordinaten parametrisiert ist, also die Kurven mit konstantem φ bzw. θ, sind die Längen- bzw. Breitengrade der Kugel. Diese sind bei Abbildung 2.2 auf S. 29 dargestellt. Entsprechend sind bei derselben Abbildung die Koordinatenlinien des Zylindermantels dargestellt.

Wir berechnen den Normaleneinheitsvektor der Kugeloberfläche. Wegen

$$\Phi(\varphi, \vartheta) := (R \cos\varphi \cos\vartheta, R \sin\varphi \cos\vartheta, R \sin\vartheta)$$

gilt

$$\Phi_\varphi(\varphi, \vartheta) = (-R \sin\varphi \cos\vartheta, R \cos\varphi \cos\vartheta, 0)$$

sowie

$$\Phi_\vartheta(\varphi, \vartheta) = (-R \cos\varphi \sin\vartheta, -R \sin\varphi \sin\vartheta, R \cos\vartheta)$$

und folglich

$$\begin{aligned}
\Phi_\varphi(\varphi, \vartheta) \times \Phi_\vartheta(\varphi, \vartheta) &= \big(R^2 \cos\varphi \cos^2\vartheta, R^2 \sin\varphi \cos^2\vartheta, \\
&\qquad R^2 \sin^2\varphi \sin\vartheta \cos\vartheta + R^2 \cos^2\varphi \sin\vartheta \cos\vartheta\big) \\
&= R^2 \big(\cos\varphi \cos^2\vartheta, \sin\varphi \cos^2\vartheta, \sin\vartheta \cos\vartheta\big)
\end{aligned}$$

sowie

$$\begin{aligned}
|\Phi_\varphi(\varphi, \vartheta) \times \Phi_\vartheta(\varphi, \vartheta)|^2 &= R^4 \big(\cos^2\varphi \cos^4\vartheta + \sin^2\varphi \cos^4\vartheta + \sin^2\vartheta \cos^2\vartheta\big) \\
&= R^4 \cos^2\vartheta ,
\end{aligned}$$

also

$$n(\varphi, \vartheta) = (\cos\varphi \cos\vartheta, \sin\varphi \cos\vartheta, \sin\vartheta) = \frac{\Phi(\varphi, \vartheta)}{R} ,$$

wie man elementargeometrisch erwarten würde. $\triangle$

Wir erklären nun in naheliegender Weise Flächeninhalte dreidimensionaler Flächen.

Definition 7.6 (Flächeninhalt dreidimensionaler Flächen) Ist $\Phi : M \to \mathbb{R}^3$ eine Parameterdarstellung einer regulären dreidimensionalen Fläche, so erklären wir durch

$$\int_M |\Phi_u(u, v) \times \Phi_v(u, v)|\, d(u, v)$$

den *Flächeninhalt* von Φ.

Bemerkung 7.3 Die Definition ist verträglich mit Lemma 7.1 (g). Das von den Vektoren a und b aufgespannte Parallelogramm hat nämlich die Parameterdarstellung $\Phi : [0,1]^2 \to \mathbb{R}^3$ mit $\Phi(u,v) = u\,a + v\,b$ und somit den Flächeninhalt

$$A = \int\limits_{[0,1]^2} |\Phi_u(u,v) \times \Phi_v(u,v)|\, d(u,v) = \int\limits_{[0,1]^2} |a \times b|\, d(u,v) = |a \times b| \,.$$

Ferner ist der Flächeninhalt einer Parameterdarstellung einer regulären Fläche invariant gegenüber Bewegungen und stimmt für ebene Flächen mit dem Jordanschen Inhalt überein (s. Übungsaufgabe 7.6.)

Bemerkung 7.4 Genau wie wir gezeigt haben, daß die Kurvenlänge einer Kurve unabhängig von der Wahl der Parameterdarstellung ist, kann man zeigen, daß der Flächeninhalt einer dreidimensionalen Fläche unabhängig von der Wahl der Parameterdarstellung ist. Wir gehen auf diese Fragestellung aber hier nicht näher ein.

Beispiel 7.4 Wir berechnen den Flächeninhalt A der Kugeloberfläche. Wegen

$$|\Phi_\varphi(\varphi,\vartheta) \times \Phi_\vartheta(\varphi,\vartheta)| = R^2 \cos\vartheta$$

(s. Beispiel 7.3) bekommen wir

$$A = \int\limits_{[0,2\pi]\times\left[-\frac{\pi}{2},\frac{\pi}{2}\right]} |\Phi_\varphi(\varphi,\vartheta) \times \Phi_\vartheta(\varphi,\vartheta)|\, d(\varphi,\vartheta) = R^2 \int\limits_0^{2\pi} \int\limits_{-\pi/2}^{\pi/2} \cos\vartheta\, d\vartheta\, d\varphi = 4\pi R^2 \quad \triangle \,.$$

Schließlich werden wir nun – wie wir auch Integrale längs Kurven erklärt haben – Oberflächenintegrale definieren.

Definition 7.7 (Oberflächenintegral) Ist $\Phi : M \to \mathbb{R}^3$ eine Parameterdarstellung einer regulären dreidimensionalen Fläche und $f : \Phi(M) \to \mathbb{R}$ auf der Spur von Φ erklärt, so nennen wir das Integral

$$\int\limits_{\Phi(M)} f(x,y,z)\, do = \int\limits_\Phi f(x,y,z)\, do := \int\limits_M f(\Phi(u,v))\, |\Phi_u(u,v) \times \Phi_v(u,v)|\, d(u,v)$$

das *Oberflächenintegral* von f über Φ, falls es existiert.

Beispiel 7.5 (Integral über Kugel- und Zylinderoberfläche) Wir bestimmen das Oberflächenintegral der Funktion $f(x,y,z) := \sqrt{x^2 + y^2}$ über der Kugeloberfläche. Ist Φ erneut die Parameterdarstellung der Kugeloberfläche, so bekommen wir wegen

$$f(r\cos\varphi\cos\vartheta, r\sin\varphi\cos\vartheta, r\sin\vartheta) \;=\; \sqrt{(R\cos\varphi\cos\vartheta)^2 + (R\sin\varphi\cos\vartheta)^2}$$
$$= R\cos\vartheta$$

das Oberflächenintegral

$$\int_{S_R} f(x,y,z)\, do = \int_{[0,2\pi]\times\left[-\frac{\pi}{2},\frac{\pi}{2}\right]} R\,\cos\vartheta\,|\Phi_\varphi(\varphi,\vartheta)\times\Phi_\vartheta(\varphi,\vartheta)|\,d(\varphi,\vartheta)$$

$$= R^3\int_0^{2\pi}\int_{-\pi/2}^{\pi/2}\cos^2\vartheta\,d\vartheta\,d\varphi = 4\pi^2\,R^3\ .$$

Das Oberflächenintegral O von f über die Zylinderoberfläche $\partial Z(R,h_1,h_2)$ ergibt sich als Summe der Integrale über den Zylindermantel und die beiden Deckel. Mit den Bezeichnungen aus Beispiel 7.2 haben wir

$$f(\Phi(\varphi,z)) = R\ ,$$

$$|\Phi_\varphi(\varphi,z)\times\Phi_z(\varphi,z)| = |(-R\,\sin\varphi, R\,\cos\varphi, 0)\times(0,0,1)|$$
$$= |(R\,\cos\varphi, R\,\sin\varphi, 0)| = R$$

sowie

$$f(\Phi_k(r,\varphi)) = r\ ,$$

$$|(\Phi_k)_r(r,\varphi)\times(\Phi_k)_\varphi(r,\varphi)| = |(\cos\varphi,\sin\varphi,0)\times(-r\,\sin\varphi, r\,\cos\varphi, 0) = |(0,0,r)| = r$$

und somit

$$O = \int_0^{2\pi}\int_{h_1}^{h_2} R^2\,dz\,d\varphi + 2\int_0^R\int_0^{2\pi} r^2\,d\varphi\,dr = 2\pi\,R^2\,(h_2 - h_1) + \frac{4\pi\,R^3}{3}\ .$$

Sitzung 7.3 Die DERIVE Funktion

```
OBERFLÄCHENINT(f,x,phi,bereich1,bereich2):=INT(INT(LIM(f,x,phi)*
ABS(CROSS(DIF(phi,ELEMENT(bereich1,1)),DIF(phi,ELEMENT(bereich2,1)))),
ELEMENT(bereich1,1),ELEMENT(bereich1,2),ELEMENT(bereich1,3)),
ELEMENT(bereich2,1),ELEMENT(bereich2,2),ELEMENT(bereich2,3)))

OFI(f,x,phi,bereich1,bereich2):=
OBERFLÄCHENINT(f,x,phi,bereich1,bereich2)
```

berechnet das Oberflächenintegral von f bzgl. der Variablen **x** über der durch die Parameterdarstellung **phi** gegebenen Fläche. Hierbei sind **bereich1=[u,u1,u2]** und **bereich2=[v,v1,v2]** die zwei Parameterbereiche der beiden Variablen u und v von **phi**. Die DERIVE Funktion

```
OBERFLÄCHE(phi,bereich1,bereich2):=
OBERFLÄCHENINT(1,[x_,y_,z_],phi,bereich1,bereich2)

OF(phi,bereich1,bereich2):=OBERFLÄCHE(phi,bereich1,bereich2)
```

berechnet somit den Flächeninhalt von **phi**. Für Kugelkoordinaten

```
kugel:=[r COS(φ) COS(θ),r SIN(φ) COS(θ),r SIN(θ)]
```

erhalten wir beispielsweise

DERIVE Eingabe	Ausgabe[6]
`OFI(1,[x,y,z],kugel,[φ,0,2 π],[θ,-π/2,π/2])`	$4\pi r^2$,
`OF(kugel,[φ,0,2 π],[θ,-π/2,π/2])`	$4\pi r^2$,
`OFI(x^2+y^2,[x,y,z],kugel,[φ,0,2 π],[θ,-π/2,π/2])`	$\dfrac{8\pi r^4}{3}$,
`OFI(SQRT(x^2+y^2),[x,y,z],kugel,[φ,0,2 π],[θ,-π/2,π/2])`	$\pi^2 r^3$,
`OFI(x^2+y^2+z^2,[x,y,z],kugel,[φ,0,2 π],[θ,-π/2,π/2])`	$4\pi r^4$,
`OFI(SQRT(x^2+y^2+z^2),[x,y,z],kugel,[φ,0,2 π],[θ,-π/2,π/2])`	$4\pi r^3$,

und damit u. a. wieder die Ergebnisse aus den Beispielen 7.4–7.5.

ÜBUNGSAUFGABEN

◇ **7.3** *Man erkläre die beiden* DERIVE *Funktionen* NORMALENVEKTOR(phi,x) *und* NORMALENEINHEITSVEKTOR(phi,x),*die den Normalenvektor* $\mathbf{\Phi}_u(u,v)\times\mathbf{\Phi}_v(u,v)$ *bzw. den zugehörigen Einheitsvektor der Parameterdarstellung* $\mathbf{\Phi}$ *einer Fläche bzgl. der Koordinaten* x=[u,v] *berechnen.*

Man benutze diese Funktionen, um zu zeigen, daß die Längen- und Breitengrade der Kugel Orthogonaltrajektorien voneinander sind, d. h. generell aufeinander senkrecht stehen. Für welche Parameterkonstellation ist die Kugeloberfläche nicht regulär?

○ **7.4** *Man zeige, daß für eine explizit als Graph gegebene reguläre dreidimensionale Fläche*

$$\mathbf{\Phi}(u,v) = (x(u,v),y(u,v),z(u,v)) = (u,v,f(u,v))$$

mit einer stetig differenzierbaren Funktion $f : M \to \mathbb{R}$ *der Normaleneinheitsvektor wegen*

$$|\mathbf{\Phi}_u(u,v) \times \mathbf{\Phi}_v(u,v)| = \sqrt{1 + f_u^2 + f_v^2}$$

durch

$$n = \frac{(-f_u, -f_v, 1)}{\sqrt{1 + f_u^2 + f_v^2}}$$

gegeben ist. Berechne den Normaleneinheitsvektor der dreidimensionalen Kugel mit dieser Formel.

---

[6]Wir haben r als positive Variable deklariert.

○ **7.5** *Man zeige, daß für den Flächeninhalt A einer explizit als Graph mit einer stetig differenzierbaren Funktion $f : M \to \mathbb{R}$ gegebenen regulären dreidimensionalen Fläche*

$$\Phi(u,v) = (x(u,v), y(u,v), z(u,v)) = (u, v, f(u,v))$$

die Beziehung

$$A = \int\limits_M \sqrt{1 + f_u^2 + f_v^2}\, d(u,v)$$

gilt.

7.6 *Man zeige, daß der Flächeninhalt einer Parameterdarstellung einer regulären Fläche*

(a) *invariant gegenüber Bewegungen ist und*

(b) *für ebene Flächen mit dem Jordanschen Inhalt übereinstimmt.*

◇ **7.7 (Torusoberfläche)** *Man berechne die Oberfläche des Torus (s. Übungsaufgabe 6.24 und vgl. Übungsaufgabe I.11.42, S. I.326).*

7.8 *Seien $f, g : B \to \mathbb{R}^n$ und $\varphi : B \to \mathbb{R}^n$ differenzierbar in der offenen Teilmenge $B \subset \mathbb{R}^n$. Dann gelten die Beziehungen*

(a) $\operatorname{div}(f + g) = \operatorname{div} f + \operatorname{div} g$,   (b) $\operatorname{div}(\lambda f) = \lambda \operatorname{div} f$ $(\lambda \in \mathbb{R})$,

(c) $\operatorname{div}(\varphi f) = \varphi \operatorname{div} f + \operatorname{grad} \varphi \cdot f$.

7.9 (Rotationsflächen) *Eine in der oberen Hälfte der xy-Ebene gelegene stückweise stetig differenzierbare Jordankurve $\gamma : [a, b] \to \mathbb{R}^2$ $(\gamma = (\xi, \eta))$ rotiere um die x-Achse. Die entstehende Rotationsfläche hat den Flächeninhalt*

$$2\pi \int\limits_a^b \eta(t) \sqrt{\xi'^2(t) + \eta'^2(t)}\, dt \ .$$

7.3   Der dreidimensionale Integralsatz von Gauß

So wie der zweidimensionale Gaußsche Integralsatz einen Zusammenhang zwischen einem Integral über einen zweidimensionalen Bereich $B \subset \mathbb{R}^2$ und einem Kurvenintegral längs der Randkurve ∂B herstellte, stellt der dreidimensionale Gaußsche Integralsatz einen Zusammenhang her zwischen einem Integral über einen dreidimensionalen Bereich $B \subset \mathbb{R}^3$ und einem Oberflächenintegral über die Oberfläche ∂B von B.

Zur Formulierung brauchen wir den Begriff eines zulässigen Normalbereichs im Dreidimensionalen.

Definition 7.8 (Zulässiger Normalbereich) Eine Menge $B \subset \mathbb{R}^3$ heißt *zulässiger Normalbereich* in z-Richtung, falls eine Jordan-meßbare Menge $M \subset \mathbb{R}^2$, die von einer stückweise stetig differenzierbaren Kurve γ berandet sei, sowie zwei stetige Funktionen φ_1 und φ_2 existieren mit $\varphi_1(x,y) \leq \varphi_2(x,y)$ $((x,y) \in M)$ und

$$B = \left\{ (x,y,z) \in \mathbb{R}^3 \mid (x,y) \in M,\ \varphi_1(x,y) \leq z \leq \varphi_2(x,y) \right\} .$$

Entsprechend werden zulässige Normalbereiche in x- bzw. y-Richtung erklärt. $\triangle$

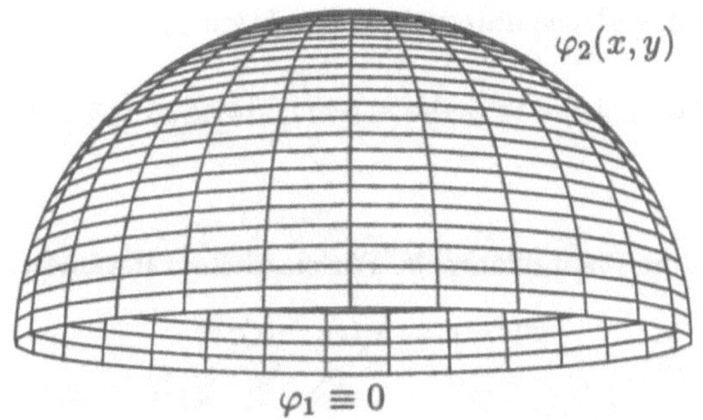

Abbildung 7.2 Eine Halbkugel als zulässiger Normalbereich

Nun bekommen wir den

Satz 7.3 (Dreidimensionaler Gaußscher Integralsatz für Vektorfunktionen) Sei $f : B \to \mathbb{R}^3$ eine stetig differenzierbare Vektorfunktion und sei B ein zulässiger Normalbereich in alle drei Raum-Richtungen. Dann gilt die Integralformel

$$\int_B \operatorname{div} f(x,y,z)\, d(x,y,z) = \int_{\partial B} f(x,y,z) \cdot n(x,y,z)\, do , \tag{7.5}$$

wobei n den *äußeren Normaleneinheitsvektor* bezeichnet, d. h. n zeigt bzgl. B immer nach außen.

Beweis: Wir nehmen uns zunächst die z-Ableitung von f_3 vor und integrieren über B. Der Bereich B ist nach Voraussetzung eine Zylindermenge bzgl. der z-Richtung, und wir erhalten unter erneuter Verwendung des Hauptsatzes

$$\int_B (f_3)_z(x,y,z)\, d(x,y,z) = \int_M \int_{\varphi_1(x,y)}^{\varphi_2(x,y)} (f_3)_z(x,y,z)\, dz\, d(x,y) \tag{7.6}$$

$$= \int_M \Big(f_3(x,y,\varphi_2(x,y)) - f_3(x,y,\varphi_1(x,y)) \Big) d(x,y) .$$

Wir wandeln nun dieses Integral in ein Flächenintegral um. Der Rand von B besteht in der angenommenen Situation aus 3 Teilen: der *Mantelfläche* Φ sowie den beiden *Deckeln* $\Phi_{1,2}$, die von $\varphi_{1,2}$ erzeugt werden. Da die letzten beiden Flächen Graphen sind, sind Normalenvektoren gemäß Übungsaufgabe 7.4 gegeben durch

$$n = \mp \frac{(-(\varphi_{1,2})_x, -(\varphi_{1,2})_y, 1)}{\sqrt{1 + (\varphi_{1,2})_x^2 + (\varphi_{1,2})_y^2}} \; .$$

Bei unserer Wahl des Vorzeichens zeigt n in beiden Fällen nach außen bzgl. B, da $n_3 > 0$ für φ_2 und $n_3 < 0$ für φ_1 gilt, und stellt somit den äußeren Normaleneinheitsvektor dar.

Weiter gilt (s. Übungsaufgabe 7.4)

$$|\Phi_x(x,y) \times \Phi_y(x,y)| = \sqrt{1 + (\varphi_{1,2})_x^2 + (\varphi_{1,2})_y^2} \, ,$$

so daß wir folglich für das Flächenintegral der Funktion $f_3 \, n_3$

$$\int\limits_{\Phi_{1,2}} f_3(x,y,z)\, n_3(x,y,z)\, do = \mp \int\limits_{M} f_3(x,y,\varphi_{1,2}(x,y))\, d(x,y)$$

erhalten.

Wir betrachten nun die Mantelfläche Φ. Für sie gilt die Parameterdarstellung

$$\Phi(t,z) = (\gamma_1(t), \gamma_2(t), z) \, ,$$

und wegen

$$\Phi_t(t,z) = (\dot{\gamma}_1(t), \dot{\gamma}_2(t), 0) \qquad \text{sowie} \qquad \Phi_z(t,z) = (0,0,1)$$

also

$$\Phi_t(t,z) \times \Phi_z(t,z) = 0 \, ,$$

und somit schließlich

$$\int\limits_{\Phi} f_3(x,y,z)\, n_3(x,y,z)\, do = 0 \, .$$

Wir erhalten also insgesamt durch Addition der Oberflächenintegrale über den Mantel sowie oberen und unteren Deckel[7] mit Hilfe der Darstellung (7.6) die Relation

$$\int\limits_{B} (f_3)_z(x,y,z)\, d(x,y,z) = \int\limits_{\partial B} f_3(x,y,z)\, n_3(x,y,z)\, do \, ,$$

und da dieselbe Argumentation auch auf f_1 sowie f_2 angewandt werden kann, entsprechende Aussagen für $f_{1,2}$. Addiert man diese Gleichungen, erhält man (7.5). $\qquad\square$

Beispiel 7.6 (Greensche Formeln) Als Anwendung des Gaußschen Satzes leiten wir die Greenschen[8] Formeln her, die bei der Lösung der *Laplaceschen Differentialgleichung*

$$\Delta f(x_1, x_2, \dots, x_n) = 0 \tag{7.7}$$

von großer Bedeutung sind. Lösungen der Laplaceschen Differentialgleichung heißen *harmonische Funktionen*. Die Differentialgleichung (7.7) ist eine *partielle Differentialgleichung*, da in ihr partielle Ableitungen auftreten.

---

[7]Man beachte, daß wir den Rand ∂B von B nun wieder als parametrisierte Oberfläche auffassen.
[8]GEORGE GREEN [1793–1841]

Seien $f, g : B \to \mathbb{R}$ zweimal stetig differenzierbare reellwertigen Funktionen und erfülle B die Voraussetzungen des Gaußschen Integralsatzes, so erhalten wir durch Anwendung des Gaußschen Integralsatzes auf die Funktion $F := g \cdot \operatorname{grad} f$ wegen

$$
\begin{aligned}
\operatorname{div}\left(g \cdot \operatorname{grad} f\right) &= \operatorname{div}\left(g\, f_x, g\, f_y, g\, f_z\right) = \frac{\partial}{\partial x}\left(g\, f_x\right) + \frac{\partial}{\partial y}\left(g\, f_y\right) + \frac{\partial}{\partial z}\left(g\, f_z\right) \\
&= g_x\, f_x + g\, f_{xx} + g_y\, f_y + g\, f_{yy} + g_z\, f_z + g\, f_{zz} \\
&= \operatorname{grad} g \cdot \operatorname{grad} f + g\, \Delta f
\end{aligned}
$$

die Beziehung

$$
\int\limits_{B} \left(g\, \Delta f + \operatorname{grad} g \cdot \operatorname{grad} f\right) d(x, y, z) = \int\limits_{\partial B} g\, \frac{\partial f}{\partial n}\, do \tag{7.8}
$$

unter Verwendung der Richtungsableitung in Richtung n (s. Lemma 2.1), und durch Addition der durch Vertauschen von f und g erhaltenen analogen Gleichung bekommen wir

$$
\int\limits_{B} \left(g\Delta f - f\Delta g\right) d(x, y, z) = \int\limits_{\partial B} \left(g\, \frac{\partial f}{\partial n} - f\, \frac{\partial g}{\partial n}\right) do. \tag{7.9}
$$

Die Gleichungen (7.8)–(7.9) nennt man die *Greenschen Formeln*.

Setzt man bei der ersten Greenschen Formel speziell $g \equiv 1$, so erhält man die Gleichung

$$
\int\limits_{B} \Delta f(x, y, z)\, d(x, y, z) = \int\limits_{\partial B} \frac{\partial f}{\partial n}\, do,
$$

welche bei der Untersuchung der Lösungen der Laplaceschen Differentialgleichung Anwendung findet.

ÜBUNGSAUFGABEN

7.10 Man berechne $\operatorname{div}\left(\left(x^2 + y^2 + z^2\right)^{m/2} (x, y, z)\right)$.

7.11 *Berechne mit Hilfe des Gaußschen Integralsatzes das Integral*

$$
\int\limits_{\partial [0,1]^3} (4xz, -y^2, yz) \cdot n\, do.
$$

7.12 *Sei $f : B \to \mathbb{R}^3$ harmonisch in einem zulässigen Normalbereich B, dann gilt*

$$
\int\limits_{\partial B} f\, \frac{\partial f}{\partial n}\, do = \int\limits_{B} |\operatorname{grad} f|^2\, d(x, y, z).
$$

7.4 Der Satz von Stokes

Während beim Gaußschen Satz mehrdimensionale Integrale durch Kurven- (im Zweidimensionalen) bzw. Oberflächenintegrale (im Dreidimensionalen) ausgedrückt wurden, werden beim Satz von Stokes Oberflächenintegrale durch Kurvenintegrale über den Flächenrand dargestellt.

Hierzu führen wir den folgenden Differentialoperator ein.

Definition 7.9 (Rotation) Sei $f : B \to \mathbb{R}^3$ eine stetig differenzierbare vektorwertige Funktion des Gebiets $B \subset \mathbb{R}^3$, dann heißt

$$\operatorname{rot} \, f(x,y,z) := \left(\frac{\partial f_3}{\partial y} - \frac{\partial f_2}{\partial z}, \frac{\partial f_1}{\partial z} - \frac{\partial f_3}{\partial x}, \frac{\partial f_2}{\partial x} - \frac{\partial f_1}{\partial y} \right)$$

die *Rotation* von f. Mit dem Nabla-Operator gilt die Schreibweise

$$\operatorname{rot} \, f(x,y,z) = \nabla \times f(x,y,z) \, . \quad \triangle$$

Die Rotation hat folgende Eigenschaften (Beweis s. Übungsaufgabe 7.13).

Lemma 7.2 (Eigenschaften der Rotation) Seien $f, g : B \to \mathbb{R}^3$ stetig differenzierbare vektorwertige Funktionen und $\varphi : B \to \mathbb{R}$ eine zweimal stetig differenzierbare reellwertige Funktion des Gebiets $B \subset \mathbb{R}^3$, dann gilt

(a) $\operatorname{rot}(\lambda f + \mu g) = \lambda \operatorname{rot} f + \mu \operatorname{rot} g \quad (\lambda, \mu \in \mathbb{R})$,

(b) $\operatorname{rot}(\operatorname{grad} \varphi) = 0 \, .$ $\qquad\qquad\qquad\qquad\qquad\qquad\qquad\qquad\qquad\quad\square$

Bemerkung 7.5 (Integrabilitätsbedingung) Gemäß (b) ist die Rotation eines Gradientenfelds $f = \operatorname{grad} \varphi$ immer Null.

Für $n = 3$ ist die Integrabilitätsbedingung $((x,y,z) = (x_1, x_2, x_3))$

$$(5.15) \qquad \frac{\partial}{\partial x_j} f_k(x) = \frac{\partial}{\partial x_k} f_j(x) \qquad (j, k = 1, \ldots, 3)$$

offenbar genau dann erfüllt, wenn $\operatorname{rot} f = 0$ ist, und Satz 5.9 kann man folglich auch so formulieren, daß eine stetig differenzierbare Funktion $f : B \to \mathbb{R}^3$ eines Sterngebiets $B \subset \mathbb{R}^3$ genau dann wegunabhängige Kurvenintegrale hat, wenn $\operatorname{rot} f = 0$ ist.

> **Sitzung 7.4** DERIVE kennt die Rotation $\operatorname{rot}_f(\cdot)$ unter dem Namen `CURL(f,x)`. Erklären wir die willkürliche Funktion `phi(x,y,z):=`, so erhalten wir durch Vereinfachung des Ausdrucks `CURL(GRAD(phi(x,y,z),[x,y,z]),[x,y,z])` wieder den Nullvektor `[0,0,0]`.[9]
>
> Man kann weitere Identitäten mit DERIVE überprüfen (s. Übungsaufgaben 7.14–7.15). Wir erklären die willkürlichen Funktionen `F1`, `F2` und `F3` sowie `G1`, `G2` und `G3` der drei Variablen x, y und z und benutzen die Abkürzungen

---

[9]Dies ist erst ab Version 2.56 der Fall, da bei früheren Versionen der Satz von Schwarz von DERIVE nicht angewendet wird.

```
f:=[F1(x,y,z),F2(x,y,z),F3(x,y,z)],
g:=[G1(x,y,z),G2(x,y,z),G3(x,y,z)] sowie
v:=[x,y,z].
```

Hiermit erhalten wir die Vereinfachungen

DERIVE Eingabe

DERIVE Ausgabe

```
DIV(CURL(f,v),v)
```
0 ,

```
DIV(CROSS(f,g),v)-g . CURL(f,v)+f . CURL(g,v)
```
0 ,

```
CURL(CURL(f,v),v)-GRAD(DIV(f,v),v)+LAPLACIAN(f,v)
```
$[0, 0, 0]$.

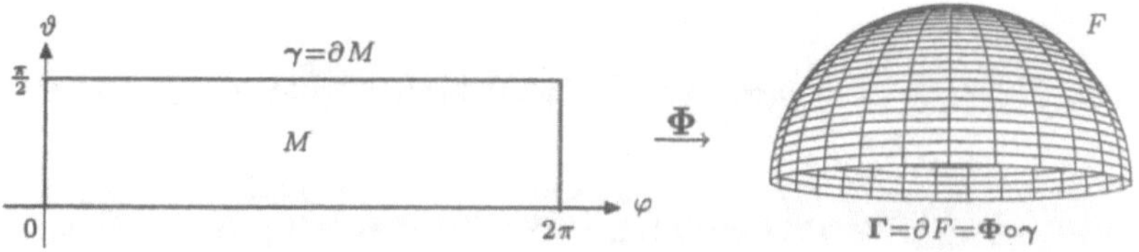

Abbildung 7.3   Die Parameterdarstellung einer Halbkugel

Hat die Parameterdarstellung $\Phi : M \to \mathbb{R}^3$ einer Fläche einen zulässigen Normalbereich in u- sowie in v-Richtung als Parameterbereich M, und sind sowohl Φ als auch $\gamma = \partial M$ genügend oft differenzierbar, so hat die Spur von F eine Randkurve[10] $\Gamma = \partial F := \Phi \circ \gamma$. Der folgende Satz von Stokes[11] stellt einen Zusammenhang her zwischen einem Oberflächenintegral über F und einem Kurvenintegral über ∂F.

Satz 7.4 (Stokesscher Integralsatz) Sei die vektorwertige Funktion $f : D \to \mathbb{R}^3$ in dem Gebiet $D \subset \mathbb{R}^3$ stetig differenzierbar und liege die Spur F der zweimal stetig differenzierbaren Fläche $\Phi : M \to \mathbb{R}^3$ in D. Der Parameterbereich M sei ein zulässiger Normalbereich in u- sowie in v-Richtung. Die Randkurve $\gamma = \partial M$ des Parameterbereichs sei eine geschlossene stückweise stetig differenzierbare Jordankurve, so daß die Randkurve $\Gamma = \partial F := \Phi \circ \gamma$ von F ebenfalls eine geschlossene stückweise stetig differenzierbare Jordankurve ist.

Bezeichnet $n = \Phi_u \times \Phi_v / |\Phi_u \times \Phi_v|$ die Normale auf F, so gilt

$$\int\limits_{F} \mathrm{rot}\, f \cdot n \, do = \int\limits_{\partial F} f(x) \, dx \ .$$

Beweis: Wir betrachten zunächst den ersten Term $\int\limits_{\Gamma} f_1 \, dx$ der rechten Seite

---

[10]Man beachte, daß ∂F in diesem Zusammenhang wieder *nicht* den topologischen Rand von F bezeichnet.

[11]GEORGE GABRIEL STOKES [1819–1903]

$$\int_{\partial F} \boldsymbol{f}\, d\boldsymbol{x} = \int_{\Gamma} f_1\, dx + \int_{\Gamma} f_2\, dx + \int_{\Gamma} f_3\, dz \tag{7.10}$$

und drücken dieses Kurvenintegral als solches im Parameterbereich von $\boldsymbol{\Phi}$ aus. Dazu benutzen wir die Abkürzung $p := f_1 \circ \boldsymbol{\Phi}$, also

$$p(u,v) = \Big(f_1(\Phi_1(u,v), \Phi_2(u,v), \Phi_2(u,v)) \Big)\,,$$

und mit der Kettenregel erhalten wir

$$
\begin{aligned}
\int_{\Gamma} f_1(x,y,z)\, dx &= \int_a^b f_1(\boldsymbol{\Phi}(\boldsymbol{\gamma}(t)))\frac{d\Phi_1(\boldsymbol{\gamma}(t))}{dt}\, dt = \int_a^b p(\boldsymbol{\gamma}(t))\frac{d\Phi_1(\boldsymbol{\gamma}(t))}{dt}\, dt \\[2mm]
&= \int_a^b p(\boldsymbol{\gamma}(t)) \left(\frac{\partial \Phi_1}{\partial u}(\boldsymbol{\gamma}(t))\,\dot{\gamma}_1(t) + \frac{\partial \Phi_1}{\partial v}(\boldsymbol{\gamma}(t))\,\dot{\gamma}_2(t) \right) dt \\[2mm]
&= \int_{\gamma} \left(p(u,v)\frac{\partial \Phi_1}{\partial u}(u,v)\, du + p(u,v)\frac{\partial \Phi_1}{\partial v}(u,v)\, dv \right).
\end{aligned}
$$

Wenden wir nun den zweidimensionalen Gaußschen Integralsatz in seiner ersten Formulierung (Satz 7.1) an, erhalten wir ($f(u,v) := p(u,v)\frac{\partial \Phi_1}{\partial v}(u,v)$, $g(u,v) := p(u,v)\frac{\partial \Phi_1}{\partial u}(u,v)$)

$$\int_{\Gamma} f_1(x,y,z)\, dx = \int_M \left(\frac{\partial}{\partial u}\left(p(u,v)\frac{\partial \Phi_1}{\partial v}(u,v) \right) - \frac{\partial}{\partial v}\left(p(u,v)\frac{\partial \Phi_1}{\partial u}(u,v) \right) \right) d(u,v)\,.$$

Da nach Voraussetzung $\boldsymbol{\Phi}$ zweimal stetig differenzierbar ist, folgt für den Integranden mit dem Satz von Schwarz zusammen mit der Kettenregel

$$
\begin{aligned}
&\frac{\partial}{\partial u}\left(p(u,v)\frac{\partial \Phi_1}{\partial v}(u,v) \right) - \frac{\partial}{\partial v}\left(p(u,v)\frac{\partial \Phi_1}{\partial u}(u,v) \right) \\[2mm]
=\ & \frac{\partial p}{\partial u}\frac{\partial \Phi_1}{\partial v} + p\frac{\partial^2 \Phi_1}{\partial v \partial u} - \frac{\partial p}{\partial v}\frac{\partial \Phi_1}{\partial u} - p\frac{\partial^2 \Phi_1}{\partial u \partial v} = \frac{\partial p}{\partial u}\frac{\partial \Phi_1}{\partial v} - \frac{\partial p}{\partial v}\frac{\partial \Phi_1}{\partial u} \\[2mm]
=\ & \left(\frac{\partial f_1}{\partial x}\frac{\partial \Phi_1}{\partial u} + \frac{\partial f_1}{\partial y}\frac{\partial \Phi_2}{\partial u} + \frac{\partial f_1}{\partial z}\frac{\partial \Phi_3}{\partial u} \right)\frac{\partial \Phi_1}{\partial v} - \left(\frac{\partial f_1}{\partial x}\frac{\partial \Phi_1}{\partial v} + \frac{\partial f_1}{\partial y}\frac{\partial \Phi_2}{\partial v} + \frac{\partial f_1}{\partial z}\frac{\partial \Phi_3}{\partial v} \right)\frac{\partial \Phi_1}{\partial u} \\[2mm]
=\ & \frac{\partial f_1}{\partial z}\left(\frac{\partial \Phi_3}{\partial u}\frac{\partial \Phi_1}{\partial v} - \frac{\partial \Phi_3}{\partial v}\frac{\partial \Phi_1}{\partial u} \right) - \frac{\partial f_1}{\partial y}\left(\frac{\partial \Phi_2}{\partial v}\frac{\partial \Phi_1}{\partial u} - \frac{\partial \Phi_2}{\partial u}\frac{\partial \Phi_1}{\partial v} \right).
\end{aligned}
$$

Insgesamt erhalten wir also die Beziehung

$$\int_{\Gamma} f_1(x,y,z)\, dx = \int_M \left(\frac{\partial f_1}{\partial z}\left(\frac{\partial \Phi_3}{\partial u}\frac{\partial \Phi_1}{\partial v} - \frac{\partial \Phi_3}{\partial v}\frac{\partial \Phi_1}{\partial u} \right) - \frac{\partial f_1}{\partial y}\left(\frac{\partial \Phi_2}{\partial v}\frac{\partial \Phi_1}{\partial u} - \frac{\partial \Phi_2}{\partial u}\frac{\partial \Phi_1}{\partial v} \right) \right) d(u,v)\,.$$

Addiert man dies zu den entsprechenden Gleichungen, die man für den zweiten bzw. dritten Term von (7.10) erhält, bekommt man somit

$$
\int_{\Gamma} f(x,y,z)\, dx = \int_{M} \left(\frac{\partial f_1}{\partial} \left(\frac{\partial \Phi_3}{\partial u} \frac{\partial \Phi_1}{\partial v} - \frac{\partial \Phi_3}{\partial v} \frac{\partial \Phi_1}{\partial u} \right) - \frac{\partial f_1}{\partial y} \left(\frac{\partial \Phi_2}{\partial v} \frac{\partial \Phi_1}{\partial u} - \frac{\partial \Phi_2}{\partial u} \frac{\partial \Phi_1}{\partial v} \right) \right.
$$

$$
+ \frac{\partial f_2}{\partial x} \left(\frac{\partial \Phi_1}{\partial u} \frac{\partial \Phi_2}{\partial v} - \frac{\partial \Phi_1}{\partial v} \frac{\partial \Phi_2}{\partial u} \right) - \frac{\partial f_2}{\partial z} \left(\frac{\partial \Phi_3}{\partial v} \frac{\partial \Phi_2}{\partial u} - \frac{\partial \Phi_3}{\partial u} \frac{\partial \Phi_2}{\partial v} \right)
$$

$$
\left. + \frac{\partial f_3}{\partial y} \left(\frac{\partial \Phi_2}{\partial u} \frac{\partial \Phi_3}{\partial v} - \frac{\partial \Phi_2}{\partial v} \frac{\partial \Phi_3}{\partial u} \right) - \frac{\partial f_3}{\partial x} \left(\frac{\partial \Phi_1}{\partial v} \frac{\partial \Phi_3}{\partial u} - \frac{\partial \Phi_1}{\partial u} \frac{\partial \Phi_3}{\partial v} \right) \right) d(u,v)
$$

$$
= \int_{M} \left(\left(\frac{\partial f_3}{\partial y} - \frac{\partial f_2}{\partial z} \right) \left(\frac{\partial \Phi_2}{\partial u} \frac{\partial \Phi_3}{\partial v} - \frac{\partial \Phi_2}{\partial v} \frac{\partial \Phi_3}{\partial u} \right) \right.
$$

$$
+ \left(\frac{\partial f_1}{\partial z} - \frac{\partial f_3}{\partial x} \right) \left(\frac{\partial \Phi_3}{\partial u} \frac{\partial \Phi_1}{\partial v} - \frac{\partial \Phi_3}{\partial v} \frac{\partial \Phi_1}{\partial u} \right)
$$

$$
\left. + \left(\frac{\partial f_2}{\partial x} - \frac{\partial f_1}{\partial y} \right) \left(\frac{\partial \Phi_1}{\partial u} \frac{\partial \Phi_2}{\partial v} - \frac{\partial \Phi_1}{\partial v} \frac{\partial \Phi_2}{\partial u} \right) \right) d(u,v)
$$

$$
= \int_{M} \operatorname{rot} f \cdot \left(\Phi_u \times \Phi_v \right) d(u,v) = \int_{F} \operatorname{rot} f \cdot n\, do . \qquad \Box
$$

Sitzung 7.5 Zur Berechnung der linken Seite beim Stokesschen Integralsatz verwenden wir die DERIVE Funktion STOKESINTEGRAL(f,x,phi,bereich1,bereich2) mit

```
STOKESINTEGRAL(f,x,phi,bereich1,bereich2):=
INT(INT(LIM(CURL(f,x),x,phi) .
CROSS(DIF(phi,ELEMENT(bereich1,1)),DIF(phi,ELEMENT(bereich2,1))),
ELEMENT(bereich1,1),ELEMENT(bereich1,2),ELEMENT(bereich1,3)),
ELEMENT(bereich2,1),ELEMENT(bereich2,2),ELEMENT(bereich2,3))
```

während wir zur Berechnung der rechten Seite die Funktion

```
KURVENINTEGRAL(f,x,g,t,a,b):=INT(LIM(f,x,g) . DIF(g,t),t,a,b)
```

aus DERIVE-Sitzung 5.4 benutzen.

Wir setzen nun

```
kugel:=[r COS(φ) COS(θ),r SIN(φ) COS(θ),r SIN(θ)],
kreis:=[r COS(φ),r SIN(φ),0] sowie
f:=[x^3,x y^4,z^3].
```

Für das Stokessche Oberflächenintegral

```
STOKESINTEGRAL(f,[x,y,z],kugel,[φ,0,2π],[θ,0,π/2])
```

über die obere Halbkugel mit Radius r bekommen wir dann den Wert

$$
\frac{\pi\, r^6}{8} ,
$$

und auch das Stokessche Kurvenintegral

```
KURVENINTEGRAL(f,[x,y,z],kreis,φ,0,2π)
```

über die Randkurve der oberen Halbkugel liefert diesen Wert.

ÜBUNGSAUFGABEN

7.13 *Man zeige die Eigenschaften der Rotation aus Lemma 7.2.*

7.14 *Sind $f, g : B \to \mathbb{R}^3$ stetig differenzierbar in der offenen Teilmenge $B \subset \mathbb{R}^3$, so ist*

   (a) $\operatorname{div}(f \times g) = g \cdot \operatorname{rot} f - f \cdot \operatorname{rot} g$.

Ist ferner f zweimal stetig differenzierbar, so gilt

   (b) $\operatorname{div}(\operatorname{rot} f) = 0$.

7.15 *Ist $f : B \to \mathbb{R}^3$ zweimal stetig differenzierbar in der offenen Teilmenge $B \subset \mathbb{R}^3$, so ist*

$$\operatorname{rot}(\operatorname{rot} f) = \operatorname{grad}(\operatorname{div} f) - \Delta f ,$$

wobei

$$\Delta f := (\Delta f_1, \Delta f_2, \Delta f_3)$$

bezeichnet.

★ **7.16** *Man erkläre für stetig differenzierbare Funktionen $f : B \to \mathbb{R}^2$ ($B \subset \mathbb{R}^2$) eine Rotationsfunktion, die ebenfalls die Eigenschaften von Lemma 7.2 hat.*

7.17 *Man berechne das Integral*

$$\int_F \operatorname{rot} f \cdot n \, do$$

vom Stokesschen Typ für $f(x, y, z) := (y\, e^z, z\, e^x, x\, e^y)$ über die obere Halbkugel F vom Radius r:

$$F := \left\{ (x, y, z) \in \mathbb{R}^3 \mid x^2 + y^2 + z^2 = r^2 , z \geq 0 \right\} .$$

Literatur

An dieser Stelle wollen wir auf Veröffentlichungen zur Benutzung von DERIVE oder Computeralgebra im allgemeinen verweisen:

[**Appel**] Appel, H.: Erfahrungsbericht – DERIVE im Mathematikunterricht. Proc. 27. Bundestagung für Didaktik der Mathematik in Fribourgh.

[**Barzel**] Barzel, B.: Taylorreihenentwicklung mit DERIVE. Mathematik betrifft uns **6** (1991), 33 S.

[**BS**] Beneke, T. und Schwippert, W.: Mathematisches Programmpaket mit tollen Möglichkeiten. Infografik **3** (1991), 6–10.

[**Böhm1**] Böhm, J.: *Teaching Mathematics with* DERIVE – Proceedings of the International School on the Didactics of Computer Algebra, 27.–30. April 1992, Krems, Österreich. Charlett-Bratt Ltd., ISBN 91-44-37891-2, 1992.

[**Böhm2**] Böhm, J.: The Riemann integral and DERIVE – An attempt. [Böhm1] (1992), 63–96.

[**Derive1**] Rich, A., Rich, J. und Stoutemyer, D.: DERIVE *User Manual*, Version 2, Soft Warehouse, Inc., 3660 Waialae Avenue, Suite 304, Honolulu, Hawaii, 96816-3236.

[**Derive2**] Rich, A., Rich, J. und Stoutemyer, D.: DERIVE *Handbuch*, Version 2, Deutsche Übersetzung, Soft Warehouse GmbH Europe, Schloß Hagenberg, A-4232 Hagenberg, Österreich.

[**Engel**] Engel, A.: Eine Vorstellung von DERIVE. Didaktik der Mathematik **18** (1990), 165–182.

[**Fuchs**] Fuchs, K. J.: Logische Funktionen mit DERIVE. [Böhm1] (1992), 247–256.

[**Hanisch**] Hanisch, G.: Die Auswirkungen der Computeralgebra auf den Mathematikunterricht. [Hischer] (1991), 14–20.

[**HM**] Hehl, F. W. und Meyer, H.: Mit Buchstaben auf dem Computer rechnen. Physikalische Blätter **48** (1992), 377–381.

[**Henn**] Henn, H.-W.: Aufgaben für den Computereinsatz im Mathematikunterricht – „Die alternative Abituraufgabe". [Hischer] (1991), 124–125.

[**Herget**] Herget, W.: Mathematikunterricht – wie geht es weiter? [Hischer] (1991), 139–148.

[**Hischer**] Hischer, H., Herausgeber: *Mathematikunterricht im Umbruch?* Proc. 9. Arbeitstagung „Mathematikunterricht und Informatik", 27.–29. Sept. 1991, Verlag Franzbecker, Wolfenbüttel, ISBN 3-88120-211-0, 1991.

[**Keil**] Keil, K. A.: Formeln, Gleichungen, Funktionen, Graphik mit dem Computer in der Schule ohne Programmieren. BUS (Zeitschrift der Zentralstelle für Computer im Unterricht, Augsburg) **17** (1989), 11-15.

[**Koepf1**] Koepf, W.: Eine Vorstellung von MATHEMATICA und Bemerkungen zur Technik des Differenzierens. Didaktik der Mathematik **21** (1993), 125–139.

[**Koepf2**] Koepf, W.: Taylor polynomials of implicit functions, of inverse functions, and of solutions of ordinary differential equations. Complex Variables, 1993, wird erscheinen.

[**Koepf3**] Koepf, W.: Zur Berechnung der trigonometrischen Funktionen. Preprint A/16-93 Fachbereich Mathematik der Freien Universität Berlin, 1993.

[**Koepf4**] Koepf, W.: Ein elementarer Zugang zu Potenzreihen. Didaktik der Mathematik **21** (1993), 292–299.

[**KB**] Koepf, W. und Ben-Israel, A.: Integration mit DERIVE, Didaktik der Mathematik **21** (1993), 40–50.

[**KBG**] Koepf, W., Ben-Israel, A. und Gilbert, R. P.: *Mathematik mit* DERIVE. Vieweg-Verlag, Braunschweig–Wiesbaden, ISBN 3-528-06549-4, 1993.

[**Kutzler**] Kutzler, B.: Der Mathematik-Assistent DERIVE Version 2. [CA] (1992), 151–157.

[**KWW**] Kutzler, B., Wall, B. und Winkler, F.: *Mathematische Expertensysteme.* Expert-Verlag, ISBN 3-8169-0908-6, 1992.

[**Lechner**] Lechner, J.: Einsatz von DERIVE von der 4. bis zur 7. Klasse AHS. [Böhm1] (1992), 159–174.

[**Meisl**] Meisl, Ch.: Der Einsatz des Computeralgebrasystems DERIVE im Alltag eines AHS-Schülers. [Böhm1] (1992), 257–270.

[**MW**] Meyer, J. und Winkelmann, B.: Prüfungsaufgaben trotz DERIVE. [Hischer] (1991), 126–127.

[**Mitasch**] Mitasch, G.: Computeralgebrasysteme – Verwendung im Mathematikunterricht. IST-News **3** (1992), 26–27.

[**Neubrand**] Neubrand, M.: Potenzfunktionen-„Fächer" und Exponentialfunktionen-„Rosette": Graphisch unterstützte Zugänge zu zwei wichtigen Funktionenklassen. MNU **45** (1992), 67–71.

[**Neuwirth1**] Neuwirth, E.: DERIVE – Ein Programm, das Mathematik beherrscht und nicht nur rechnen kann. Monitor **2** (1989), 118–122.

[**Neuwirth2**] Neuwirth, E.: DERIVE – Das Maturawissen auf einer Diskette (und noch mehr). IST-News **3** (1992), 23–25.

[**Neuwirth3**] Neuwirth, E.: DERIVE und der HP95LX: Höhere Mathematik in der Hosentasche. Monitor **3** (1993), 42–43.

[**Nussbaumer**] Nussbaumer, P.: DERIVE im Informatikunterricht der Oberstufe. [Böhm1] (1992), 141–146.

[**Scheu1**] Scheu, G.: *Arbeitsbuch Computer-Algebra mit* DERIVE. Dümmler-Verlag, ISBN 3-427-45721-4, 1992.

[**Scheu2**] Scheu, G.: Entdeckungen in der Menge der Primzahlen mit DERIVE. Praxis der Mathematik **34** (1992), 119–122.

[**Scheu3**] Scheu, G.: Berechnungen von Intervallschachtelungen mit dem Programm DERIVE. MNU **46** (1993), 291–294.

[**Scheuermann**] Scheuermann, H.: Der belastete Spannungsteiler – untersucht mit Hilfe von DERIVE. [Hischer] (1991), 82–90.

[**Schnegelberger**] Schnegelberger, M.: Zum Einfluß symbolverarbeitender Software auf den Analysisunterricht – Analyse von Abiturklausuren und empirische Befunde. [Hischer] (1991), 68–72.

[**Schönwald**] Schönwald, H. G.: Zur Evaluation von DERIVE. Didaktik der Mathematik **19** (1991), 252–265.

[**Treiber**] Treiber, D.: Wie genau ist das Newton-Verfahren? Didaktik der Mathematik **20** (1992), 286–297.

[**Wagenknecht**] Wagenknecht, Ch.: Gibt es nur DERIVE? – Über die Chance der begrifflichen Konzentration in der Schulmathematik durch informatische Methoden. [Hischer] (1991), 60–64.

[**Weigand**] Weigand, H.-G.: Überlegungen zum Arbeiten mit DERIVE. [Hischer] (1991), 78–81.

[**WW**] Weigand, H.-G. und Weth, Th.: Das Lösen von Abituraufgaben mit Hilfe von DERIVE. MNU **44** (1991), 177–182.

[**Winkelmann**] Winkelmann, B.: Zur Rolle des Rechnens in anwendungsorientierter Mathematik: Algebraische, numerische und geometrische (qualitative) Methoden und ihre jeweiligen Möglichkeiten und Grenzen. [Hischer] (1991), 32–42.

[**Wunderling**] Wunderling, H.: Erfahrungen mit der Benutzung von Software (DERIVE) im Mathematikunterricht. [Hischer] (1991), 73–77.

[**Wurnig**] Wurnig, O.: Mathematikschularbeiten mit DERIVE – Erste Erfahrungen. [Böhm1] (1992), 45–50.

[**Wynands**] Wynands, A.: Was mir an MATHCAD und was mir an DERIVE (nicht) gefällt. [Hischer] (1991), 65–67.

[**Zeitler**] Zeitler, H.: Zur Iteration komplexer Funktionen. Didaktik der Mathematik **20** (1992), 20–38.

[**Zöchling**] Zöchling, J.: Gasdynamik mit Hilfe von DERIVE. MNU **10** (1993).

Ferner gibt es die „DERIVE User Group", die regelmäßig den „DERIVE Newsletter" herausgibt. Herausgeber: Josef Böhm, D'Lust 1, A-3042 Würmla, Österreich.

Eine ausgezeichnete Quelle zum Stand der Computeralgebra in Deutschland mit einer Präsentation aller gängigen Computeralgebrasysteme ist

[**CA**] Computeralgebra in Deutschland: Bestandsaufnahme, Möglichkeiten, Perspektiven. Herausgegeben von der Fachgruppe Computeralgebra der GI, DMV, GAMM, Passau und Heidelberg, 1993.

Eine generelle Referenz zur Theorie der Computeralgebra stellen die Bücher

[**DST**] Davenport, J. H., Siret, Y. und Tournier, E.: *Computer-Algebra: Systems and algorithms for algebraic computation*. Academic Press, 1988.

[**GCL**] Geddes, K. O., Czapor, S. R. and Labahn, G.: *Algorithms for Computer Algebra*. Kluwer Academic Publishers, Boston–Dordrecht–London, ISBN 0-7923-9259-0, 1992.

[**Mignotte**] Mignotte, M.: *Mathematics for Computer Algebra*. Springer-Verlag, Berlin–Heidelberg, 1992, ISBN 0-387-97675-2.

dar.

Eine Generalreferenz bzgl. der Zahlsysteme ist schließlich

[**Zahlen**] Zahlen. Ebbinghaus, H. D. et al., Herausgeber: Grundwissen Mathematik I, Springer-Verlag, Berlin–Heidelberg, 1983, 1988.

Symbolverzeichnis

$\in$ (Element) I 1
$\subset$ (Teilmenge) I 1
$\supset$ (Obermenge) I 1
$\cup$ (Vereinigung) I 1
$:=$ (Definition) I 1
$\cap$ (Durchschnitt) I 1
$\setminus$ (Mengendifferenz) I 1
$\notin$ (nicht Element) I 1
$\emptyset$ (leere Menge) I 1
$\Leftrightarrow$ (Äquivalenz) I 2
$\Rightarrow$ (Implikation) I 2
$\mathbb{N}_0$ (natürliche Zahlen) I 2
$+$ (Addition) I 2
$\cdot$ (Multiplikation) I 2
$\times$ (Produkt) I 2, I 37
$\sum$ (Summe) I 4
$\#n$ (DERIVE-Zeilennummer) I 6
$n!$ (Fakultät) I 7
$\mathbb{N}$ (positive natürliche Zahlen) I 7
$\prod$ (Produkt) I 7
$\binom{n}{k}$ (Binomialkoeffizient) I 8
k^n (Potenz) I 9
$-$ (Subtraktion) I 12, I 16
$\mathbb{Z}$ (ganze Zahlen) I 12
$\mathbb{Q}$ (rationale Zahlen) I 12
$\frac{n}{m}$ (Bruch) I 12
n/m (Division) I 12, I 16
$n \div m$ (Division) I 12
$\mathbb{R}$ (reelle Zahlen) I 13
$=:$ (Definition) I 16
$<$ (kleiner) I 16, I 17
$>$ (größer) I 16
$\leq$ (kleiner gleich) I 16
$\geq$ (größer gleich) I 16
$\neq$ (ungleich) I 16
$\mathbb{R}^+$ (positive reelle Zahlen) I 17
∞ (unendlich) I 18
$|x|$ (Betrag) I 19, I 23
$\sqrt{x}$ (Quadratwurzel) I 20
$\sup M$ (Supremum) I 28
$\inf M$ (Infimum) I 28
$\max M$ (Maximum) I 28
$\min M$ (Minimum) I 28
$\bigcap\limits_{k \in \mathbb{N}} M_k$ (Durchschnitt) I 29
i, $\#i$, $\hat{i}$ I 31, I 33
$\mathbb{C}$ (komplexe Zahlen) I 31
$\bar{z}$ (konjugiert komplexe Zahl) I 32
$:=$ (Zuweisung bei DERIVE) I 33
$A \times B$ (Kreuzprodukt) I 37

A^n (Mengenprodukt) I 37
$\mathbb{R}^n$ (n-tupel reeller Zahlen) I 37
$\mathbb{C}^n$ (n-tupel komplexer Zahlen) I 37
$\mathbb{R}^2$ (Paare reeller Zahlen) I 38
$|\boldsymbol{x}|$ (Betrag eines Vektors) I 40
$\mathbb{R}^1$ (reelle Zahlen) I 41
$|x + iy|$ (Betrag einer komplexen Zahl) I 43
$f(x)$ (Funktionswert) I 45
$x \mapsto f(x)$ (Funktion) I 45
$f(D)$ (Wertebereich) I 45
$f : D \to \mathbb{R}$ (reelle Funktion) I 45
$\mathbb{R}_0^+$ (nichtnegative reelle Zahlen) I 45
$f : D \to W$ (Funktion) I 75
$f\big|_A$ (Einschränkung) I 76
$\sqrt[n]{x}$ (n. Wurzel) I 78
$x^{\frac{1}{n}}$ (n. Wurzel) I 78
$(a_n)_{n \in \mathbb{N}}$ (Folge) I 81
$(a_n)_n$ (Folge) I 81
$[x]$ (Funktion des ganzzahligen Anteils) I 82, I 154
$\lim\limits_{n \to \infty}$ (Grenzwert einer Folge) I 85
e^x (Exponentialfunktion) I 119
e, $\#e$, $\hat{e}$ I 127
$^\circ$ (Gradsymbol) I 131
$\lim\limits_{x \to \xi}$ (Grenzwert einer Funktion) I 142, I 151
$x \to \xi^-$ (linksseitiger Grenzwert) I 144
$x \uparrow \xi$ (linksseitiger Grenzwert) I 144
$x \to \xi^+$ (rechtsseitiger Grenzwert) I 144
$x \downarrow \xi$ (rechtsseitiger Grenzwert) I 144
$\max(f, g)$ (Maximum zweier Funktionen) I 150
$\min(f, g)$ (Minimum zweier Funktionen) I 150
$\chi_M(x)$ (Indikatorfunktion) I 152
$:=$ (Zuweisung bei DERIVE) I 157
$\frac{1}{0}$ (DERIVE-Symbol `complexinfinity`) I 170
$\lim\limits_{x \to \pm\infty}$ (Grenzwert einer Funktion) I 170
$\int$ (Integralzeichen) I 188
$\approx$ (ungefähr gleich) I 219
$f'(x)$ (Ableitung) I 230
$\frac{df}{dx}$ (Differentialquotient) I 230
$\dot{s}(t)$ (Zeitableitung) I 231
$\frac{d}{dx}$ (Differentialoperator) I 232
$f''(x)$ (zweite Ableitung) I 243
$f^{(n)}(x)$ (n. Ableitung) I 244
$f^{(0)}(x)$ (0. Ableitung) I 257
$\limsup\limits_{n \to \infty}$ (Limes superior) I 339
$\liminf\limits_{n \to \infty}$ (Limes inferior) I 339

Griechische Buchstaben

DERIVE Stichwortverzeichnis

Stichwortverzeichnis

Mathematik mit DERIVE

von Wolfram Koepf, Adi Ben-Israel und Bob Gilbert

*1993. XIV, 394 Seiten mit 80 Abbildungen, zahlreichen Übungs-
aufgaben und Mustersitzungen sowie einer Einführung in DERIVE
Kartoniert
ISBN 3-528-06549-4*

Aus dem Inhalt: Mengen – natürliche und reelle Zahlen – Polynome und rationale Funktionen – Folgen und Konvergenz – transzendente Funktionen – Stetigkeit – Integration und Differentation – Potenzreihen und Taylorapproximation – zwei- und dreidimensionale Darstellungen.

Das Buch ist ein Lehrbuch der höheren Mathematik, insbesondere der Analysis einer Variablen. Neu ist die Zuhilfenahme des symbolischen Mathematikprogramms DERIVE als technisches Hilfsmittel zur praxisnahen und dennoch strengen Wissensvermittlung. Alle dargestellten Konzepte werden durch praktische Übungen mit DERIVE unterstützt. Dabei werden sowohl die numerischen, die symbolischen als auch die graphischen Fähigkeiten solcher Systeme zum besseren Verständnis der betrachteten Konzepte herangezogen.

Verlag Vieweg · Postfach 58 29 · 65048 Wiesbaden

Mathematica griffbereit

Version 2

von Nancy Blachman

Aus dem Amerikanischen übersetzt von Carsten Herrmann und Uwe Krieg. 1993. VI, 312 Seiten. Kartoniert.
ISBN 3-528-06524-9

Aus dem Inhalt: Über Mathematica – Aufgliederung nach Kategorie – Vollständige Liste der Anweisungen – Mitgelieferte Pakete – Elektronische Information – Benutzeroberfläche – Glossar – Hilfe.

Mathematica ist momentan das wichtigste Programmpaket, um mathematische Berechnungen exakt (und nicht numerisch) auf einem Computer auszuführen. Das Buch bietet eine vollständige Beschreibung aller Befehle und Datentypen, sowohl nach Funktionsgruppen als auch alphabetisch geordnet.

Über die Autorin: Nancy Blachman war am Entwurf des Mathematica-Systems beteiligt. Von ihr stammt das Help-System in Mathematica.

Verlag Vieweg · Postfach 58 29 · 65048 Wiesbaden